建筑百家回忆录

杨永生 编

中国建筑工业出版社

图书在版编目(CIP)数据

建筑百家回忆录/杨永生编.—北京：中国建筑工业出版社，2000

ISBN 7-112-04406-5

I.建… II.杨… III.建筑史-史料-中国 IV.TU-092

中国版本图书馆CIP数据核字(2000)第46648号

责任编辑： 王明贤　马鸿杰
版式设计： 董建平

内容提要

这本书是由我国建筑学界众多人士撰写的第一部回忆录。

本书共编入建筑学界人士和与他们有密切关系的人士写的回忆录共 77 篇，其中大部分是应编者之约，特为本书撰写的专稿。

建筑百家回忆录

杨永生 编

*

中国建筑工业出版社出版、发行（北京西郊百万庄）
新 华 书 店 经 销
北京广厦京港图文有限公司制作
北京建筑工业印刷厂印刷

*

开本：787×1092毫米 1/16 印张：14
2000 年 12 月第一版　2000 年 12 月第一次印刷
印数：1—3,500 册　定价：**28.50** 元

ISBN 7-112-04406-5
　TU·3920(9868)

版权所有　翻印必究
如有印装质量问题，可寄本社退换
（邮政编码　100037）

目 录

一代哲人今已矣，更于何处觅知音——悼念杨廷宝	童寯	(6)
童寯同学二三事	谭垣	(7)
回忆杨廷宝教授二三事	汪季琦	(8)
回忆梁公	戴念慈	(10)
忆东北大学建筑系	张镈	(12)
瘦影——怀梁思成先生	陈从周	(14)
怀念建筑家黄作燊教授	陈从周	(16)
念建筑前辈	陈从周	(18)
师恩难忘	童鹤龄	(20)
重返故里	陈法青	(23)
缅怀思成兄	陈植	(25)
意境高逸，才华横溢——悼念童寯同志	陈植	(28)
千里之行，始于足下——70年建筑生涯回顾	唐璞	(30)
从"四部一会"谈起	张开济	(34)
中国是怎样加入国际建协的？	华揽洪	(39)
绿色的北京老城	华揽洪	(40)
一个念头的实现——忆幸福村规划	华揽洪	(41)
"中大"前后追忆	张玉泉	(43)
林徽因先生的才华与华年	林宣	(47)
读《江南园林志》	黄裳	(50)
从曹杨新村谈起	汪定曾	(52)
白云珠海寄深情——忆广州市副市长林西同志	莫伯治	(53)
梁思成和《战区文物目录》	王世襄	(55)
赵深建筑师一二事	刘光华	(57)
怀念夏昌世老师	汪国瑜	(59)
《中国古代建筑史》编写始末	袁镜身	(61)

记苏南工专几位前辈老师 …………………………… 蒋孟厚（66）
"文革"后第一个"春天"研究生设计课
　　现场教学回顾 …………………………………… 沈玉麟（69）
忆范志恒 …………………………………………… 张良皋（71）
修索道是泰山现代化的象征吗? …………………… 曾　坚（75）
陈占祥的一片丹心 ………………………………… 曾　坚（76）
云南民居调研中的苦与乐 ……………… 王翠兰、陈谋德（77）
忆内蒙古古建筑考察 ……………………………… 张驭寰（80）
"一五"期间的"六九"之争——兼缅怀新中国
　　城市规划先驱者曹言行、蓝田 ………………… 葛起明（86）
《建筑学报》片断追忆 ……………………………… 彭华亮（90）
九十年代纪事 ……………………………………… 石学海（94）
忆林乐义对重建黄鹤楼的奇妙创意 ……………… 高介华（96）
北京牌楼及其修缮拆除经过 ……………………… 孔庆普（98）
初学记——纪念《世界建筑》的创业 …………… 陈志华（107）
小事忆梁思成先生 ………………………………… 吴焕加（109）
梁思成为我的论文答辩当翻译 …………………… 王其明（110）
一次留下遗憾的拜见 ……………………………… 王其明（112）
回忆夏昌世教授的建筑观 ………………………… 陆元鼎（113）
我的助教生活 ……………………………………… 聂兰生（115）
忆童老 ……………………………………………… 齐　康（117）
一些零星回忆 ……………………………………… 张钦楠（119）
泰晤士河畔的故事 ………………………………… 钟华楠（122）
《世界建筑》的早期岁月 …………………………… 吕增标（132）
怀念戴总 …………………………………………… 傅秀蓉（134）
中国建筑史学走向世界的里程碑
　　——20世纪末叶的香山会议 …………………… 杨鸿勋（137）

忆三位建筑先师 …………………………………… 刘先觉（141）
苍凉的回忆——记刘致平 …………………………… 杨永生（144）
一次难忘的蹲点调查 ………………………………… 杨永生（147）
忆恩师徐中 …………………………………………… 彭一刚（149）
难忘的1965 …………………………………………… 侯幼彬（152）
途中故事 ……………………………………………… 喻维国（155）
中国举办国际建筑师大会的前前后后 ……………… 张祖刚（159）
留苏生涯片断 ………………………………………… 张耀曾（162）
抹不去的记忆——与汪季琦交往的几件小事 ……… 王世仁（166）
回忆总设计师邓小平 ………………………………… 郑国英（169）
一位难以忘却的总建筑师——林乐义 ……………… 陈世民（170）
华艺公司成长始末 …………………………………… 陈世民（173）
艰辛的跋涉者——记先父刘致平 …………………… 刘　进（180）
童年琐忆 ……………………………………………… 刘　进（183）
心声 …………………………………………………… 蔡镇钰（186）
我的人生旅程 ………………………………………… 朱祖明（187）
忆杨、童二师 ………………………………………… 汪正章（190）
回忆梁思成与叶圣陶 ………………………………… 萧　默（193）
师从徐中先生心得 …………………………………… 布正伟（196）
圆建筑师的梦——我的自述 ………………………… 何玉如（199）
忆钱学森与山水城市和建筑科学 …………………… 顾孟潮（204）
两岸三地之交 ………………………………………… 潘祖尧（207）
与贝聿铭先生的一次谈话 …………………………… 项秉仁（210）
学海无涯之乐——怀念童寯老师与读书生活 ……… 方　拥（212）
梅岭行 ………………………………………………… 张伶伶（214）
为了记忆的回忆 ……………………………………… 赖德霖（218）
忆祖父童寯先生 ……………………………………… 童　明（221）

一代哲人今已矣，更于何处觅知音
——悼念杨廷宝

童寯

我和杨廷宝两次同学，先在北京清华，后又在美国费城。

1925年我在清华学校毕业，决定到美国进大学攻读建筑专业。那时听说毕业同学在美习建筑的有杨廷宝(1921年去美)，我就给他写信询问专业情况与入学须知，他回了信，作为我们订交之始。

我到费城入宾夕法尼亚大学艺术学院建筑系后，除常见杨廷宝之外，还和学建筑的清华同学梁思成、陈植往来，并和梁同寝室。陈、梁两人都认杨为畏友并视杨为师。杨当时已以优异成绩由大学毕业，在费城克瑞(Paul Philippe Cret，宾夕法尼亚大学建筑系教授)建筑事务所工作，并深受克瑞古典主义影响。

1926年杨和赵深结伴经由欧洲回国，在天津暂停，立即被关颂声留下作为基泰工程司成员，负责建筑设计任务。这是杨加入基泰的开端，直到全国解放为止。

基泰业务由天津发展到南京、上海，从1934年起，杨因业务关系常到上海，一住便是几个月。上海建筑师熟人很多，但我和他作为两个北方人过从最密。我们两人几乎每星期日见面，经常同游上海附近城镇，浏览古迹名胜，数次到甪直保圣寺看唐塑或游南翔古漪园。游了整天同回沪到我家吃晚饭。那段时期，他是我家常客。有时他也下厨房，用面条加鸡蛋煮成汤面，如此者不止一次，荆妻戏称这为"杨廷宝面"。晚饭后闲谈，我有时拿出买到的画册和旧书共同欣赏，荆妻说我又"献宝"了。那时每星期日都是快乐的日子。抗战时期，杨和我先后都到重庆，也时常见面，又在兼管建筑事务所以外，先后同在沙坪坝中央大学建筑系教课。抗战胜利后他一度是系主任。这样我们两人开始同时同地工作，直到他逝世为止。

杨廷宝不特有独到的设计才能，业务上廉洁公正，一丝不苟，为人更是品德高尚、文质彬彬的君子。作为我的知心朋友之一，他的下世对我尤其是进入桑榆晚景的老境，打击是难以用语言形容的。

1983年1月15日书于北医病榻

(原载《建筑师》第15期，1983年6月出版)

1935年杨廷宝与童寯，摄于上海

杨廷宝(1901~1982)，1921年清华学校毕业后去美国留学，1924年获美国宾夕法尼亚大学建筑系建筑硕士学位，1927年加入基泰工程司，主持图房工作，直至1948年。1940年起兼任中央大学建筑系教授。解放后，长期担任南京工学院建筑系主任、教授。1955年当选为中国科学院技术科学部学部委员。

童寯(1900~1983)，1925年清华学校毕业后入美国宾夕法尼亚大学建筑系，1927年获学士学位，1928年获硕士学位。1930~1931年在东北大学建筑系任教，曾担任建筑系主任。1931年后加入华盖建筑师事务所。1944年起兼任中央大学教授，1949年后长期担任南京工学院建筑系教授。

童寯同学二三事

谭 垣

我与童寯是在美国宾夕法尼亚大学学习时的同学，他比我高一班。回国以后，我们虽同在上海工作，但很少见面。所以，对于童寯的了解，我是不及其他同志的。但他助人为乐、光明磊落的品质，对业务学而不厌、诲人不倦的精神，却给我留下了深刻的印象。

在美学习期间，他以读书用功、生活朴素闻名。他从不把时间化在无谓的交际、娱乐上，总是埋头研究学问。记得那时每星期六晚上，学校学生俱乐部都举行晚会。经过一星期紧张的学习，素以学习努力刻苦著称的中国留学生也忍不住要去轻松一番。但是，从不见童寯光临。这在当时的中国留学生中也是很突出的。辛勤的劳动结出了硕果，他以优异的成绩为中国学生争了光，为中华民族争了光。

回国以后，我们接触较少，但有几件事仍使我深受感动。他无论路远路近，从不坐三轮车代步。他觉得坐在车上让人花力气来拉，是不人道的。我认为这件事虽小，但从一个侧面反映了他的品德高尚。大家知道，他的经济状况是很好的，但他始终保持了艰苦朴素的美德。

童寯同学一贯埋头工作，钻研业务。为繁荣我国的建筑事业，加速新中国的建设，加快培养人才，他贡献卓著。他以毕生精力，呕心沥血，写作了大量很有价值的论文和著作，在建筑界有极大影响，深受好评。即使在动乱年代，他身处逆境，仍不放松业务学习和写作。粉碎"四人帮"后，他更是精神焕发，文思横溢，出版了多种著作，给已濒干涸的建筑理论园地送来了及时雨，使我们受到启发，获益匪浅。

他因病住院期间，还卧床坚持写作。他知道自己的日子已经不多了，为了把他的丰富知识留给后人，他完全置自己的健康于脑后，真可谓是鞠躬尽瘁，死而后已。

童寯同学是我国建筑界的老前辈，他的逝世无疑是我国建筑界的巨大损失，我们深感痛惜。但他的为人，他的崇高品德，永远值得我们学习。他留给我们的大量学术著作，永远是我国建筑理论文库的宝贵财富。

(原载《建筑师》第16期，1983年10月出版)

童寯，见本书第6页。
谭垣(1903~1996)，曾先后任东北大学、中央大学、之江大学和同济大学教授。

回忆杨廷宝教授二三事

汪季琦

1953年中国建筑学会召开第一次全国代表大会，选举周荣鑫为理事长，梁思成、杨廷宝为副理事长。这是我认识杨廷宝教授的开始，算来已经有30年的历史了。作为当时学会的秘书长，我在学会工作上不断地与他有所接触，而且多次跟随他出国访问和参加国际会议。杨廷宝教授学识的渊博、工作的勤奋、为人的谦虚谨慎、对党的一片忠诚，都给我留下了深刻的印象，也形成了我们之间的深厚感情。1981年我出差上海，"五一"节前后到了南京，专程去看杨老，并向他汇报学会的工作情况，在南京共呆了5天，杨老以80高龄，竟陪了我5天，而且去车站亲接亲送，感情诚挚，实在令人难忘。

关于杨老在我国建筑事业方面所做的重大贡献，已经有不少同志写了介绍和纪念的文章，我不在这里重复了。只想从我和他共事中接触到的几个侧面，介绍杨老的为人。

1954年我第一次随杨老出国，杨老任团长，代表团中还有佟铮同志和翻译张光宇同志，连我一共4个人。那次会是苏联、东欧各国和其他国家与保卫世界和平运动有关的建筑界人士发起的，会议名称大致是"建筑师和市长国际会议"。当时，第二次世界大战停战不久，大战中遭到严重破坏的城市还在瓦砾堆中进行重建，保卫和平防止再发生战争的运动在各国人民中蓬勃兴起。而建筑界的人士对于他们自己亲自设计、亲自施工的建筑物被战争破坏成为废墟是特别痛心的，所以他们之中大多数是保卫世界和平运动的积极分子。这次会议除了各国著名建筑师之外，还邀请了大战中受破坏最严重的城市的市长来参加，如斯大林格勒市市长、华沙市市长、德累斯顿市市长、海牙市市长等都应邀出席。会议是在华沙举行的，当时华沙还处处残留着断垣残壁，同时，重建的工作也在热火朝天地进行着。

会议进行得激昂慷慨，会议期间还组织参观了奥斯维辛集中营，大家对于纳粹暴行的义愤是可以想像的。会议一直进行得很顺利。但是到了闭幕的前一天晚上，会议的主席团(或领导小组)在讨论准备在闭幕式上发表的一份号召书的稿子时，发生了争论。争论的症结在于一段话。在战争中受创深重的苏联、波兰等国代表坚持要严厉地谴责纳粹德国的残暴罪行，由于这段话的措词不很合适，伤害了德国建筑师代表的民族感情，不仅西德的代表反对，而且连东德的代表也接受不了。双方相持不下，越争论越动感情，争论到天快亮了还解决不了。杨老在这种会议上一向是不大讲话，不轻易发言的。这时，他提出自己的意见，主张不要争这几句话究竟是不是事实，同样的事实是不是可以用另外一种措词来表达呢？他提出几句措词把谴责集中在少数纳粹分子身上，而把德国民族和人民放在同样是受害者的地位上。这样，双方马上全同意中国代表的意见，问题迎刃而解，皆大欢喜。

另一件事是1958年国际建协在莫斯科召开第五届大会，会议进行得也很顺利。但是，在闭幕式上苏联主席拿出一份宣言(或号召书)朗诵了一遍，会场上一阵鼓掌，主席宣布"通过"。主席台上法国建筑师代表(国际建协秘书处的负责人之一)立即起立声明：这份宣言从哪里来的？我们事先怎么不知道？这样"通过"是无效的。苏联主席马上宣布"散会"，会场上的人纷纷散走了。晚上，国际建协执行委员会开会，许多委员都很生气，责问为什么事先不向执委会提出需要发表一个宣言？为什么不经执委会研究就擅自向大会提出？为什么有人提出异议，主席就赶紧宣布散会？苏联主席百般申辩，越辩大家

杨廷宝，见本书第6页。

汪季琦(1909~1984)，1933年毕业于中央大学，1925年参加革命活动，1931年参加中国共产党，长期从事党的秘密工作。解放后，历任上海市工务局副局长、中国建筑学会秘书长、副理事长，《建筑学报》主编。

越气愤，吵得不可开交。国际建协秘书长瓦哥说，根据国际建协会章第几条，像这类事必须执委会协商一致才能发表，你们这是公然违背了会章，非正式申明取消这个宣言不可。斗争相当激烈，会议也开不下去了。这时，杨老开口了，他分析了实际情况。他认为大会已经闭幕了，宣言在会上已经宣读过了。主席不按会章，不和执委会商量，是不对的，但事已至此，这样争吵下来，事情还是得不到解决。苏联主席的错是错在程序，错在违背会章。然而我们争来争去，还没有对号召书的内容实质进行过讨论。我建议授权秘书长和某某几位委员对号召书的内容进行审查，如果其内容不违背国际建协的宗旨和历来的主张，就不必再在程序问题上争执不下了；如果违背协会的宗旨，再开执委会研究处理办法。杨老的建议得到与会者的一致同意，一场争端平息了。后来内容的审查没有发现什么问题，但大家对于苏联常要搞强加于人的做法很不满意，这份号召书没有作为正式文件发表。

从这两件事看，杨廷宝教授在国际活动中，总是谦虚谨慎，不随便发言表态，善于听取各方面意见，而在各方争执不下、难分难解的时候，他能用几句话就把一件看来复杂的问题顺利解决，而且往往得到争执双方的拥护。除了他为人正直无私、诚恳坦荡的品质之外，还应该充分估计这和他多年接受党的教育，努力学习，在政治思想上不断提高有很大的关系。从1955年国际建协海牙会议上通过中国建筑学会入会时起，我国就当选为国际建协的执行委员。当时，我们提名周荣鑫理事长为执行委员，可是周荣鑫未去海牙，所以一开始就由杨廷宝代表出席执行委员会的会议的。1956年，周荣鑫理事长正式通知国际建协，以后执行委员由杨廷宝教授担任。1957年，在巴黎会议上，杨廷宝当选为国际建协的副主席。所以历次执行委员会都是由杨老一个人出席，而且每次参加会议，他住的旅馆和我们其他团员不在一处，因为他的食宿由国际建协担负，旅馆也是由国际建协定的，与主席、副主席、秘书长、执行委员住在一起。而各国代表团的其他代表都是旅费自理，旅馆自定的，所以住不到一处。但是，每次执行委员会开过会，杨老必定立即跑到我们住的旅馆向代表团的其他负责同志详细通报会议情况，而且不管会议开得多晚，他总是立即通报，绝不等到第二天早上。象1958年在莫斯科大会后执委会为号召书的事争吵起来的那一次，散会时已深夜二时，杨老还是走出他所住的乌克兰饭店，雇了一辆出租汽车赶到我们所住的北京饭店，把杨春茂等同志叫醒了进行了讨论。我当时对于杨老尊重组织、尊重同志的态度是深为钦佩的。听南京的同志讲，杨老是全国人大代表、中国科学院学部委员、江苏省副省长，但在南工，每次因公出差时，他一定向南工党委请假，出差回来一定向党委销假，数十年如一日。他的遵守纪律完全是自觉的。这难道不值得我们向他学习吗？

杨老画得很好，他的水彩画选集和素描选集已由中国建筑工业出版社出版。每次出国访问考察，一有空暇，他就拿出速写本画起风景素描。有时别人浏览景色，他却随便找一块石头或任何一件什么东西坐下来画他的素描，往往我们走了一圈回到原地，他还在那里画。他在美国求学的时候，已有画名。大学毕业后回国之前，他取道欧洲，到法、意等国考察历史上有名的建筑物，那次旅行的费用全是靠他一路上开绘画展览会所得收入来解决的。1957年我们一起访问意大利，在罗马看圣彼得教堂、在威尼斯看圣马可广场周围建筑时，他自己告诉我，那次毕业后的学习旅行，特别着重地考察了文艺复兴时代的著名建筑。住在小旅馆里，定出每天的考察学习计划，凡是第二天要去看的，头天晚上在旅馆里拿出弗莱彻尔的《世界建筑史》，找出有关章节，把要去看的建筑物的历史、社会背景，建筑艺术特征以及平面图、立面图、剖面图以至装饰细部等反复阅读，一直到全部记得烂熟，然后第二天才去实地考察和对证。杨老的这种勤奋认真的精神，至老不衰，这也是值得我们学习的。

杨老值得我们学习的方面是很多的，许多同志在写纪念他的文章，而且写他成就和贡献的主要方面，我只从我和他接触中所见到的几个侧面，表达一点我对他崇敬的心情、对他怀念的深切，以资纪念。

(原载《建筑师》第15期，1983年6月出版)

回忆梁公

戴念慈

我第一次见到梁公（即梁思成—编者注）大概是1940年，那时我还是个大学生，他来学校（即中央大学—编者注）做学术报告，概括地讲了中国传统建筑的历史发展过程、它的特点，特别讲到他对近代中国所出现的钢筋混凝土"宫殿式"建筑的看法。在讲后一个问题的时候，他批评了一些由于不了解中国传统建筑的精神实质，因而只追求表面形式的现象、不讲构造逻辑、形式背离功能的做法；赞扬了某些在这个问题上处理得较好的例子，给我的印象极深。1946年我在兴业建筑师事务所工作，事务所让我负责当时的"中央"博物院（现南京博物院）续建任务中设计图纸的整理和补充工作。这是一个用钢筋混凝土建造的辽式大殿和现代形式的陈列厅相结合的建筑；早在抗日战争以前就动工了，工程因战争停顿了9年，并受到了破坏，战后重新动工，继续建造。设计者李惠伯是个主张新形式的才华出众的建筑师，梁公是设计顾问。我翻阅了过去的图纸档案，发现有些图纸上还贴着小纸条，是梁公勾画修改的手稿，上面还注明所以要这样修改的理由，对一个个细部的比例尺寸都不放过。我深深钦佩梁公对待工作一丝不苟的认真精神，特别敬佩梁、李两位前辈，一个对中国传统建筑深有研究、深怀感情；一个深信现代化建筑的原理，并且熟知其手法途径；两个竟然珠联璧合，配合得如此默契。同时，通过这些设计图纸，我进一步体会到梁公所说的：同样用钢筋混凝土来模仿旧的木构建筑，在水平上、手段上大有高低之别。由于他们两位的努力，这个建筑本来可以成为三四十年代同类建筑最好实例的，但遗憾的是因为经费上的原因，当时续建工作没有完成，解放后再一次装修时，除大殿的琉璃瓦以外，没有按照设计者的原意，搞得很粗糙，原设计中一些非常有创造性、有韵味的东西被忽视、被抹杀了，这是很可惜的。

1949年上海刚解放不久，我就收到梁公的电报，希望我来北京工作。为此，我来到北京。记得梁公亲自驾驶着汽车，陪同我参观了故宫、中山公园和劳动人民文化宫。夫人林徽因因病很少外出的，也陪同一起参观。两人谈笑风生地指点着这些建筑文物讲解评论，使我又上了一堂生动的传统建筑知识课，而从中特别令人感动的是二老对我们后辈的厚爱。

新中国成立以后，梁公最关心是北京市的发展前途和规划原则。他的规划思想是把北京市的中轴线从故宫西移至三里河一带地方，形成一条更加雄伟壮观的轴线。这样一方面有利于保护旧城的风貌，另一方面便于使新建区域摆脱旧有的羁绊，在建设上比较自由。其实，与欧洲某些城市的发展方式不同，从辽、金到元、明、清，北京的中轴线和城市重心有过多次移动，用这种办法来解决新旧之间的矛盾，本有它方便之处。当时在梁公领导下，由陈占祥同志和北京市都市计划委员会某些同志提出的轮廓性总体方案，是个新旧结合的方案。它既不是把旧城当作新城的中心，也不是把旧城抛弃不顾，另建新城，而是把旧城变作更大总体范围的一个组成部分，不失为一种明智的办法。可惜由于当时不适当的强调技术上、学术上也要"一面倒"，这个方案，未经充分慎重的讨论就轻率地被否定了。这件事虽然已是无法挽回的陈年旧帐，但我认为可以从中汲取一个教训，那就是：在学习外国的

梁思成(1901~1972)，1923年毕业于清华学校，1927年2月获美国宾夕法尼亚大学建筑学学士学位，当年6月，获硕士学位。1928年创办东北大学建筑系，任系主任至1931年。1930年加入中国营造学社，长期担任法式部主任。1946年创办清华大学建筑系，并担任系主任、教授。1955年当选为中国科学院技术科学部学部委员。

戴念慈(1920~1991)建筑设计大师，曾任城乡建设部副部长、中国建筑学会理事长、中国工程院院士。

问题上,不采取双百方针,而采取片面的"一面倒"的办法,是要误事的。

我和梁公之间,在对待某些具体工程的问题上、在如何对待遗产等问题上,也曾经出现过一些分歧,其原因一方面是由于我自己当时思想上的不成熟,也有的是由于梁公在某些问题上强调过头了。但尽管如此,我对他始终尊敬,他对我也一直是很爱护的。

和杨老一样,梁思成同志是我们中国近代建筑史上的一位历史人物。他善于汲取古今中外各家之长,学识渊博,眼光敏锐,为学勤奋,有一种锲而不舍的认真精神;他热爱祖国。正是这种精神和爱国之心,促使他为中国建筑的历史理论作出了巨大贡献。他所提出的"中而新"的口号,高度概括地说明了中国建筑应走的道路,我认为是很正确的。他热爱社会主义,身处逆境,遭受各种委曲,始终没有动摇对党对社会主义的信心,体现了中国这一代知识分子的优秀品质,这些是特别值得我们向他学习的地方。

(原载《梁思成先生诞辰85周年文集》,
清华大学出版社,1986.10)

30年代梁思成、林徽因等在山西调查古建筑途中

忆东北大学建筑系

张 镈

  编者按：本文是我根据张镈(1911~1999)著《我的建筑创作道路》(中国建筑工业出版社1994年出版)一书有关章节编辑的，题目也是我加的。

  先父[1]要我学技艺，不作官。长兄[2]又指点了建筑师是自由职业，还介绍了世交梁思成教授的成就。因而，在1930年考大学之前，已有了报考方向。

  当时，国内设建筑系的大学仅两所，一是南京中央大学，另一所是张学良少帅主办的沈阳东北大学。他高薪礼聘专家、学者执教。其妹文之弟又与我家自幼交好，有这一层社会关系再加上久慕梁思成教授之名，所以决心投考东北大学。

  1930年9月1日开学到1931年9月18日，已完成一年级学业。时间虽短，但在名师循循善诱、精心培养、严格要求下，已对建筑学专业有了特殊的爱好。建筑系主任梁思成教授亲自讲授建筑史，简单明了。他能抓住不同时代、国家、社会的历史背景进行教学，对不同的建筑风格和手法的描述，更是深入我心。梁师还讲授建筑初步。梁师在一年级下学期还参加师带徒的设计课。当我因得高分而提前作二年级图案时，梁师又亲自指导我的设计作业。

  当年，东北大学建筑系是四年学制。由于设计课程较重，在一年级上学期完成建筑初步及构图规律严格训练之后，在一年级下学期即转入正式设计课程。一年级下学期作3题，二年级作7题，三年级作6题，四年级作5题。每题按上、中、次评分，分别为3、2、1分。及格为1/2分。违反构思的草图或迟交图者得0分。一年级下学期的设计作业，上者只给2分，中者给1分。我有幸得了一上二中，共得4分。三个题目，分别由陈植、童寯、梁思成三师负责带领。记得，当时教授们闭门评图，时有互相攻击，语言也尖酸刻薄。我们学生隔门偷听，以致养成文人相轻和轻易否定别人作品的积习。

  教授们师带徒的做法并不相同。在修改学生作业时，陈植老师往往是一挥而就，要求照画。童寯老师只指点缺点，不亲自动手，甚至在上板过墨、渲染之后，还在不断指点。梁师是先熟悉了解学生作业的意图，铺薄纸改图时，尽量维持原意，精心修改，说明理由，使我口服心服。修改稿相当完整、全面，既不失原意，又给以丰富提高，上板时即可作为蓝本。三位老师，各有特点，基本功都很扎实，令人折服。

  童老师还有另一绝招，就是在上板后经过刀刮造成图面破碎而不够完整时，才亲自出面挽救。由于他的素描和水彩画的基本功很深，常把破碎的图画，经过简单润色、调理而得到新生的效果。

  东北大学一年级的基础课有微积分、应用力学和材料力学，全部与土木工程系合班上课。因为建筑设计课占学时较多，经常日夜在大图房赶图，给基础课留下的自修复习时间较少，以能及格升班为目标。蔡方荫教授担任阴影学和立体几何课程，他认为这两门课是雕虫小技，不能发挥特长。蔡方荫是美国麻省理工学院的高材生，理论水平很高。

  林徽因教授是梁师的夫人，专攻舞台艺术和内部装饰，手笔很高，文采更强，是一位艺术家，担任我们的美术课程和专业英语。

  梁思成、童寯、陈植三位教授都是美国宾夕法尼亚大学建筑系毕业。在宾大全凭建筑设计课的优劣

  张镈(1911~1999)，建筑设计大师，曾任北京市建筑设计院总建筑师。
  [1] 张镈父亲张鸣歧(1875~1945)，清末最后一任两广总督。
  [2] 张镈长兄张锐，早年就读于清华学校，后留学美国哈佛大学，与梁思成是同学。

高低，定分定级。优者不受年级限制，可以破格升级。劣者达不到标准，不能按学年升级。为此，宾大十分重视构图原理，师法"学院派"，重视比例尺度、对此微差、韵律序列、统一协调、虚实高低、线脚石缝、细部放大等方面基本功训练。1930年，童寯教授承担教职，他十分重视"学院派"的"五柱式"模数制，要求同学能识、能画、能背诵如流、能按模数默画。这种严格训练，使我终身难忘。

1931年暑假后，于9月1日报到，上了二年级。这年夏末秋初，浙江水灾严重。东大同学约我义演京剧募捐赈灾，并定于9月19日上演。不料在9月18日夜，日本关东军炮击北大营，发生了"九一八"事变。张学良少帅虽有国仇家恨在身，但易帜后受蒋介石的制约，不准抵抗。东北三省沦陷于一夜炮击之中。次晨，与同学费康进城到他二哥费彝民家中探听消息。他当时是法新社记者，早有预感，但我们赶快进关逃避。这时，童寯老师慷慨解囊以银元相助，促我们连夜乘火车进关。

不久，到北平上访梁师，得知东北籍学长刘致平等多人已来北平。梁师留下数人，再筹建东北流亡分校，我们这批新生已由清华大学土木系接纳借读，仍从一年级起改学土木专业。这使我很失望。终于在1932年初转入南京中央大学建筑系，插入二年级下学期归队。

1934年春假期间，我们毕业班到北平参观学习。梁师对我十分照顾，叫我随他夫妇再访蓟县独乐寺的观音阁。

毕业后，投靠基泰[1]。老板[2]约法三章：一不准半途而废；二不准在取得开业证后，跳槽出去，以在基泰取得的经验作为对抗；三是必须勤奋工作，不遗余力。我全部应允而被接纳，同意我暑假在天津基泰上班，听候训诲。

1929年在东北大学新建教师住宅楼门前
从左至右坐者：刘崇东、傅鹰、陈植、蔡方荫、梁思成、徐宗漱

---

[1] 基泰即基泰工程司。
[2] 老板即关颂声(1892~1960)，1917年获美国麻省理工学院建筑学学士学位，1920年在天津创办基泰工程司。1960年病逝台北。

瘦影——怀梁思成先生

陈从周

旧游谁左说相从，初日芙蓉叶叶风；
挥手浮云成永诀，而今馨欸梦梁公。

新会梁思成教授逝世那年，我还在安徽歙县"五七干校"。我在报上见到了噩耗，想打个唁电去，工宣队不同意，我说梁教授是我老师，老师死了，不表示哀思，那么父母死了也可不管了。饶舌了许久，终于同意了。我那时正患胃出血症，抱病翻过了崎岖的山道，到了城内，终于发出了人何以堪的唁电。冬季的山区，凄厉得使人难受，偶然有两只昏鸦，在我顶上掠过，发出数声哀鸣，教人心碎。这夜没有好睡，时时梦见他的瘦影，仿佛又听到他那谈笑风声的遗音，一切都是寂寞空虚。

"无穷山色，无边往事，一例冷清清"，那几天的处境，我便是在这般光景中过去。我回思得很多，最使人难忘的是1963年夏与梁先生一起上扬州，当时要筹建鉴真纪念堂，中国佛教协会请梁先生去主持这项工作，同时亦邀我参加。约好在镇江车站相会，联袂渡江，我北上，他南下，我在车站候他，不料他从边门出站了，我久等不至，径上轮渡，到了船上却欣然相遇了。莽莽南徐，苍苍北固，品题着飘渺中的山水，他赞赏了宋代米南宫水墨画范本，虽然初夏天气，但是湿云犹恋，因此光景奇绝。

我们在扬州同住在西园宾馆，这房间，过去刘敦桢教授以及蔡方荫教授曾住过，我告诉了他这段掌故，他莞尔微笑了，真巧，真巧。第二天同游瘦西湖，蜿蜒的瘦影，妩媚的垂杨，轻舟荡漾于柔波中。梁先生风趣地说："我爱瘦西湖，不爱胖西湖。"似乎对那开始着西装的西湖有所微辞了。对钟情祖国自然风光、热爱民族形式的学者来说，这种话是由衷的，是可爱的，是令人折服的。梁先生开始畅谈了他对中小名城的保护重要性的看法，不

料船到湖心，忽然"崩"的一声，船舱中跳进了一条一尺多长的大鱼，大家高兴极了，舟子马上捉住，获得了意外的丰收。这天我们吃到瘦西湖的鲜鱼，梁先生说："宜乎乾隆皇帝要下江南来了。"

我们上平山堂勘查了大明寺建造鉴真纪念馆的基地，那时整个平山堂的测绘我已搞好，梁先生一一校对了。看得很细致，在平远楼品了茶，向晚回宾馆。梁发生胃纳不佳，每次用餐，总说："把困难交给别家，把方便交给自己。"意思说，菜肴太丰富，他肚子受不了，要我吃下去。我们便是每顿有上这样一个小小仪式。对鉴真纪念堂及碑的方案，他非常谦虚，时时垂询于我，有所讨论。我是借讨论的机会，向他讨教学习到很多东西。他开朗、真诚，我们谊兼师友，一点也没有隔阂之处。鉴真纪念碑的方案是在扬州拟就的，他画好草图，由我去看及量了石料，作了最后决定，交扬州城建局何时建同志画正图，接着很快便施工了，10月份我重到扬州，拍了新碑的照片寄他，他表示满意。

扬州市政治协商委员会邀梁先生作报告，内容是古建筑的维修问题，演讲一开始，他说"我是无耻（齿）之徒"，满堂为之愕然。然后他慢慢地说："我的牙齿没有了，在美国装上了这副义齿，因为上了年纪，所以不是纯白，略带点黄色，因此看不出是假牙，这就叫做'整旧如旧'。我们修理古建筑也就是要这样，不能焕然一新。"谈话很生动，比喻很恰当，这种动人的说话技术，用来作科普教育，如果没有高度的修养与概括的手法，是达不到好效果的。他循循善诱，成为建筑家、教育家，能在人们心中留下不可磨灭的印象，原因是多方面的，关键是有才华。1958年批判"中国营造学社"，梁先生在自我检讨会中说："我流毒是深的，在座的陈

梁思成，见本书第10页。
陈从周(1918~2000)，曾任同济大学教授。

从周他便能背我的文章,我反对拆北京城墙,他反对拆苏州城墙,应该同受到批判。"天啊!我因此以"中国营造学社"外围分子也遭到批判。我回忆在大学时代读过大学丛书——梁先生翻译的《世界史纲》,我自学古建筑是从梁先生的《清式营造则例》启蒙的,我用梁先生古建筑调查报告,慢慢地对《营造法式》加深理解,我的那本石印本《营造法式》上面的眉批都是写着"梁先生曰……"我是从梁先生著作中开始钦佩这位前辈学者的。后来认识了,交谈得很融洽,他知道我了解他,知道他的身世为学等……我至今常常在恨悔、气愤,他给我的一些信因"文革"时被抄家而散失了。如今仅存下他亲笔签上名送给我的那本《中国佛教建筑》论文了。我很感激罗哲文兄于1961年冬在梁先生门前为他与我合摄一影,这照幸由张锦秋还保存着一张,如今放在我的书桌上,朝夕相对,我还依依在他身旁。当然流年逝水,梁先生已做了天上神仙,而我垂垂老矣,追忆前游顿同隔世。

我与梁先生从这次扬州相聚后,自此永别了。我们同车到镇江候车,在宾馆中午餐,他买了许多包子肴肉及酱菜等,欣然登上北上的火车,挥手告别。他在窗口的那个瘦影渐渐模糊不见了,谁也不能料到,这是生离,也是死别。我每过镇江车站,便浮起莫名的黯然情绪。今日大家颂梁先生的德,钦佩他的学术。我呢?仅仅描绘他的侧面,抒写我今日尚未消失的哀思。梁先生,你是永远活在我们建筑工作者的心中。清华园中,前有王静安(国维)先生,后有梁思成先生,在学术界是永垂不朽的。王先生的纪念碑是梁先生设计,仿佛早定下这预兆了。王先生,梁先生,你们这对学术双将为清华园增添无穷的光彩,为今世学子作出光辉楷范,中国就是需要这样的学者,我为清华大学歌颂之。

怀念建筑家黄作燊教授

陈从周

我的朋友黄作燊教授，逝世已整整七年多了。我每当静下来的时候就想到他。这位有才华、有思想的建筑家，不应该悄悄地离开了人世，因为我们国家与人民多么地需要你啊！可是真的你走了。你对我是良友，也是益师。你有惊人的慧眼，你有爱朋友的美德，这一切也无需我再费笔墨了。贝聿铭先生是你在哈佛研究院的同学，他初次遇到我，就问讯了你的近况。我告诉了你不幸的消息，大家默然了。这是死别的滋味。朋友，你在九泉之下知道吗？

我分明地记得在你最后与我相见一面，是在你家附近路上，你骑着自行车，精神很好。下车和我寒暄了几句话，含笑地便上车，留下一个永不磨灭的背影给我。不久噩耗传来，尤其你夫人在重病中，我陪她上殡仪馆。那清瘦的弱体，如何能担负如此惨重的巨变，三个儿子紧握着你的遗体双手不放你走。在此一刻，令人心酸。不久你夫人也下世了，虽然你们在地下已经会见，然而这三个遗孤，在我们朋友的心目中，感到另一种难以描绘的心理。如今他们在你夫妇冥冥的托庇下，也都自立了。我也应为你写点纪念文字，尽我心对你知遇之感。

作燊原籍广东番禺(1915.8.20~1975.6.15)，少生于天津，十岁丧母，他父亲颂颉先生是洋行高级职员，少年又接受过海军教育，因此思想比较新。作燊与戏剧家的哥哥佐临，以及两个姐姐都出国求了学。作燊在天津度过了中小学时期，他进的是天主教会主办的圣路易学校。17岁那年通过天津市的留英考试，直接上了英国的AA建筑学院(Architecture Association school of Architecture)求学，成绩斐然。尤其他的设计思想活跃，有新意，英文水平也高，为中国留学生争得了很大的光彩。5年后毕业渡洋上美国哈佛大学研究院进行深造。随建筑大师Walter Gropius教授学习。他与贝聿铭先生同学，二人都是Walter Gropius的得意门生。一位在世界建筑界成了大名，而另一位却勤勤恳恳为新中国建筑教育事业献出了毕生，都是值得我们敬仰的。聿铭每次回国，我见了他，便想起了你。如今他就任了我们同济大学的名誉教授，可惜你们不能共事了。我总在痴想，如果你活着该怎样地快活呢？我们这些年龄相差无几的半老头子，又该怎样尽我们余生之业。大家畅谈互相切磋勉励，该是何等的光景。你如今远隔着两个世界，在天的另一方，有时可能感到这些生前的朋友们，相聚时还不时地在呼唤着你，魂兮归来！

在哈佛的岁月中，作燊认识了他的夫人程珧。那时她在Waslyan大学念书，她专攻英国文学，因为大家同长在天津，在文学艺术、音乐上的嗜好又相当，她佩服作燊的知识广博。他们结合了。在1942年"知识救国"潮流影响下，双双归国。那时正值战争时期，民不聊生，暂借住他哥哥佐临先生家中，生活十分清贫。1945年抗战胜利了，陆谦受从重庆回到上海任中国银行建筑部主任，又成立了五联建筑师事务所，作燊是其中的主要成员。上海万航渡路的中国银行宿舍就是他当时作品之一。1942年应圣约翰大学工学院院长杨宽麟教授之推荐，应聘任教该校。他开创了建筑系，培养了出色的人才，如同济大学建筑系主任李德华教授等。我就是那时为他所赏识，成为他主持的系中的一员。我回忆起那时的一段生活，真如一个大家庭。他平易近人、循循善诱的作风，我待之如兄长，敬之如老师。他虽不专研中国建筑，然而他能在各种不同学科中启发人，引导人，这不是没有高度修养的人所能做到的。他是一位有才学的人，而不是凭技的人。正如

黄作燊(1915~1975)，英国AA建筑学院毕业，美国哈佛大学研究生院毕业，1940年回国后创办圣约翰大学建筑系并任系主任。长期任同济大学建筑系教授。

陈从周，见本书第14页。

一位乐队指挥，能善于发现人才，又能培养使用人才，这一点是很多人所不及的。我们演戏，他做导演。我们运动，他做领队。我们看戏，他请客。我们聚餐，他为首。在约翰校园中，我们建筑系的师生最活跃。他如一团火，有热量，使每一个成员得到温暖。我还记得在1950年左右，陆谦受从香港到上海，邀他到香港去。他离不了祖国和身边的我们这些人，我们也不放他走，就是这样团结在一起，为新中国培养建设人才。

1952年下半年，院系调整，我们一同到同济大学建筑系。这个系由若干大学的建筑系合并而成，作燊是系主持人之一。在比较复杂的人事关系中，他能团结人，看问题比较全面公道，因此系是欣欣向荣的。他很谦虚，不争权，而是踏踏实实地做了不少的教学工作。如一朵雅淡而不夺目的鲜花，它蕴藏了高贵的品质。他的设计思想不是凭空而来的，我佩服他广泛的爱好，丰富的知识。他对剧院设计有着独特的见解。他自小爱京剧，除收藏唱片录音外，还收藏戏单、戏谱，对演员的生活亦了如指掌，因此他可以比人家讲得深，讲得透。同样，其他有许多冷僻的设计，他都能讲得上，这是多么地不容易啊！一个名建筑师，就是要有这种修养。他曾经要我为他物色明式的家具、印章、古代木刻等等，如今他心爱的那把红木大椅，被他坐得发亮了，我见到它，仿佛主人翁还坐着一样。夫人程玖1952年前也在圣约翰大学教书。我们常到作燊家作客，总觉得他俩的家明洁恬静，有一种难以形容的建筑味与文学味，能留客，可清谈，足以显示主人翁的身分。程玖比作燊小4岁(1919.3.5～1978.11.23)，毕业于天津第一女中后，曾习过绘画，与姐姐程孟同出国，得奖学金而学成的。她父亲程克，河南开封人，同盟会元老之一，在东京曾与孙中山共同从事中国旧民主主义革命，曾任过司法总长、天津市长。程玖虽长于官宦之家，但她那件蓝布旗袍，却没有丝毫富贵之气炫人，因此同学们很尊敬她。我的长女胜吾在上海第一医学院读书，是受过她辛勤教育的。

作燊的死是比较突然的，他虽因血压高，在家休养，但每周到校中来检查与拿药，精神与体质还是正常的。不料噩耗传来，我真感到如梦如幻，真耶非耶。等我赶到安亭路他家中，一切证实了。这位在重病中的夫人，3个遗孤，我面对那把他坐的红木椅，凄清孤寂地仍在书斋中，而作燊是不见了。这是人间惨剧，我不知从何启口，双泪纵横而已。我为他料理了后事，眼望着遗体为工作人员无情地拉走。作燊兄，我们永别了！这些如今快10年了，灯下忆及，还是宛在目前。我的拙笔无以志大德于万一，这短短的篇章，尽表示我对你的怀念，感激你对我的提携与教诲，人非草木，孰能无情而已。

念建筑前辈

陈从周

编者按：近读陈从周先生怀念师友的一些文章，如《怀念林徽因》、《老去情亲旧日师》等，感人至深。遂将他对建筑界前辈的回忆，摘抄如下，标题是编者加的。

我是学文史进而学建筑园林的。从模糊的自学而得到进一步的提高，那是与陈植老师分不开的。他与我有世谊与乡谊，他的公子艾先是我的学生，我当时住在他家附近，常去看他，从他那里见到很多建筑书，他慷慨地任我选择借阅，还认真教导我，使我在这专业上学习有所发展。他那时是之江大学建筑系系主任，见到我有所成就，聘我去建筑系教书，以副教授衔给我，我真是感谢啊！他身为老师，又是主任，但每当开学送聘书必亲临我家，还要问我，"你经济如何，有困难我可以帮助你。"学期结束，他又要登门致谢，同样关心着我的生活。这样的领导，这样的老师，被这种精神所感动，哪一个不肯努力工作呢。我从事40多年的建筑工作，今日薄有成就，饮水思源，毋忘此德。

朱桂辛（启钤）老人是我古建筑的受业师，他是中国营造学社创办人，中国古建筑研究的奠基人。难忘的老人啊！当我最后一次在他身边，为他盖上了被，等他安心进入午睡，我悄悄地离开时，感到说不出的难受，真的想不到这是我们最后的一面呢？我受教于他，是在他80过后的岁月中，除了每年到北京上他家亲聆指教，平时则以信函相授，那种颤抖的手写的毛笔函，真是欲倾肺腑之言而不能——如愿，到最后只好写着"我不能谆谆教你，我老了，我希望你……"这使我不禁为之潸然泪下。一位老人能在这样年迈体衰之时，不废其对学生的培养，我是永铭于心的。如今我虽70岁的人了，除了对博士硕士研究生指导外，我仍坚持为高年级大班讲课，因为想到朱老师90岁后还不废其为师之责，我尚年轻，我不能推卸为师的责任，如果没有贤师，我是没有这点动力的，精神的感化是可以化为物质的，老辈的典范是后世的楷模。

（以上选自《老去情亲旧日师》一文）

时间过得真快，记得1955年夏在北京，那时林徽因先生去世不久（1955年4月1日），梁思成先生病在医院，我们亦正受建筑界复古主义的批判，心境是沉重的，幸而不久梁先生恢复了健康，我们重聚之时，相对唏嘘而已。

1953年夏，林、梁二先生在清华园家中小宴，招待我与刘敦桢先生，那时她身体已不太健康，可是还自己下厨房，亲制菜肴招待客人，谈笑仍那么风生，不因病而有少逊态。次日晚上，是郑振铎同志以文化部与文物局名义，请我们在欧美同学会聚餐。林、梁二先生参加，刘先生亦在座，另外还有北京市副市长吴晗同志等，都是考古与古建筑界的知名人士。那晚

朱桂辛（启钤），（1872～1964）。清末任京师内城巡警厅厅丞，民初任交通部总长、内务部总长。1917年后脱离政界，从事实业。1930年2月正式创办中国营造学社。解放后，任中国文史馆研究员。

林徽因（1904～1955），1924年到美国宾夕法尼亚大学美术学院留学，选修建筑系课程，1927年毕业，同年入耶鲁大学专习舞台美术。1928年与梁思成结婚。1928年～1931年在东北大学建筑系任教。1930年加入中国营造学社，1946年后任清华大学建筑系教授至病逝。出版有《林徽因文集》文学卷和建筑卷两册。

陈从周，见本书第14页。

主要是谈文物保护工作。当然无可否认的,因为建国之初,急于基本建设,损坏了一些文物与古建,正如席间郑振铎同志呼吁那样,推土机一开动,我们祖宗遗下来的文化遗物,就此寿终正寝了。林先生的感情更是冲动了,她指着吴晗同志的鼻子,大声谴责,虽然那时她肺病已重,喉音失噪,然而在她的神情与气氛中,真是句句是深情。她生长在北京故都,又与梁先生长期外出调查古建筑,她对古建筑是处处留恋,一砖一瓦都滴过汗,这种难以遏止的声色,我们是同情她,钦佩她的。

林先生离开我们有这么许多年了,我还珍藏着她与梁先生商讨中华人民共和国国徽时的一张照片。1978年冬,我在美国纽约筹建中国庭园"明轩",在徐家找到了林先生写的那篇纪念徐志摩文章(《纪念志摩去世四周年》),真是文情备至、又有观点的文章,因为国内几乎失传了,我为她复印了一份,这就是目前所能见到的印本。今日我们能重刊林先生的著作,那真是"音容宛在"了。

(以上选自《怀念林徽因》一文)

1933年梁思成(左)、林徽因(中)与费慰梅(右)合影

师恩难忘

童鹤龄

往事如烟，饮水思源。在这本书即将交稿之时，看着书稿和这些渲染图，不禁使我想起老师们给我的一切。我写这本书的目的在于把受之于诸位老师的传之于世。

我毕业于贵阳清华中学，在即将告别母校之际，美术老师李宗津先生把我们介绍给当时在校规划设计校舍的童寯先生，童寯先生是以清华校友和华盖建筑事务所建筑师的身份应聘来校的。李宗津先生对童寯先生说，这学生也姓童，他喜欢绘画，我建议他去国立艺术专科学校学画。童寯先生听罢笑着对我说，那会把你饿死，谁帮助你卖画？你要喜欢绘画可以去学建筑，我在中央大学建筑系教书。当时的国立艺术专科学校即现在浙江美术学院、中国美术学院前身。中央大学建筑系即现在南京工学院、东南大学建筑系的前身。于是我就报考中央大学建筑系。

以我愚拙在大学的四年学习中，曾受到许多知名老师严格认真谆谆教诲。但由于主客观原因：一是自我要求不高，学习不够勤奋；二是抗战时期国家和家庭经济困难，连必要的画具都难具备，我的学习成绩是不够理想的，有负宗津老师和童寯老师的期望。

我在大学建筑初步课受启蒙于汪坦先生。他给我们灌输了许多建筑学的基础知识，这是最重要的一课，我未能领会他的好意而被古典建筑和水墨渲染吓坏了。戴念慈先生在挥洒自如为我们改配景时，我却问希腊陶立克柱头的阴影怎么会是一个垂下来的尖角。戴念慈先生用纸卷了一个圆筒上插倒圆锥体，在上面盖了一张方纸片。放在灯光下一照即出现了与陶立克柱头相似的阴影。这时我才恍然大悟。

谭垣先生在我的印象中是一位难以忍受的严师，他在教学中有三件事我至今难忘。一是二年级时我在设计图上画了一棵树，正好插在屋顶尖上，树画得很糟。魏庆萱先生是助教，在为我改画时，谭先生走进教室正好看到，十分生气，训斥魏先生是怎么画的。魏先生红着脸不作申辩。我不敢说是自己画的。这一冤案使我对这位客死异国的老师至今怀念不已。另一件事是设计一所小卫生院，在处理门厅和候诊厅的联系时，我弄了一个1.5米宽的双扇门，自以为够了。谭先生为我改成一个宽敞的门洞，意即适当分隔空间。以我愚拙，当时未能领会。第二次上课我又画成了一个1.5米的双扇门。他一看火了，把铅笔一扔，用英词训斥：这学生hopeless(没有希望了)，Miss萧，你给他改吧(Miss萧即现大连理工大学建筑系萧宗谊教授，当时也是谭先生的助教)。谭先生走后，我把草图团了塞进抽屉里，嘴里嘟哝着，抱怨谭先生太严，一气之下扬言我再也不学了。随即跑出教室在外面转了一圈。等我回到教室只见萧宗谊先生正在为我抹平那张草图纸，见我回来，就说，谭先生就是这样的脾气。她为我解释空间分隔方法。最后，谭先生还是给了我一个好分数。第三件事是做一艺术家画室设计。快要交图前我还没弄好。谭先生把我一人叫到他家，那是一间不大的房间，有煤油炉，他自己做饭，他一人住在重庆，生活十分艰苦。那天他为我改图，

李宗津，解放后，任中央美术学院教授。
童寯，见本书第6页。
童鹤龄(1925~1998)，1947年毕业于中央大学，长期担任天津大学建筑系教授。
谭垣，见本书第7页。
徐中(1912~1985)，1937年获美国伊利诺大学建筑系硕士学位，回国后长期在中央大学、天津大学任建筑系教授、系主任。
卢绳(1918~1977)，1942年毕业于中央大学建筑系，曾在中国营造学社担任研究助理，从1944年至逝世先后在中央大学、北京大学、天津大学建筑系任教。

从黄昏到天黑，十分耐心地用英语夹着广东话解释，手不停笔从平面到透视重新画了一遍。当我带着他的一堆草图从他的房间里出来时天已大黑，他好像还未做晚饭。解放后徐中老师曾不无感慨地对我说过，中央大学建筑系教学(指建筑设计教学)还是谭垣先生回国后给奠定的基础，使之正规化。

美术课是李剑晨和樊明体二位老师授课，樊明体先生似乎很啰苏，絮絮叨叨地说要注意明中之暗与暗中之明，这一句话我一直用到现在。几年前在上海同济大学他家中见到他时，他还谦虚地说，我们不能算师生关系，我只比你大十岁。李剑晨先生在我每次水彩画课时总是以表扬为主，说这张画大有进步，有很多优点，而后动手重新改过再画一遍。当时我没有水彩画碟，一次弄一只吃饭用的水瓷碟，再弄点颜料，觉得难为情就躲在一个小山凹里面。李先生找到了我，说你怎么躲在这里画，叫我好找。这些老师，在抗日战争期间，在极其艰苦的环境中执着、认真地从事教学工作。当时，我却未能领会学问、教学的严肃性。他们对学生谆谆教诲的精神直到我从事教学工作多年之后才略有所悟。

解放后，我跟随徐中先生从事教学工作，自己当老师几年之后才慢慢地感到教师责任重大。我作为青年讲师和徐中先生同时指导古典建筑设计课，为学生画科林斯柱头示范图。深夜我一边作水墨渲染科林斯柱头，一边得意地哼着歌。这时，徐中先生从外面进来，问我在干啥。我说在备课，他看了一眼我刚渲染完的示范图，一句话没说就转头往外走，在走到门口时说了一句：画的是什么！我当时吓得出了一身冷汗，心想教师当不成了。当即撕去重画。也不知错在何处，只有自己琢磨，第二次刚画完，徐中先生又来了。这次他看过画后，面露喜色，我乘机递过笔去，说，请徐先生示范几笔。他坐下，一边画一边讲，他说了三句话：水墨渲染墨色不能太深；二要浅而又层次分明；三要在渲染完后，线稿清晰可见。我撕去又重新画第三遍，画完，徐中先生又看了一次，仅仅说了一句：这张还可以。他讲的三点我牢记至今，并推广用在水彩渲染中，传给学生。1964年高钤明同志(现在太原工业大学教授)的成果即我受之于老师又传之于学生的成绩。他的科林斯柱头现在已很少有人能画了。此之谓青出于蓝而胜于蓝。后来徐中先生上了年纪，在课堂上为一女生示范水墨渲染从暗到明退晕失败后很少再画，叫我帮助他改渲染图。我上了年纪也不能画细致严谨的水墨渲染了。水墨渲染是严格训练学生的一种好方法。因为这种教学方法不但训练了渲染技法，从渲染古典建筑工作中也学到严谨治学、严肃做人的态度。我在建筑渲染上的起步，实际上是从徐中先生认真指导我如何从事教学工作开始的。这时才开始领会到许多老师对学生的期望。老师们所赐才是我教学一生的基础。

不久，徐中先生即不指导建筑初步(原教建筑初步的教师郑谦教授已调走)，而委托我负责建筑初步教学，并为天津大学建筑学系建立了一套严格培养师资的方法，为学生打下严格学习的基础。记得童寯先生在看过天津大学1951~1954年优秀的建筑设计学生作业之后问我，建筑设计什么水平才能给5分。你做一个设计看能不能给5分。我将此意转达给徐中先生。从此天津大学建筑初步、建筑设计最高分只能5⁻，而不给5分。"文革"后，杨廷宝先生在南宁开会时，我请教他教学问题，谈到师德，他说，你也是教学多年的教师了，为人师表，道德文章、业务要精，格调要高。徐中先生曾几次对我说，你站在讲台上就是老师吗？要教学生一分自己得有十分。否则，学生叫你一声老师，你不脸红吗？

在所有的老师中，卢绳先生是我最感到内疚的。我曾当过他的助教，他也曾想培养我接班。当时徐中先生认为我还能"画几笔"，把我安排在建筑设计教研室，对此卢绳先生颇为不满。于是我帮助他指导中国古建筑测绘实习以作补偿。在反右和"文革"中，他身心都受伤害。但"文革"一结束他即要求为学生补课。那时他心脏病已经十分严重，他坐在讲台上讲了二三次。不久他即去世。卢绳先生教学、工作十分严谨，但他只过了7年舒心的日子，直到去世前夕还在为中国古建筑教学科研操心。我没能为他分忧，只是因为我还能"画几笔"。至今深感内疚。

在写这本书的时候，不禁回忆起我有幸遇到的老师，他们都是十分严肃认真负责而又十分温暖。每当提笔我心中忐忑不安，觉得画不好，现在再学已经太迟了。尤其1994年中风之后手眼都不听使唤，但想到李剑晨老师年近90高龄的那年还站在小凳上面壁作画时，我就只能奋力从事。想到谭垣老师90高龄仍挥笔改图，想到他晚年曾想调我去帮他写书而未实现；我曾答应他也要教学50年，也还有4年才能实现。从中学的李宗津老师到大学的许多老师无一不是道德文章令人景仰的前辈。他们把我领上建筑教育之路，深感师恩难忘，必须继续奋力，活一年，学一年，教一年。写书即是教学生命的继续，这本书即是帮助从事教学的工具。

读者从这本书中如学有所得，即是我的老师们所赐；书中之不足、谬误则由我负责，请各位方家指正。饮水思源，师恩难忘。

（原载童鹤龄《建筑渲染：理论·技法·作品》
1998年中国建筑工业出版社出版）

在上海美术馆举行的"1991年全国建筑画展览"开幕仪式上
左起：汪定曾、冯纪忠、罗小未、陈植、谭垣

重返故里

陈法青

"少小离家老大回，乡音未改鬓毛衰。儿童相见不相识，笑问客从何处来。"1982年4月我和廷宝回到阔别40多年的故乡——河南省南阳市。他是作为一位建筑师来为故乡的建筑规划设计添砖加瓦的。谁也没有料到，这竟是他最后一次重返故里。到了住地，刚刚放下行装，廷宝就急不可待了，"看市容去"，说罢，就兴冲冲地往门外奔。他在南阳的11天中，十足地工作了十天半，每天都在8小时左右。经过40多个春秋，古城南阳发生了巨大的变化。它已从5万人口的商业消费城市发展成27万人口的新兴工业城市。城区扩大了好几倍，宽阔的马路纵横交错，新建的楼房鳞次栉比，各种汽车奔驰如梭，这一切都使他兴奋不已。南阳再也不是孩提时代那狭小、拥挤、落后、只有骡马车的小城了。然而，当他看到许多古建筑年久失修甚至毁坏殆尽，看到从前清澈见底的白河变成污臭不堪的黑河，当他听到老百姓反映自来水常常供不应求时，又顿时紧锁双眉，陷入了沉思。在城市规划会上，在两次学术会上，他对古建筑修葺、自然环境的保护、以及市政建设各个方面，都提出许多意见。廷宝从来不是光发议论的人，他看准了就要干，实干才是他最大的乐趣。在故乡停留的短暂日子里，他对古建筑医圣祠的扩建提出了宝贵的建议。医圣祠位于南阳东北，是后人为纪念汉代大医学家长沙太守张仲景所建，是一座古朴、凝重的陵墓，历经战乱，到解放前，只剩下荒冢一座，破庙一所。其中蒿草没膝，庙内白狐跳梁。解放后虽经修整，但规模颇小。为了纪念先哲，鼓励后贤，并迎接即将在此召开的有中外学者参加的仲景医学讨论会，有关部门决定拨款扩建此祠。那么究竟采用什么风格和方案呢？一时各说纷纭，廷宝听了许多介绍，特别是看了具体方案之后，真是欣喜之至，感慨地说，南阳有些人才，何愁古建筑修缮不好！接着对地市领导同志说，鉴真是唐代人，梁思成先生设计扬州鉴真纪念堂，就取唐代风格。张仲景是汉代人，扩建祠堂，取汉代风格才有味道。至于搞汉阙、雕朱雀是迷信之说，那是不懂建筑科学的偏见，一句话使许多领导同志深感钦佩，处在困境的建筑师更加激动不已。此后，廷宝四次上工地，经过实地勘查，缜密思考，提出诸如汉阙不能靠门，应在6米开外处才有宏大的气魄；单层圆形碑亭应改为双层六角形；祠堂两侧的廊沿石刻，除介绍仲景事迹外，能否把中华民族历代名医的头像都雕刻陈列出来。这样，纪念意义就更大了。另外，对大门围墙等建筑物细部装饰、色彩用料一一陈述自己的意见。只两支烟工夫，碑亭的修改图和三皇殿的平面草图，就勾勒出来了。那清秀端庄的造型，准确的比例尺度，当一百多位中外医学专家来此开会时，修葺一新的医圣祠胜利竣工了。日本医学代表团的一位团长赞叹地说："这一座建筑真是气度不凡"。是的，这座气度不凡的古建筑，把一千八百年前为人民造福的医圣和当今为人民谋福利、社会主义建设联系起来。离开南阳，我们并未踏上归程，接着又去湖北，下襄阳，上武当，到武昌行程4千里，奔波一月余。1982年5月28日，在武当山一风景区规划讨论会上廷宝阐述12条意见。当时的湖北省委第一书记陈丕显同志听他的发言后握着他的手说，千万保重身体。廷宝回答："我还要再走几岁，我还要再走几岁。"短短一句话，道出了他对伟大祖国大海一样的深情。事实上，他一生奔波，走得已经够多够累了。且不说1980年以前的60年间，他的足迹遍及神州大地，还数十次出访，走遍欧亚拉美四大洲几十个国家，就单单1980年后的两年半时间，他就频繁出差318天。短短的两年半，出差时间竟接近一年，

杨廷宝，见本书第6页。
陈法青(1901～　)，杨廷宝夫人。

这对于80多岁、染病在身的老学者来说，这旅程是多么漫长。

1982年早春2月初，徐海大地刚刚下了一场春雪，僻静的山峦，河滨仍是一派银装素裹。此时，"徐州市总体规划技术鉴定会"召开了，前后开了8天，可以说是走坐各半。先"走"，实地勘查，后"议"，坐下讨论。在"走"的几天里，廷宝和小青年一样，串街走巷，爬山下湖，走遍徐州市的主要街道。一条规划中的中环路长33华里，不少地段廷宝是用脚走过来的，不得已时才用汽车代步。云云龙海麓，冰雪犹存，路滑难行，他非要上去不可，可是岁数不饶人，腿脚不灵便，硬是被人架上山，去龙湖大堤，正遇上凛冽的西北风，与会的女同志围着厚厚的毛围巾，还冻得缩着脖子，廷宝硬是不听"苦劝"，一步一步的走完湖中路，登上湖中岛。搞建筑设计靠走，搞城市规划也靠走，廷宝是在走之中看，在走之中想，在走之中提出了一条条的意见。原规划在轻化工业发达的市东南郊建一热电厂，把众多的小烟囱，变成一个大烟囱，以解决印染、织布、溶剂、制酒等工厂的集中用电问题。这从节约能源的角度来看是完全正确的。但是，这个大烟囱，不仅高达60米，而且与著名"淮海战役烈士纪念塔"相距仅有900米。这样，就势必形成烟筒欲与"淮塔"试比高、"黑云"笼罩纪念馆的严重后果。此事成为会议争论的焦点，工业部门主建，城建部门主废。廷宝以为，应有一个两全其美的方案才成。为了寻求这个方案，他不顾白天四处奔走的劳累，晚饭后又以"散步"为名，走出南郊宾馆的大门，凭借苍茫的暮色，在"淮塔"东北部察看，今晚北走，明晚东行，心中有个底，再与规划人员交谈、讨论，一举两得的方案终于诞生了。烟囱一分为二，高度都在40米以下，选址一在塔东北部，一在塔北部相距分别在1200～1500米以外，这一方案很快得到争论双方的赞同。廷宝为博采众家之长，每天都在楼里一层层地上下，一组组地听讨论，对规划中的每一个问题都作了仔细推敲。6月初他心力已明显衰弱，饭后长时间酣睡，9月中旬住院直至12月23日弥留之际，他实在下不了床，走不动了，但是他的心还在走，他还想着三上武夷山，把人间仙境装扮得更美好，想着去苏北、下江南，把江苏省十几个城市规划全部搞完。廷宝慢慢地闭上眼睛，不过他的脚仿佛还在走，他仿佛在所钟爱的祖国大地上奔走，他的心还在他眷恋的山河湖海上遨游。

2000年5月10日

杨廷宝晚年仍在工作。

缅怀思成兄

陈 植

学识渊博，才华横溢，毅力惊人，贡献杰出。这是我对思成兄一生的概括。在他诞生85周年[1]之际，回忆与他同窗、共事，以后书信频繁的50余年漫长岁月，使我感慨丛生，他那乐志的胸怀，敏捷的思路，热情的谈吐，爽朗的笑声，至今未能忘怀。

思成兄肖牛，长我一岁。我曾告他：你牛劲十足，可以冲锋陷阵；我生于午刻，虎正酣睡，威力尽失。思成兄终于冲锋陷阵，驰名于国内外建筑界。1915年我与他同入清华学校，因梁任公丈与我父亲、我叔友谊颇深，我与他亦即一见如故，在当时中等科（清华学校分中等科、高等科，学制各四年）同班级又同寝室。他性格爽直，精力充沛，风趣幽默，与我意气相投，成为知己。

在清华的八年中，思成兄显示出多方面的才能，善于钢笔画，构思简洁，用笔或劲练或潇洒，曾在1922～1923年清华年报任美术编辑；酷爱音乐，与其弟思永及黄自等四五人向张蔼贞女士（何林一夫人）学钢琴，他还向菲律宾人范鲁索（Veloso）学小提琴。在课余孜孜不倦地学奏两种乐器是相当艰苦的，他则引以为乐。约在1918年，清华成立管乐队，由荷兰人海门斯（Hymens）任指挥，1919年思成兄任队长。他吹第一小号，亦擅长短笛。当时北京学校中设乐队的，清华是首屈一指。记忆所及，在乐队演奏的有吴去非、应尚能、黄自、汤佩松、梁思永、谢启泰（即章汉夫）、张锐、周自安、梁思忠等30人左右，我亦曾滥竽其间。此外，思成兄还与同班的吴文藻、徐宗涑共4人将威尔斯的《世界史纲》译成中文，由商务印书馆出版。

建筑是无声的音乐，两者气息相通，有主调，有韵律，有节奏，有起伏。思成兄在音乐方面的修养、绘画方面的基础，可能促使他在1923年清华毕业之前选择建筑作为专业。当时，清华1918级的朱彬，1919级的赵深，1921级的杨廷宝已在宾夕法尼亚大学专攻建筑，朱彬即将返国。经思成兄的鼓励，我欣然接受了他的建议同往费城就学。不幸的是当年春他遭车祸腿部骨折，推迟一年出国。1924年他与已订婚的徽因姊（徽因实际上少我两岁）同入宾夕法尼亚大学，思成习建筑，徽因入美术系，选修建筑课程。毕业时他俩分别获建筑硕士、美术学士学位。

在宾大，担任思成兄与我的建筑设计导师斯敦凡尔特教授曾获巴黎奖在巴黎美术学院深造。思成兄就学期间全神以赴，好学不倦给我以深刻的印象。我们常在交图前夕砌宵绘图或渲染，他是精益求精，我则在弥补因经常欣赏歌剧和交响乐而失去的时间。在当时"现代古典"之风盛行的影响下，思成兄在建筑设计方面鲜落窠臼，成绩斐然，几次评为一级。他的设计构图简洁，朴实无华，但亦曾尝试将建筑与雕塑相结合，以巨型浮雕使大幅墙面增添风韵。他的渲染，水墨清澈，偶用水彩，则色泽雅淡，明净脱俗。

除建筑设计外，思成兄对建筑史及古典装饰饶有兴趣，课余常在图书馆翻资料、作笔记、临插图，在掩卷之余，发思古之情。宾校的博物馆与建筑系大楼近在咫尺，规模不大，但名闻遐尔，藏有我国古代铜、陶、瓷等文物；其中最令人感叹的是唐太宗陵墓的"六骏"之一，竟被盗卖而存于异邦的博物馆。思成兄、徽因与我每往必对这一浑厚雄壮的浮雕凝视默赏。思成兄本人又常徘徊于佛像与

梁思成，见本书第10页。

陈植(1902－)，建筑设计大师，曾任上海市民用建筑设计院院长兼总建筑师、上海市城市规划局副局长兼总建筑师、上海市建委顾问。

[1] 系1986年。

汉唐冥器之间。考古已开始从喜爱逐渐成为他致志的方向。他对我国雕塑的鉴赏力是以后对石窟的壁画、造像、寺院的佛像等经过长期的考察、研究、鉴别而不断加强成为专家的。1947年他从耶鲁大学进学返国时，曾言在考虑撰写中国雕塑史，惜终未如愿以偿。由于钦佩他在这方面的知识深邃，在他50岁时我曾以隋代造像为赠。

1928年思成兄与徽因姊在加拿大结婚，游历欧洲返国后，即在东北大学创立建筑系，思成兄任系主任，徽因姊为教授。1929年我亦应邀任教，蔡方荫、童寯亦相继来建筑系执教。同年成立梁、林、陈、蔡(方荫)营造事务所，曾设计吉林大学总体及教学楼宿舍等工程。当时思成兄力主建筑形式要具有民族特色，但不应复古。吉林大学即以此创作原则尝试设计。思成兄与徽因姊由于久已致志于古建筑研究，1931年夏决定应朱桂老(启钤，(字桂辛，中国营造学社创始人)之聘赴北平参加中国营造学社，翌年刘士能兄亦被聘入社，即此开拓了我国古代建筑实测的道路，边测绘、研究，边考证、整理，对照有关法式、则例作比较，作论证，正如思成兄所说的，"研究古建筑，非作遗物之实地调查测绘不可"。应县木塔发现后，他心情振奋，驰函来告，后以渲染图的巨幅照片赠我留念，至今仍为我所珍藏。梁刘两兄在研究古建筑的漫长过程中，以锲而不舍，坚韧不拔的精神，树立了不可磨灭的功勋，"使中国古代建筑这一瑰宝，拂去尘埃，重放异彩于世界文化之林"（见《梁思成文集》中吴良镛、刘小石所作序）。在这一卓越的业绩中，徽因姊亦做出了非凡的贡献。

解放以后，思成兄除继续在他所创建的清华建筑系任主任外，又任北京市都市计划委员会副主任，一片赤诚地为新中国的建设身体力行，出谋献策，特别对首都的城市性质、发展方向，规划原则，旧城改造，古迹保护等提出了极其宝贵的独特的意见。可惜他的保存城墙城楼的迫切呼吁未能见效，使世界上保存得最完整的古代城垣从此消失。吴良镛、刘小石两位在《梁思成文集》序言中对思成兄的杰出业绩作了全面的概括，精辟的论述，高度的评价，非拙笔可再阐扬。我认为思成兄所主持的天安门人民英雄纪念碑与扬州鉴真和尚纪念堂的设计，堪列为他在解放后建筑创作的重要成就。惜鉴真纪念堂建成时，思成兄已于六年前与世长辞，不能与我们共赏他的高超匠心与精湛技艺。

追溯到抗战时期，我不得不对思成兄、徽因姊住李庄时，在经济窘困，重病缠身的处境下所表现的献身精神，惊人毅力，表示无限的钦佩。李庄是一个"四无"的小村镇，无医院，无药店，无电灯，无营养品。思成兄当时除脊椎软骨硬化(1947年才从美国穿铁马甲回国) 外，又患颈椎灰质化，徽因姊则肺病复发，经友人难得辗转带来的奶粉(徽因姊称之为"金粉")迅即告尽。他俩在令人难以置信的困难下，顽强地战斗在建筑考古的陈地上，在两三枝灯草的菜油灯(当地无煤油供应)下，深夜阅读、写作。20年前买的英文打字机色带用尽，思成兄亲自调制墨汁，涂在旧带上继续使用。他脊髓神经作痛，在写作绘图时必需以小花瓶撑住下颌，才能伏案工作。英文版的《图像中国建筑史》(A Pictorial History of Chinese Architecture)就在他心力交瘁的情况下，由徽因姊悉心协助最后脱稿。此书是他呕心沥血十余年的结晶，书中所附的210余张图纸和照片曾由他1947年在美讲学归来前留交费正清夫人[1]设法在美出版。

这一著作在1984年问世后在美国得到极高的评价。普林斯顿大学的中国文化史教授莫特(Frederick

---

[1] 系费慰梅女士。

W. Mote）、华盛顿费利尔美术博物馆馆长劳敦（Thomas Lawton）、哈佛大学的东方美术教授雷尔（Max Loehr）等专家对这一名著表示了高度的赞赏，称之为"对中国文化的理解做出了最宝贵的贡献"，"不仅是对中国的叙述，而是可能成为有重要影响的历史性文献"。麻省理工学院的出版社亦因此获得1984年全美最优秀出版物的荣誉。这一名著是中国建筑学家第一次以英文撰写的具有权威性的中国建筑简史。它以近代的建筑表现方式，分析了中国建筑结构的基本体系及其各类部件的名称、功能与特点，叙述了不同时代的演变，阐明了主要建筑的类别，图文并茂，相互印证，深入浅出地作出系统性的论述，使中国建筑在国际上闪耀着灿烂的光辉。

思成兄的杰出贡献岂止上述数端。他于1972年谢世后，我时复怀念，追忆往事，情不能已，而每念及思成兄，亦必忆及徽因姊。今年[1]是她的82诞辰，在思成兄的业绩中，无不渗透她的毕生辛劳。无论考察的长途跋涉，工作的探讨，文章的切磋，天生伉俪，甘苦与共。他两位对事业的忠诚与献身的精神，感人至深。徽因姊晚年长期卧病，犹以坚韧的毅力为建筑事业奋斗至生命的最后一息。她离世比思成兄早17年，但他两位的业绩当与日月共辉，永传不朽。

（原载《梁思成先生诞辰85周年纪念文集》，清华大学出版社，1986年）

1926年，梁思成（右）与陈植（左）在宾夕法尼亚大学合影。

---

[1] 系1986年。

意境高逸，才华横溢
——悼念童寯同志

陈 植

我国杰出的建筑师、建筑学家、建筑教育家童寯同志与世长辞了。这是我国建筑界的一个巨大损失。

童寯同志1900年生，满族，字伯潜，早年入沈阳第一中学，旋转天津新学书院。毕业后同时投考唐山交大及清华学校(清华大学前身)，在唐山交大名列第一，但仍就读于清华。1925年毕业，公费留美，入宾夕法尼亚大学建筑系，1927年得学士学位。次年获硕士学位后，即在费城及纽约事务所实习，又往欧洲考察，足迹遍及英、法、德、意、瑞士、荷兰、奥地利、捷克等。他与我同窗5年，共事20载，意气相投，成为莫逆之交。

童寯同志品德高洁，刚正不阿，秉性耿直，从不随波逐流，应声附和，不自傲自负，思名思利。他爱憎分明，对志同道合者热情奔放，推心置腹，侃侃而谈，对班门弄斧、阿谀奉承者冷若冰霜，嗤之以鼻。他对文人中的剽窃行为极端鄙视，自己积累的资料则任人参考使用。他在执行建筑业务时严格遵循职业道德标准，不因揽业务而自我吹嘘，贬低别人或奉承业主。在设计某一电影院时受流氓的威胁，毫不畏惧，斥之于门外。当营造厂、材料商有所馈赠，他拒不接受。

他待人接物谦逊宽厚，对个人成就从未流露自满情绪，甚至认为不足挂齿，因之所作数百幅水彩画从不示人以自夸。1930年当他返国到沈阳，梁思成同志以东北大学建筑系主任职位相让，他婉辞不就。"九一八"事变的次年，东北大学建筑系三四年级学生流离失所，来沪请求续课，童寯同志呼吁建筑界友好与他共同义务为补习功课。历时两年，终于授课完毕，通过事先磋商由上海大夏大学发给文凭。他毕生克勤克俭，遇亲友急需，辄慷慨解囊相助。

童寯同志才华横溢，通古识今，是一位博览群书、知识渊博的学者。他在建筑历史、建筑理论、建筑设计、园林研究及绘画方面，无不有卓越成就。除此之外，他对音乐，特别是交响乐研究有素，曾熟读罗曼·罗兰所著《歌德与贝多芬》(法文版)。他对音乐不是单纯欣赏，而是将音乐思想用建筑设计反映出来，有基调、有起伏、有韵律、有节奏。他崇敬陶渊明、郑板桥的性格——平淡爽朗，峻峭高雅。

童寯同志手不释卷，笔不离手。他精通英文，通晓德、法文，习惯于边阅读边摘录，积累资料，从各个角度分析问题，在理论上深入探讨。他引证东西往往摆脱建筑学本身而从更广阔的领域观察建筑学中的问题，然后提出自己独特的见解。他经数十年的蕴蓄，在晚年奔流直下，成书11册，论文11篇，其他遗稿尚待整理。在建筑方面，他著有《日本近现代建筑》、《近百年西方建筑史》、《建筑科技沿革》、《新建筑与流派》、《外国纪念建筑史话》、《外中分割》、《北京长春园西洋建筑》等。在造园方面，他著有《江南园林志》、《造园史纲》、《随园考》、《亭》等。他尚有英文著作《中国建筑的外来影响》(Foreign Influence in Chinese Architecture)、《东南园墅》(Glimpses of Gardens in Eastern China)。他研究园林早于对建筑理论的探讨，在1932～1937年间，遍访上海、苏州、无锡、常熟、扬州及杭嘉湖一带，考察庭园，不辞辛劳，独自一人徒步(他从不乘人力车)踏勘、摄影、测绘。这一工作是十分繁重、艰苦而富有成效的。

童寯，见本书第6页。
陈植，见本书第25页。

他在病痛折磨中，还为《大百科全书》写"江南园林"这一条目，约千余字。逝世前4天疼痛难忍，还为教师修改英文讲稿，给博士研究生答疑，确是拼搏到生命的最后一刻，可谓是"春蚕到死丝方尽"。由于他在中英文方面造诣极深，他的文笔不论中文或英文，总是古朴、凝炼、流畅可与文学家媲美。

童寯同志的建筑设计别具风格。他在宾夕法尼亚大学期间，设计导师为"法国国家文凭建筑师"毕克莱(George Howard Bickley)。3年的就学中，他反对模仿，肆力于吸古今成独创，成绩卓著，深为毕克莱所赞许。由于导师的作风民主，平易近人，亦由于童寯同志独有见解，因之有时师生之间摆脱了指导与被指导关系，而是相互尊重，共同探讨。他曾先后获全美大学生设计竞赛一等奖、二等奖。

返国后，童寯同志在华盖建筑师事务所设计的有文化馆、图书馆、办公楼、银行、学校、住宅、公寓、旅馆、电影院、厂房。他思想敏捷，落笔迅疾，创作以格调严谨，比例壮健，线条挺拔，笔法简洁，色彩轻淡而取胜，不务华丽，不尚修饰。我们同事务所的建筑师三人之间曾相约摒弃"大屋顶"，只在某办公楼的设计中，由于要与原建筑群协调，不得不沿用古典形式。在民族形式方面，如南京原国民党政府"外交部"办公大楼有所突破，则童寯同志所设计的南京中山文化教育馆(抗战时毁于炮火)在融汇古今中外的尝试上是有示范意义的。

馆的右方屹立着一个柱塔，形成不对称的立面，上部嵌以琉璃花砖，气势宏伟，以形传神地表达了浓厚的民族风貌。

童寯同志自幼学油画，因之对素描早有基础。在清华期间又攻水彩画。在宾夕法尼亚大学时得绘画教授、美国名水彩画家道森(George Walter Dawson)的指导，取得了非凡的成就。他运笔之迅捷，落笔之精确，使同学们称为"有照相机般的眼睛"(Photographic Eye)。他对铅笔画、炭画、蜡笔画、粉笔画、水粉画无所不能，而最精于水彩画。他的水彩画，气度奔放，笔法刚劲，色彩绚丽，题材多样，深具吸引力。他善于运用淋漓的阔笔，亦善于运用枯涩的细笔。

他在中年曾习国画，从山水花卉名画家杨渭(定之)为师，两人性格均刚直坦率，极为契合。童寯同志所绘的高山峻岭，深谷幽溪，墨线纵横，墨点跃动，引人入胜。他喜宋画，更仰慕明画家徐渭(文长)的明快姿肆，清石涛(朱若极)的意匠苍健，以及清末"扬州八怪"和近代的黄宾虹、张大千。童寯同志的山水意境高雅，逸笔草草，是他的气质和修养的映象。

永别矣，童寯同志! 你的高尚精神境界、思想品质为后人树立了楷模。

(原载《建筑师》第16期，1983年10月出版)

千里之行，始于足下
——70年建筑生涯回顾

唐 璞

我和建筑这一门科学是很有缘分的。一方面也和同行们一样，对于学习这门科学是经过了生根、发芽、开花、结果过程的。但是，我和同行们各有不同之处，是由羡慕而引起的。另一方面则是由于技能上的需求和时势的需要而变化的。但是再变，也没有改变我的主导方向，所谓万变不离其宗。"宗"就是路子，路子是人走出来的。《西游记》的主题歌说："敢问路在何方？路在脚下"。我国古代哲学家告诉我们，"千里之行，始于足下"，这正是我70年建筑生涯的回顾。

羡慕 我从童年起，就喜欢美术，每见到好看的画，就一定要模仿。小学里国画这一课本是刘海粟先生的毛笔线条的画册，我很喜欢学，成绩好，名列前茅。

另外，因为自己的家庭，只算得上小康之家。一家五口，只有三间瓦房，所以很羡慕大户人家的四合院，又宽敞又壮丽，有楼台亭榭，又有游廊花厅等等，都是使我羡慕不止的。

可是，事物的发展总是随着接触的情况而发生变化。当我读高中的第二年的时候我家迁至青岛居住，环境变了，又增加了另一种羡慕，就是花园小洋房和雄伟的西式大楼，特别是在看过了《同心劫》这部电影之后，对于那位发愤图强，为某大城市设计建造的一座座高楼大厦，使他足以自慰和自豪的情景，更使我羡慕不止。

幻想 由于这种思想的不断活动，引起了一系列的幻想。例如，怎样学好盖高楼大厦的本事，要学好这种本事就得上大学，出洋留学才能学到本事，才能为人家盖高楼大厦，才能成为一位有名的建筑师或工程师。

要确保考上大学，必须努力用功。于是我从那时起，就下定决心刻苦学习，把功课准备好，以待今后功成名就之时，我也在青岛盖上一座花园洋房，并为业主盖起高楼大厦，同时把老家的土房子翻修一下，改建一下，以便要想过点农村生活时，退居乡下，以度晚年，那时也许"别有一番滋味在心头"。

初愿 在这种思想支配下，决定高中毕业后，报考大学工学院建筑系或土木系以实现我的夙愿。因此，以北洋大学作为目标。然事与愿违，当时铁路交通被阎蒋战争阻断，天津陷于混乱状态，乃与朱天吏同学商考东北大学。于是在1930年由青岛坐船到大连，改乘火车到沈阳，向东北大学报了名。听说建筑系主任是留美归来的梁思成教授，还有也是留美回国的陈植教授、童寯教授和蔡方荫教授，我高兴得不得了，心想能考上这个系，我一定努力学习，学好本事，实现我的志愿。经过用心准备，侥幸考取了第一名。因此，给了我很大的鼓舞，更坚定了我学建筑的决心。但是我决不自满，因为自幼受"谦受益，满招损"这句话的教育，早已铭记在心中。

灾祸 1931年，我在东北大学读了一年，暑假后回到学校上学的第三周，9月18日夜间，忽然传来了不断的大炮声，顷刻间，日本帝国主义侵占了沈阳城，在混乱中东北大学师生失散了。我和朱天吏同学赶着到北郊农村道义屯的一家农户求宿，他们这一家农民热情欢迎和款待了我们，对我们像一家人那么亲热，我们安然度过了一夜之后，听说皇姑屯小站停有免费供应难民入关的火车，我们乃向农家乡亲们表示感谢后告辞，依依不舍地离开了道义屯，赶到皇姑屯上了火车。车厢已满载，拥挤不堪，后来者只有爬上车顶。先到天津，又回到了山东。心中怀着愤恨，也只有继续设法读下去，学好技术，建设国防，把日本鬼子打出去。因此，我和朱商量到北京去打听复校的消息。很巧！在街上遇到了系主任童寯先生，他主动给我们开了介绍信去中央

唐璞(1908~)，重庆建筑大学教授。

千里之行，始于足下——70年建筑生涯回顾

中山陵扩建设计方案(刘福泰老师指点)

大学借读，幸而有了甄别考试，转为正式生。从此，得到了安心读书之处。

1933年，我还是正在读大学的一个学生，在各位师长的教导下，已具备了一些专业知识和技能。有一天建筑系主任刘福泰先生接受了一项重要的建设任务——中山陵的扩建工程。刘老师构思，让我具体画图(包括平、立、剖面及彩色透视图)。这一光荣的设计任务，落在了我的身上，是我万万想不到的。我积极地按时完成了任务，刘老师把图纸送上去了。好梦难圆，日本帝国主义侵华战争日益扩大，上海吃紧，南京需加强防卫，一切建设都只好暂时停顿，这项工程也随之而未能实现。我也只好望洋兴叹了。惜只留一图，聊供回忆(经不完整的回忆，两翼的重檐方亭内设黄兴及蔡锷像，两廊中设廖仲恺、谭延闿、林森、胡汉民等人的石碑。)

一专多能的教育 在校学习阶段，我发现学校对建筑系学生的教育培养特点，是一专多能，课程安排方面，所有的结构课都与土木系合班，采暖通风与机械系合班，给排水也与土木系合班。要求建筑系学生和土木系及机械系学生掌握相等的工作能力和相等的理论水平。这一特点就是一专多能，这

一点使学生具备了较强的工作能力。

另外，我还发现，在我国建成的剧院、会堂及影院等的声学设计，一直都是外国人做的，我们还缺这一门。因此，自1933年起，我就自学《房屋声学》，但多年都没有机会实践。直到解放后，1961年才与邓焱、张嘉榕合作为3000座的锦江礼堂作了声学设计和实验设计的效果，并以此实验作为开始，由我亲自向建工部要到了一套声学测验设备，成立了声学科研小组，增强了声学设计力量。

审时度势 "九一八"事变，日本帝国主义侵占了东三省。全国的青年学子都义愤填膺，形成了抗日的热潮。我是直接的受害者，更是心怀对日本帝国主义的深仇大恨，抗日的心情无可言喻，即使不能冲锋陷阵，也要尽自己的所能参加抗日工作。

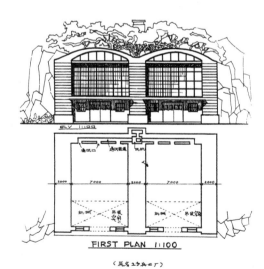

泸州化工厂地下工厂建筑设计(1941年建成)

因此，决心投身于兵工制造单位，为制造武器弹药盖厂房，增加生产打日本，成为我的一条路子。于是，在1935年的秋天，我离开了工作岗位，通过陈竹梅先生的介绍参加了巩县兵工新厂的建厂工作。表面看来，由民用建筑转为工业建筑，似乎是不大合算，但实际上，既可达到参加抗日工作的心愿，又可锻炼我学到的一专多能，可谓一举两得，特别在重庆被炸后，为了防止敌机的轰炸，我们及时设计建造了一座地下工厂建筑(中国第一座)。

穷则思变 1937年7月7日敌人发动了芦沟桥事变，侵占我大面积的领土，并日益逼向黄河北岸。这时我所在的巩县兵工新厂奉命迁川，把整个迁建工作任务交给了我，要迁得快，建得快，投产快。当时，一缺建材，二缺熟练建筑工人，三缺机械设备，在这种条件下如何完成"三快"任务，真是一个大难题。"穷则变，变则通"。当时没有砖瓦，临时搭窑来不及，幸有水泥和运到四川的旧铁皮，这就给了我们"变"的机会。在江边上，可以取沙石做成预制混凝土块，用以砌柱子，柱间用竹编墙，屋面用旧铁皮，屋架定型设计，四周用竹筋混凝土圈梁，条石基础，因此得以快速建成，投入生产，弹药运往前方。在1938年这一年就完成了大小一百多项工程，这些工程虽然简陋，但施工质量都还好，使用了一二十年还未曾出过问题。

鉴于自己长期搞工业建筑，必不利于民用建筑的锻炼，于是开办了天工建筑师事务所，于1941年承担了电信器材修配厂的全部工程。1945年承担了泸州市男子中学全部校舍工程设计。

新的使命 全国解放后，第一个五年计划开始，西南大区成立了建筑工程局，下面组建了西南工业建筑设计院。姚继鸣局长将我由建筑工程学校的教学岗位上调任设计院任副总工程师，执行总工程师任务，从此担上了重担。

我以为，在设计上不是不可洋，而是应当"洋为中用"；不是不可古，而是应当"古为今用"；反"洋"是不可崇洋，反"怪"是不可失真，反"飞"是不可失其功能。

无论在设计工作中，还是在合理化建议方面，我都能提出一些新的技术措施和方法，为国家节约土地、节约材料、节约资金等等。例如：特种钢厂扩建和增加产量后，用水量的需求大幅度增加，以致原有的滤水池不够用了。由长江打上来的水浑不能用，我建议做一初沉池，为供水系统节约了两亿五千元(解放初期币制)。

建筑用的水斗及水落管原先都是铸铁的和陶器的，为了节约金属和资金，我和石棉水泥厂合作研究生产出石棉水泥落水管和水斗，经久耐用，轻且易于施工安装，价廉物美，至今已用了数十年。

对于我来说，一次意想不到的机会出现在我的面前。1957年建工部组织一个10人代表团代表中国建筑师出访苏联及罗马尼亚，通知我参加，历时月余。回国后，部指派任震英、陈伯齐和我3人写了访苏、罗总结报告。

1964年建设攀枝花钢厂初期，水泥是主要建材，因此年产100万吨的水泥厂设计就成了当务之急。在宋涛院长的领导下，我参加了总平面和矿山设计，按苏联规定总平面用地不超过21公顷，我国规定不超过17公顷，而我的布置方案只用了11公顷。在矿山开采方面，西方是自下而上的方式，其优点是矿石运输路线短，开始费用低，缺点是逐步费用加大，下面挖空，开采不安全。自上而下的方式是顺其自然的，安全的，总投资也是一样的。

在提倡合理化建议的号召下，我提的一项工业厂房用的"钢筋混凝土双铰屋架设计和使用"，制作安装简便，节约用材，得到了结构设计人员的支持，应用，已推广了数十年之久。

时光流逝得很快，因文化大革命而荒废的10多年白白地过去了。在全国科学大会召开以后，形势

1957年中国建筑师代表团与罗马尼亚建筑师合影
周荣鑫(前右七)建工部副部长,代表团团长、赵深(前右三)华东建筑设计院院长、朱兆雪(前右一)北京市建筑设计院总工程师、鲍鼎(前左三)武汉规划委员会主任、董大酉(拍摄者)浙江建筑设计院总工程师;任震英(后右二)兰州市规划局局长、陈伯齐(后右四)华南工学院(现华南理工大学)建筑系主任、郑炳文(后右五)、长春市设计院院长;吴华庆(前左六)北京建筑工程学校校长、唐璞(前左一)、西南工业建筑设计院总建筑师、副总工程师。

唐璞在宣读论文

大变,改革开放的方针政策开始实施了,部领导毅然把我调到重庆建工学院,以发挥我的教书专长。

在我的一生中,最值得纪念同时也是最光荣的两件事:一是1959年通知我参加会审首都十大建筑工程会议。在会审首都十大工程中,美术馆的设计倍受赞赏。其独树匠心,确实精美,难怪许多参加会审的美术家们称赞:"这座馆本身就是一件精湛的大型的美术品"(原话)。原来在会审之前,图上的楼层围护是一面实墙(展览建筑的一般手法,平淡乏味)。周恩来总理看出了这一点,让戴念慈同志加了一排廊柱,其效果立即改观,众皆叹为观止,并说"总理真是我们的老师!"。二是应邀参加1986年亚运会的各项建设工程座谈会。回校后,向领导及全校师生作了详细的技术汇报,不久,应后勤建筑工程学院的邀请,又作了一次亚运工程技术性的报告,均受到热烈的欢迎和好评。

最值得自慰的是自1986~1989年UIA向我征求论文,我历年都应征了,并且都被选中,同时邀请我参加会议并宣读论文。因为我的论文的理论基础是来自"星火计划",故有百发百中之效,另外值得永记的是在UIA的XVI会议上入选的数十篇论文中,我国就入选了张耀曾、王建毅和我本人的3篇。

1992年我举办过个人建筑设计作品展,展品三百多种。来宾、领导和师生都在留言簿上留下了恳切的评语。

值得回忆的另一件大事就是我一生中唯一的愿望得到实现——也就是我写的3本著作,在各方面的支持和帮助下,从1997~1999的3年中幸运地出版了。这3本书分别为:《当代中国建筑师—唐璞》(建工出版社);《山地住宅建筑》(科学出版社);《别墅设计及蜂窝建筑》(广西科技出版社)。另外,在1995年和1997年写了两篇文章登在《建筑师》上,是我的近作,也是我于风烛残年时对建筑学的一些新认识。

70多年的建筑生涯就要结束了。在这漫长的岁月里,经过了"十载寒窗"式的学习,本应该作出更加像样的成绩,可是,事实不是这样,而是"不如人意"。这说明我在学习上和工作上,都还不够"勤"和"苦",还未能作到"勤学苦练"。

现在我已老了,虽然"夕阳无限好",但"只是近黄昏"。不胜感慨之至!

谨将往事回忆如上,以抒微怀。

2000年4月于重庆

从"四部一会"谈起

张开济

去年11月26日《中国建设报》发表了一篇文章,题目是《"四部一会"的大屋顶》。我看了之后,感触很大。此文作者杨永生是我的老朋友,他对我国建筑界情况之熟悉,交游之广阔,见解之高明,堪称独一无二。例如,文中谈到当时的国家计委主任,同时也是"四部一会"工程的甲方,已过世的李富春同志有关该工程的一些指示。今天杨先生不提的话,这段"历史"此后是不会有人知道的。

今天,杨先生作为一位历史的见证人,"路见不平",拍案而起,仗义执言,而且文中一开始就点了我的名,我就再也不能保持沉默了。又何况我自己本来也有一肚子苦水。如今借此机会,要一吐为快!现在让我来从头谈起。

一个莫大的遗憾!

我一生做过两个重要的决定:第一个是在考大学时,选择建筑这一专业,现在我的工龄已达64年了。虽然在事业上很少成就,但是我至今无怨无悔,因为建筑设计始终是我最喜爱的工作。第二个决定是在上海解放前夕,当时我是单身一人,既有条件出国留学,也有甲方邀请去台湾开业,可是我却毅然决定前来北京参加工作,有幸成为新中国的第一代建筑师。虽然解放以后,我也曾当过"漏网大右派",在"文革"时代,我更是"义不容辞"的反动学术权威,可是我至今无怨无悔,因为当初我选择的就是一条"义无反顾"的道路。不过在我一生的事业中却有一个最大的遗憾,就是那"多灾多难"的"四部一会"工程。

一次坐失的良机

"四部一会"工程的规划开始于1952年。当时,国家计委选择在北京西郊三里河地区建设一个以计委为中心的中央政府行政中心。规模很大,两个设计单位被邀提供规划方案,北京市建筑设计院的方案被当时的苏联专家选中了,从此我就成了该计划的工程主持人。我的方案采用了周边式的布局,把基地分成五个区,中心一个区,四周各一个区。1954年间,这个宏大的规划中途停止了。到底为什么未实现这个规划,恕我也不清楚。因此当时只完成了其中西北区内的一部分建筑,面积为9万平米,这就成了现在的"四部一会"建筑群。假如能按照原来规划全部建成的话,其建筑总面积将达八九十万平米,中央多数部门的建房问题就可以在这里解决了。从而,梁思成先生维持古都风貌的愿望就基本上可以实现了,因为中央政府的用房大部分就可以建在西郊,市区内就不必大兴土木了,原来的风貌就比较容易保存下来。

今天的北京由于大量建造政府用房,再加上房地事业的盲目发展,市区内到处在大兴土木,整个北京成了一个大工地,人口密度和建筑密度都大大提高,而环境质量则亟待改善。高层建筑到处冒尖,而四合院则大片拆毁,北京原来平缓开阔,突出重点古建的城市天际线已不复存在了。北京乍看竟很像一个第二手的香港!难怪许多人士,包括一些热爱中国的外国人都在叹惜北京风貌大不如昔。因此,我更感到"三里河行政中心"工程中途"夭折"的可惜与可悲,因为它不仅是我个人的莫大遗憾,更是北京的一个失去了的大好机会,一个不可复得的机会!

两次自相矛盾的检讨

1955年基建战线曾吹起了一个以批判大屋顶为主的反浪费运动。这时候快要竣工的"四部一会"的建筑群由于具有一定的民族形式又"在劫难逃"了。当时,两幢配楼已经完全竣工。剩下一幢主楼的大屋顶尚未盖顶,不过大屋顶所需琉璃瓦都已备齐并且运到顶层了。于是,是否要完成这最后的大屋顶就成了一个问题。作为该工程的主持人,我当

张开济(1912~),建筑设计大师,曾任北京市建筑设计院总建筑师。

然不能不表态。此时我刚在人民日报发表文章检讨了自己作品中搞复古主义的错误。若是坚持盖这个最后的大屋顶，怕人家批评我口是心非，言行不一。于是就违心地同意不加大屋顶，并设计了一个不用大屋顶的顶部处理方案，一个自己也很不满意的败笔。后来"反浪费"运动已经事过境迁了。许多同志，其中包括彭真同志看到这个"脱帽"的主楼都很不满意，批评我当时未能坚持原则。这个批评我倒是愿意接受的。不过，当时我个人即使坚持了，这个大屋顶可能也是"在劫难逃"的，因为李富春同志当时既主管这个工程，同时又领导"反浪费运动"。因此，他在大屋顶这个问题上，也必须以身作则，只好大义灭"顶"了。

总之，为了"四部一会"工程，我先是检讨自己不该提倡复古主义，后来又反省自己在设计中缺乏整体思想，不能坚持原则，来回检讨，自相矛盾，内心痛苦，真是一言难尽!

该加的没有加 不该加的倒加了

可是"四部一会"工程给我带来的困扰并未到此结束。最近一个时期，许多朋友又和我谈起他们对"四部一会"的不满。原来"四部一会"的主楼，不久前进行了一次全面的改造。我老来不常出门，所以不大留意"四部一会"主楼的"近况"，后来路过匆匆看了一眼，我不得不完全同意这些批评。批评中的一条主要意见是既然主楼的顶层要改建，那么正好把原来的大屋顶再加上，恢复原来的设计，岂不是顺理成章。可是却没有加，而是把原来的顶层四周加了一个以列柱组成的外廊，其上部是琉璃瓦小檐子，四周是米色水刷石的栏杆，其形式与色调和原来的主楼都很不协调。可是就是在这主楼的对面，在一座新建大楼的顶部却出现了蓝色琉璃瓦的四坡大屋顶，与"四部一会"主楼的新平顶，遥遥相对，分庭抗礼! 难怪杨永生同志说"该加的没有加，不该加的却加上了，把我弄糊涂了，我

又迷惘了! "而我的反应又岂仅仅是糊涂与迷惘而已，我是既失望又痛心! 因为主楼的改建既无助于改进原来的立面，而对街银行新楼的形式则又破坏了街景。作为北京城市建设战线上的一名老兵，对此情景，无能为力，徒呼奈何，内心痛苦，真是一言难尽! 我要呼吁，我要为"四部一会"的现状呼吁，我更要为北京的街景呼吁!

就是在《"四部一会"大屋顶》一文发表的前一天，我曾在《北京晚报》发表了一篇题目为《建筑师的烦恼》的文章。文中我谈到人们对建筑师的工作往往很不理解，因而对建筑师也不大尊重，我感到很烦恼。最近"四部一会"改建立面的过程更加深了我的烦恼。我是"四部一会"工程的设计主持人，这是建筑界中众所周知的，因此假如甲方能够尊重原来的设计人，在进行改建之前，先来找我商量一下，我是非常乐于从旁相助的，这也是我义不容辞的责任啊。我一定会建议甲方趁这次改建的大好机会，再加上主楼的大屋顶，以恢复它原来设计的面貌，而外墙立面则应尽量保持原来清水砖的特色，不必加上那些与之很不协调的米黄色水刷石外粉刷。这样做的效果一定会比现状要好得多，一些老同志的一块"心病"也可以"顶到病除"了，而路上行人也不会象现在这样的议论纷纷了。

要尊重建筑师

我在此再一次向社会呼吁，要尊重建筑师的工作，要发挥建筑师的作用。建造新工程当然需要建筑师来设计，改造旧建筑同样需要建筑师的服务。假如由于某种原因，不能由原来的建筑师继续负责的话，也应该事前征求一下原来设计人的意见。这样做更有利于保证改建工程的设计质量，同时也是对建筑师的尊重。因为每一个建筑设计都是一个创作。今天人们都懂得尊重作家的"版权"，而对于建筑师的创作权却很不重视。这是很不公正的，我希望这种情况早日能够改善。当然建筑师本身也应

该进一步提高自己的业务水平和加强自己的社会责任感!

要重视城市的风貌

解放后不久,早在五六十年代,北京就建造了不少新建筑。这些建筑总的来说,设计和施工质量还是比较好的。其中大部分都是混合结构,外墙也多半为清水砖墙。如今这批建筑中,有的因为年久失修,有的为了扩充面积而需要加层,因而一些改建工程就应运而生了。我们不能轻视这类改建工程。现在有些单位把建筑的立面上都加上外粉刷,或者贴上面砖,使之面目一新,改建工程便算是大功告成。这种做法,我不大同意。我认为,改建工程首先应该满足安全和使用的要求,而外部在一般情况下稍加整修和清洁就可以了,不必大动,作"美容"。相反,外立面应该尽量保存原来的形式和用料。这是因为一个城市的面貌一般不是一朝一夕所形成,而是长时间不断建设的成果。它的街景就是一幅反映城市发展和成长的画卷,是很值得珍惜的。具体就北京这个历史文化名城而言,除了那些国家级和市级重点保护文物单位之外,一批比较重要的现代建筑也应该加以保护。此外,还应该保留一些质量较好的一般房屋。这样做,可能更有利于保存北京原来的城市风貌。

前面谈到北京早期"建筑"的外墙多半是清水砖墙。这种墙不同于抹灰墙,它富于质感,尺度上也比较宜人,很有特色。而且,砌清水墙是我国工人的传统手艺,这种手艺目前正逐渐失传。"物以稀为贵",我预测,现在的一些较好的清水砖墙的身价将超过目前已经过时的玻璃幕墙!信不信由你!

最后,让我再一次强调:尽管今天的北京的古都风貌已经大不如昔,我们仍应千方百计地加以抢救,那种"破罐破摔"的消极思想在任何时候,都是绝对不能允许的。今天,我们不仅要保护古建筑,而且还应该保存一些老建筑。我们不仅要努力提高新建筑的设计水平,同时也不能忽视一些改建工程的质量。这样才能把我们的北京建设得更美好、更现代化和更富于传统特色。为此,我们建筑师更应该义不容辞地发挥更大的作用,作出更多的贡献!

(原载2000年4月4日《中华建筑报》)

"四部一会"规划模型,仅为下图中的一角

"三里河行政中心"规划模型

改建后"四部一会"主楼立面

"四部一会"主楼的对景(一幢银行大楼的顶部)

"四部一会"主楼原来设计透视图

"四部一会"配楼现状

"四部一会"主楼原来立面

附：

"四部一会"的大屋顶

杨永生

在北京复兴门外三里河有一组建筑，称"四部一会"办公楼。所谓四部是财政部、一机部等四个部的办公楼，一会即国家计划委员会。这一组建筑是我国当代建筑大师张开济于50年代初规划设计的。

现在看，这"四部一会"楼群的四个部的办公楼屋顶部是大屋顶，惟独居中的国家计委办公楼是平顶，没有大屋顶，令人费解。从建筑设计的角度看，无法理解建筑师为什么这么处理，论张总的能力水平，是绝不会有这样的败笔的。为了让后人理解，当然也是为了给张总拿下这个背了40多年的"黑锅"，我觉得有义务披露其真相。

1955年，当四个部办公楼已经竣工，大屋顶建成之后，国家计委办公楼大屋顶的琉璃瓦已运至工地即将盖大屋顶时，反浪费运动开始了。国家计委的大屋顶还盖不盖，成了当时人们关注的焦点。当决定改为平屋顶之后，许多建筑师持不同意见，但都不敢说。在国家建委工作的苏联顾问也有不同意见。他们认为，既已备料，四个部的大屋顶已经建成，惟独居中的大楼没有屋顶，从建筑设计上来说，无法解释，不能形成一个完整的群体，而且此时不建大屋顶，以后将永远不可能再加建大屋顶，岂不留下永久的遗憾。这话也有它的道理，直至今日，每每谈起"四部一会"建筑群，张总还耿耿于怀。

那时，苏联是"老大哥"，苏联顾问没顾虑，于是特意向国家建委有关领导谈这件事。听取了苏联顾问的意见并向国务院副总理兼国家计委主任李富春同志作了汇报。李富春说，我主管反浪费运动，我怎么能够同意在国家计委的大楼上盖大屋顶呢！

李富春的这个指示传达给苏联顾问时，他只是耸耸双肩、摊开双手，表示无可奈何。

至今，我仍以为，李富春的决定，从政治上来说，从中央领导部门来说，以身作则，无疑是正确的。判断任何问题处理正确与否，都离不开当时当地的具体条件。当然，从技术上看，显然是不合理的。现在(1999年5月)，国家计委大楼正在维修，看不出要加大屋顶。可是，它对面新建的银行大楼却顶着几个大屋顶。真是40年路北，40年路南，路南的计委大楼该加大屋顶的，没加，路北的银行大楼，不该加大屋顶的，却加上了，把我给弄糊涂了，我又迷惘了。

(原载1999年11月26日《中国建设报》)

中国是怎样加入国际建协的？

华揽洪

去年5月底，我接到国内发来的一封邀请信，请我于6月中旬到北京参加国际建筑师协会第20届大会。作为大会的承办国，中国终于第一次做了大会的东道主！我感到由衷地高兴，也不禁想起了44年前的一段往事。

那是1955年的春天，我在北京住家的小院里忽然响起了电话铃声。那是好友瓦格(Pierre Vago)先生从巴黎打来的。瓦格是我学生时代认识的。他在40年代末参与创办了国际建筑师协会，并长期担任秘书长，具体掌管协会事务。他这次打来电话是向我说对中国同行尚未参加协会表示遗憾，问我是否可以想想办法，若办成的话，中国也就可以顺便同时派团参加即将在荷兰海牙召开的第四届大会了。我一口答应了下来，准备马上着手解决。

可是，怎么解决呢？关键是要找到合适的人。想到中国建筑学会秘书长汪季琦，因为他为人精明能干并且同上层的关系也很近。他听我说过后，果然毫不犹豫地表示："这件事由我来办。"他即与建筑工程部副部长兼建筑学会理事长周荣鑫联系。周副部长办事也麻利，说干就干。来回几个电话，没几天功夫，中国建筑学会就加入了国际建协，并准备参加海牙的大会。此后，立刻组成了赴会的8人代表团，团长为杨廷宝先生，我本人也是团员。当时，瓦格先生直惊叹效率之高。

8人团到了海牙，没想到却出了岔子。第二天准备在会场上给中国挂出的国旗竟然是过去民国的青天白日旗。当时，我们中间有一位同志火了，说："回家！"但团长杨廷宝和其他团员却不同意回国，并认为肯定是误会，找苏联代表团商量，他们也这么想，说新中国刚刚建立没几年，五星红旗在外国，不是任何人都熟悉。这样，我便拿起画笔画了一个五星红旗图案，交给大会组织者连夜赶制，使开幕式上总算飘起了中华人民共和国的国旗。

时光过去了44年，现在终于有几千名外国建筑师一起踏上中国的土地了。我在飞往北京的飞机上，心情十分激动。可惜的是，同时被邀请的瓦格先生因身体不适未能同行，实在是很大的遗憾！

华揽洪(1912~)，1928年赴法留学，先后在巴黎土木工程学院、法国国立美术大学建筑系、美术大学里昂分校学习，并获法国国授建筑师文凭(D.P.L.G)。1951年回国后任北京市都市计划委员会总建筑师，1977年退休后移居法国。

绿色的北京老城

华揽洪

站在街道上,特别是大马路上去观赏北京,人们不会觉得这古老的首都是一座绿化极好的城市。因为北京除了几个大公园,在一般公共场所和大马路上很少看得到树。然而,一旦走进胡同,便徒然间改变了印象。每条胡同里都种着树,每一堵围墙上都有从院子里伸展出来的繁茂的树枝。这个印象到了天上更变成了一种震动,我五六十年代乘飞机从天上往下看时,北京老城简直就像一片绿色的地毯!

可那个时候有机会乘飞机的人不多,一般也找不到北京的鸟瞰图,所以外省人和游客就容易误会,以为北京的绿化很差。

我在40多年前便开始思考这个问题,我感到详细了解北京树木的分布状况有助于将来对其保护并把它纳入对古都的整体保护中去。这是一项很有意义的工作。如何下手呢?

我可以向上级提出组织人力,可又估计根据当时先后缓急的考虑很可能会排不上,即使不被拒绝也多半要拖很长时间。想来想去,最后决定还不如干脆自己来干,拿着老城各区大比例的详图,再把树木的位置尽量都标上去。这项工作量很大,我一个人做岂不像愚公移山?正犹豫间,我的眼睛赶巧出了毛病,医院给我开了长期病假,一下子有了充分的时间去"自由活动。"这偶然的机会令我鼓起了勇气。

我便徒步走进了一条又一条胡同,挨门挨户地进到院里考查。数家人合住的院落因具有一定的"公共性",自然好进去,可独门独户的四合院在敲门说明来意后主人一般也非常合作。所以,调查工作相当顺利,花了将近一年的时间,我就把北京东、西城胡同大部分院里院外的树木都标了出来,北京之"绿"就反映到了一张大幅的绿化图上了。我抄了一份留下,把原图寄给了北京市长。之后,我收到了市长办公室的一封来信,表示赞赏,说这张图很宝贵。我感到快慰,知道自己的精力没有白费。

40多年后的今天,我相信凡是还在的四合院和胡同都还长着我当年标出的树木,记得有槐树、榆树、枣树、海棠树、桑树、柿子树、香椿树……,世界上没有任何一座城市有着种类如此繁多的树木!我多希望这些树木不要被砍掉,多希望胡同的灰墙不要再被推倒,多希望一扇扇漆红的门可以永远地站立在那里。每一座四合院都是中国的国宝,每一座四合院里的树木都是国宝中的一部分。

近90岁的我在巴黎遥祝绿色的北京老城长青!

2000年5月29日于巴黎

华揽洪,见本书第39页。

一个念头的实现
——忆幸福村规划

华揽洪

承担幸福小区的规划任务，对我来说，是一种难得的巧遇，因为设计内容正好符合我当时正探讨的一个问题。承接任务时，即1956年初，我是北京建筑设计院总建筑师之一，兼任第六设计室主任。那时有机会做一些大的工程，但却兴趣不大，也不想跟随那个时期的"复古"潮流，更感到这不是一般居民急需的东西。我反而觉得"小区"[1]规划，即一个以小学为中心，包括幼儿园、商店、诊所以及其他服务机构的较完整的居住区，倒是很值得研究的课题。

就在我构思这个计划时，恰好北京市房管局想在市区东南部某一地段盖一群建筑物，找我来做设计。他们把一些方案草图给我看，介绍其设计意图。

当时这个地段是一些危旧房屋，房管局打算把它们拆除，再在原地为居民盖一些新房子。这当然是一件非常有意义的事情。但看到图纸后，我感到房管局所考虑的建筑形式和在该地段上的布局都不太合适。

那些图纸是从苏联学来的，不适合我国国情的所谓"标准图"，都是以二室户、三室户（厨房、卫生间及两个或三个居室）组成的单元。这种单元适用于西方国家一般市民[2]，但是在我国人口众多生活水平较低的情况下，这种房子很不合适。

针对这种情况，我推荐了另一种建筑形式和小区规划方式。我的想法是借用一项很普通的设计任务来探索既能解决当务之急，又有生活气息的设计思路。

先说建筑物。要使一般市民"住得起"，每个单元面积不应太大，因为租金是按面积计算的。如果单元过大，不但居民住不起，而且在总投资范围内所建的住宅数量必然少一些、结果是部分居民没有房子住。所谓"小"有两个因素：一是房间数量，二是房间面积（以及门厅、厨房、卫生间等附属面积）。房间数量不应当以二三室户为主，应当考虑一室(14~16平方米)或一室半（"半室"是能放进一张床的小房间，约7~8平方米），这是符合最通常的三四口人家庭的户型。至于五口及五口以上家庭的户型（即二、三室户)，不宜多安排。

再说灵活性。在不同地区，不同时期，上述各种居住单元的比例应当有所不同。因此所考虑的楼房类型应当保证这种比例有一定的变动余地。当时拿给我看的图纸也就是西方常用的"一梯二户"（即楼梯间左右各一户）或"一梯三户"（左、中、右）的做法。这种做法不能保证各种不同户型的灵活安排。

基于以上原因，我就表示不接受房管局的图纸并推荐另一种楼房类型，即"外廊式"楼房。其"外廊"是连通楼层全部居住单元的大通廊，沿着这种通廊可以安排各种不同户型：一室，一室半，二室或三室，其灵活性很大（这种外廊式楼房在华北地区是少见的，但过去在东北建过不少）。考虑到这种灵活性，我就建议在所划地段上多安排这种楼房。

除了上面所讲的建筑类型以外，我还根据地段特点考虑了建筑布局。该地段在北京"外城"东部，广渠门和天坛之间，其形状如梯形，面积约12公顷。除了西北部两个办公楼。南部一个礼堂，都是些破旧的房子或大片荒地（但是有几片较好的树丛可利用）。白纸上好作文章，这里作一个小区规划的条件相当不错。

这12公顷的区域里本来有两条水沟，南北向一条和东西向一条，形成丁字形，把整个区域分成了

华揽洪，见本书第39页。
[1]这里的"小区"是从苏联引进的名称，相当于英国的"邻域单位"(neighbourhood unit)及法国的"居住区域"(qurticrrésidentiel)。
[2]即使在苏联，这种单元也不合适，他们往往两家甚至于3家住一个单元，共同使用其厨房。

面积大体相同的三个小地段，小沟填好之后就变成了内部干道。

关于居住建筑的布局，所采用的外廊式类型不仅使楼内各类户型的分配有较大的灵活性，楼房长短变化也比较自由，可避免布局的单调和重复，对小区的规划提供了有利条件。这里采用了三种不同长度但进深一致的楼房。其布局形成了一系列大小和形状各不相同的半封闭空间（由三栋或四栋楼环绕而成）。

形成这种空间的目的就是让住户有一种"院落"感，并且由于院落尺寸有限、形状有变化，从而感到亲切。为了得到这种效果，当然不可能让楼房均朝南排列（即两排楼房之间形成一种长条式空间的所谓"行列式"）。部分楼房朝东或朝西但朝东房间还是可以得到上午较温和的阳光。朝西房间有缺点，夏天午后有暴晒问题需要解决。这里的外廊正好起一种遮阳作用，在这方面也是一种保护措施。

关于公共建筑，这项设计考虑到居民日常所需的场所，即商店、托儿所、幼儿园、小学和诊所等应尽量接近其使用者。其中托儿所和幼儿园在3个小地段上都有、离住户的距离一般都在200米以下，至多不超过300米。这里的两个商场也如此，只有诊所和小学（各设一所）稍远一点。但小学相应距离也不超过500米。

这个设计任务是我在负责第六设计室的一些中等项目之余独立完成的，和一位得力的助手吕俊华一起。相遇吕俊华也是出于偶然。那个时期我被清华建筑系聘为毕业设计评比委员会评委之一，每年在讨论之前，都要去看一看在大走廊中展览的毕业设计图。有一项设计特别令我欣赏，题目便是"小区规划"，而且从设计技巧和满足居民需求的角度

上都相当不错。于是，我便找到当时的系主任梁思成，告诉他我心目中正在为那小区的事情寻求帮手，希望能请该毕业生到我身边来，因感觉会配合得很好。最后果然如愿以偿。

这项设计虽然还存在一些缺点，但是在国内居住建筑的设计和小区规划等方面应是有所创新的，在新思路的探索上也有一定的贡献，同时又是一段愉快的回忆。

幸福村规划总平面图

"中大"前后追忆

张玉泉

风霜历尽人尚好——张玉泉近影

我1912年10月8日生于四川荣县。我的父母在县中学执教30余年，辛劳成疾，不到50岁就都离开了人世。四川省教育厅曾赠送他们匾额题有"诲人不倦"4个字，以示表彰。遗我兄妹4人，由于教育有方，读书都很勤奋。父母双亡时，我仅十三四岁，由3位兄长抚养成人。我趁二哥张文成在重庆工作，就去重庆考上了省立第二女子师范学校附中就读。1930年大哥张竞成，由亲友赞助在唐山交大毕业后，到南京工务局工作。这时我正好高中毕业，就只身赴南京，考上了中央大学工学院建筑系。

中大建筑系创建于1927年。前几班人数较少。我这班有男生3名，即朱栋、王虹、张家德，女生3名，即于均祥、吴若瑾和我（建筑系开始有女生）。"九·一八"事变后，东北大学建筑系同学迁入关内，在清华大学土木系借读。当时清华无建筑系，遂于1932年春，建筑系唐璞、林宣、费康、曾子泉、张镈等5人转入中大建筑系借读，因此我班的人数增至11人了。

中大建筑系的恩师们

刘福泰系主任，广东人，毕业于美国俄勒冈州大学。建筑专业造诣很深，他曾在北京国立图书馆的国际性设计竞赛中得二等奖。他教都市计划，理论与实践并重。和蔼可亲，平易近人。

刘士能（敦桢），湖南人。1921年毕业于东京高等工业学校建筑科。1931年加入中国营造学社任校理，1932年任学社文献部主任。他对古代建筑和园林均做过实地考察。他教"中国营造法"、"中国建筑学"和"透视"等，讲课深入浅出，十分透彻。

刘既漂，广东人。是法国"美专"的留学生。他有自己的建筑事务所，在中大兼课。他曾承担"国际博览会"的建馆设计，是"西而新"派。他教"内部装饰"，待人热忱，善于交往社会名流。我如费康毕业结婚后的工作，他帮忙不少。

虞炳烈（伟成），江苏无锡人。1929年毕业于法国国立里昂建筑专门学校，1931~1933年在巴黎大学都市计划学院深造，是法国国授建筑师，并获该学会最优学位奖牌及奖金。1933年夏回国任教授于中大建筑系，教建筑设计，曾设计南京国民政府办公楼和国民大会堂。他很谦虚，从不动手给学生改图，只说"很好"。

中大建筑系34届毕业班合影。后排左起：曾子泉、唐璞、林宣、王虹、朱栋、张镈
前排左起：张家德、吴若瑾、于均祥、张玉泉、费康

张玉泉(1912~)，女，一机部第一设计院高级建筑师。

贝季眉(寿同),江苏吴县人。毕业于柏林工业大学建筑学专业。1930~1932年在中大建筑系任教授,他在中大学潮时离去。他曾设计北京欧美同学会建筑。他教建筑初步及建筑画,他严格要求学生把"五柱式"学好。他的叔孙贝聿铭,是世界著名的美籍华裔建筑师。

谭垣,广东中山县人。曾在美国宾夕法尼亚大学建筑系获学士学位。回国后在上海范文照建筑师事务所工作。1931年兼任中大建筑系教授。他教建筑设计,执教很严,心直口快,重视立面的推敲、比例的调和、体量的平衡、虚实的对比、光影的效果、横竖线条的配合、色彩的选择以及用材的质感等等。

鲍鼎(祝遐),又名宏爽。湖北蒲圻市东州人。他在美国伊利诺大学建筑系获学士学位。1933年任中大建筑系教授。他教营造法和中国建筑史。为人正派、不多言语。他常说建筑师最要紧的是为人正派,不能做外国建筑师的随从。

李毅士(祖鸿),江苏人。留英学水彩画,曾以水彩绘白居易的《长恨歌》60幅。他教我们识别彩色及配色原理、技法等。他常带我们出去对历史文化建筑写生,以提高民族意识。他对学生认真指导,并画给我们看。对学生要求严格,一丝不苟。人体素描课在美术系上,由徐悲鸿教授亲自执教。当时他是中大美术系主任。

中大建筑系的教授们都是留英、美、德、日、法的。他们都能团结一致,为祖国培养建筑事业人材。他们教学生设计要形式与功能结合,理论与实践并重。他们还制作古典建筑的模型和各种建筑材料的样品,以供学生们参考。并购买许多中外建筑图书杂志等,以供学生们阅读。

当时系里的助教有:张镛森(至刚)、戴志昂、孙青羊、濮齐材等。

我在中大建筑系四年的学习,承恩师们的谆谆教导,使我后来在祖国建设中能应付自如,做出力所能及的一些成绩,这和恩师们的教导是分不开的。每想至此,犹生不胜感激之情!

中大抗日学潮和课外活动

1931年"九·一八"事变后,中大同学气愤非常,要求政府立即抗日。于是组织大游行,砸中央日报馆,打外交官王正廷等,并去国民政府请愿,要求政府北上抗日。当我们到达国民政府大礼堂时,于右任先出来答话,大家不满意,要蒋介石亲自出来答话。他刚一出来,眼睛向台下一扫,两旁站满了宪兵,大家鸦雀无声,静听"训话":"同学们好好读书,不要问政事,国家大事有政府来承担,来解决,我们不是不抗日,是时机还没有成熟,等准备好了,当然会抗日的……"。哪知政府表面上劝慰学生,而背地里却镇压学生。1932年中大同学曾罢课示威,政府遂下令解散中大。两个月后,忽然听说中大将实行甄别考试复课。所谓的甄别考试,竟是把带头闹学潮的同学开除了事。

我在大学一二年级的时候,同宿舍的都是体育系的同学,她们天天早起练跑、跳高,我也和她们

学生作业:南京新街口孙中山纪念碑
作者:费康、张玉泉

与同班同学吴若瑾合影（均为中大女篮校队队员）

梁思成、林徽因带中大同学参观古建筑时途中留影（前排左一梁思成，前排左二林徽因，拍摄人：张玉泉）

一起练。后来在中大全校春季运动会上，我得了百米赛跑第二名，当时体育教员认为我跑得快，跳得高，把我选入校篮球队。当时领队的是陈穆，他曾带我们去上海参加江南八大校的比赛。

大学四年毕业班，曾组织去北平参观学习。当时梁思成先生是营造学社的法式部主任，他对古建筑，都亲自测量，不辞辛苦，曾编有《清式营造则例》。他在古建筑调查报告中著有一篇《蓟县独乐寺山门考》的文章。他和夫人林徽因带我们去独乐寺现场参观讲解，使我们受益匪浅。

1934~1942年工作回顾

在中大建筑系毕业后，与同班同学费康在上海结婚。婚后应刘既漂老师之邀，前往广州他的建筑事务所工作。1935年生麟儿，我在产假中，不但没有扣工资，反而发我双薪以贺。1937年"七七"事变，费康认为，国家兴亡，匹夫有责，遂搜集、整理英、法、德、日等国有关炮台、飞机种类和型号；各种炸弹对不同建筑材料的破坏程度，以及战时各种防空设施、医院、住宅的规划和设计的资料等编写成《国防工程》一书，深受有关专业人士重视。我的大哥张竞成原在唐山交大的同学葛天回，是广西梧州广西大学的教授。他听说费康在写国防工程一书，遂来信邀请费康去广西大学教"国防工程"。于是，我们就去梧州广西大学。这时，费康教国防工程，我就为该校设计些住宅、宿舍和空防设施类。1938年春生琪女。初夏费康父亲在上海病逝。暑假，我们回上海省亲。时值盛暑，所带衣物很简单，返时途径香港，因抗日，虎门封锁，在香港亲友家等了3个月，虎门还不开放，遂返回上海。不久，听说梧州失守。我们在梧州的所有书籍、衣物等全部遗失。这时身边的财产，只有3岁的麟儿和几个月的琪女。这种损失，完全是日本侵华造成的，不胜仇恨之至！

回到上海，接家兄张竞成自四川成都来电，约我们去成都工作。当时长江封锁，去四川要由海防绕道入川，费康母亲认为路途遥远，拖儿带女，冒很大风险，很不值得，不放走，只好作罢。

这时费康长兄费穆，是上海联华影片公司的编导，他正在拍影片《孔夫子》。我们参加了该片的考古工作，任考古艺术顾问，并为《孔夫子》特刊绘制了一个彩色封面。费穆交际较广，曾为我们介绍了一些改建、扩建及装修工程。如卡尔登大戏院、金谷饭店、标准味粉厂和新星药厂等。当时我们还未成立建筑事务所，向上海工务局申请开业执照，是凭我们大学毕业后的工作业绩和实业部发的技师执照申请。

刘既漂老师自广州迁沪，建议我们创办建筑事务所。于是在1941年创立大地建筑师事务所。他介绍我们参加上海蒲石路住宅区设计竞赛。当时我们经过实地勘察，搜集有关资料，设计出12栋花园洋房的蒲园方案去投标，结果中标了。大地建筑师事务所当时共事的技术人员，多数是由顾鹏程工程公司转过来的。如负责建筑设计的有陈登鳌，负责施工现场管理的有沈祥森，负责经济预算的有胡廉葆等。这时张开济同学也来大地助一臂之力，当主任建筑师。1942年底"蒲园"工程交工验收后即销售一空，开发商获得极好的经济效益，十分满意。刘既漂老师也买了一栋自居。

正在事务所工作繁忙之际，费康染上当时肆虐上海的白喉恶疾。因心脏不好，不能注射血清，为解决呼吸困难，遵医嘱住院动手术。1942年12月27日，上午手术，下午不幸在上海宏仁医院逝世。从发病至逝世只三天，年仅31岁。时麟儿七岁，琪女四岁，能不哀哉!当时繁重的业务，都压在我肩上来。在哀痛之余，把血泪凝成力量，把悲愤化成武器，只有忍痛继续冲锋! 由于日夜辛劳，我得了胃溃疡，10余年才好。

1941年太平洋战争爆发后，上海处于敌伪时期。当时最头痛的有以下几点：

①申请建筑执照不容易，不花小费，可以几个月发不下来。

费穆编导的电影《孔夫子》
特刊封面设计
设计与绘制：费康、张玉泉
（兼任该片考古艺术顾问）

②物价直线上涨，工程估价不易准确，故在设计工程估价时，预先把涨风加上几成。

③现钞奇缺。特别在月底发工资时，向银行取款时，要花百分之十的贴现，才得到现钞。

④和内地通信较多的人，往往会受到日本宪兵的麻烦，甚至请你去保甲处问话。某些邮差也会向你敲竹杠。

总之，在这段敌伪时期，完全是非人的世界，有如漫漫长夜。每个人都渴望早些天亮! 当时我虽然住在法租界，有一晚由于灯火管制，我因工作开灯了，被日本宪兵传去问话。我说，我是建筑师，他们才把我放了。直到1945年，日寇终于无条件投降了，我的工作也才走上正轨。在工作之余，我还去上海画家唐云办的"天风画社"学国画，以遣余生。曾有诗云：

国难家愁事事休，天风社里解繁忧。
诗词书画殷勤习，抚养双雏且暂留。

2000年5月于北京

林徽因先生的才华与华年

林　宣

　　林徽因先生(1904～1955)是中国现代著名女建筑师、学者、作家和诗人。她对新中国的重大贡献是"国徽"和"人民英雄纪念碑"设计，虽然它们都是集体创作，林徽因先生实事求是地说过，两个"初方案"都是她一笔一笔画的。她还说过"周总理看过国徽后，只说比朝鲜国徽好，就这样定案了。后来她还专门负责设计人民英雄纪念碑的碑饰，陆续出"大样"。

　　林先生的专业是"建筑历史与理论"。由实测"千年古建"开始(主要有山西五台佛光寺大殿、应县木塔、蓟县独乐寺山门和观音阁)留下了原始报告和专著。她的诗文集也陆续出版。综上我对她的评语是"生有闻于当时，死有传于后世"。

　　1924年～1927年，林徽因先生和梁思成先生一同留美。这是她一生中一段重要的历程。1924年秋季两人一同考进宾夕法尼亚大学，那里的建筑系不招女生，林只得就读该校的艺术学院。这反而激励她加强学习建筑。有一半的时间是在建筑系活动，其结果是1924和1927这两年间在编制上她转到建筑系。这是难能可贵的，当然也是对她才华的一种回报。当时，该校实行的是"学分制"，梁林二人都是用2年半读完必修的课程，于1927年6月取得学位。后面的时间可以自己分配。林因自己的爱好就进入知名的舞台布景设计师Baker工作室。她的敬业精神起了作用。她说，小时读的唐诗《夜雨寄北》也起了作用。有一次Baker给她一个任务，也给她一个命题："那主角是一个远方的游子，现在回到久别的家乡"。林建议加上"两窗夜话"的效果，对方答应了，取得成功。

　　林徽因先生自认为她是在"双教育系统培育下长大的"。两次(一次是中学时代)出国受教育，影响是深远的，也是她继续成长的优越条件。"百花"版《林徽因文集》两卷(文学卷和建筑卷)，有两篇文章特别引起我的注意。其一为译文《夜莺与玫瑰》，内容情节为夜莺用它的血染红了玫瑰，送给一个正在求爱的青年人。出自《王尔德集》。连同"快乐王子"等4篇都是一个主题，那就是"反对自私"，这对我有直接影响。文章发表的时间1923年12月，上距"五四运动"仅4年。我们同时代人还在为试写白话文而举棋不定，林先生已拿出这一篇相对准确、文字优美的作品。其次，说到"建筑卷"，连续登载的四篇通讯以实测应县木塔为背景。信是梁思成写给林的，却完全代表林的观点，口气相同，如"木塔是独一无二的伟大作品。不见此塔，不知木构的可能性达到什么程度"。梁、林的文章若不看署名，有时很难分辨。对于塔的现状，林先生的判断有时更"形象化"。她注意到"桑干河的环境无树、风大"。塔的变形是扭曲。内部有很多别处不常见的"斜柱"。敌伪时期重修时，强调仿南方的玲珑宝塔，把斜柱全去掉。其结果，全塔扭曲，容易产生摇动。

　　东北大学校徽，林先生是用一个晚上时间设计的。配合校歌，其歌词始于"白山、黑水"，结语为"苟捍卫之不力，宁宰割之能逃！"故采用盾牌外形。而强调"保卫"主题思想，"选形"正确。

　　1931年林徽因先生在"东大"任教，那时她很少写诗。她爱读英国"浪漫派"诗人的新诗。后来她参加中国新月派诗人的活动。为《新月》诗刊设计"造型简洁、色彩鲜明"的封面。她认为"简

林徽因，见本书第18页。
林宣(1921～　　)西安建筑大学教授。

练"(Simplicity)是他们信守的"文风"之一。

用同一标准她又选中了沈从文的文章,以"边城"为代表,认为文章命题新鲜。多以田野为背景,文字新鲜、朴素简练。这是因为沈先生早年进入生活,18岁从文写出代表中国新文化"纯真"的文字。这是过早接受"双文化教育"的她无法比拟又不易学习的。她非常有自知之明。

我对林徽因先生另一个"综合评语"是"知识之高远,辅以学术之精微"。

在梁、林的心目中"写史"是压倒一切的任务。因为他们两人太了解国际动态——远在德国鲍希曼(Bcerschmann)已出版德文《中国建筑》。近在重庆已有英国大使写序的《中国建筑史》出版问世。梁再冰在一篇纪念文中写到:"母亲在她不发烧时也在阅读资料,为帮助父亲写史作准备"。

我是林先生称之为"营造学社"之外经常参加他们活动的一个人。林指定我"必读的书",我都读了。她指定我"必看的古建",我都看了。当然我对他们工作情况略知一二,如梁先生和他第一个助手莫宗江先生到目的地总是直奔斗栱。据我观察,林先生却对"风格特征"如"开间规律"、"生起"和"侧脚"观察入微。归来后必定要对照"法式"的"经典定义"详加考证。其工作量有时反而超过梁先生。蓟县"山城"的环境气氛和"廊院形制"都是她第一个发现的。这在我第一次"赶队"时就特别注意到。她善于"发现",我也得以分享新发现的快乐。

祖父林孝恂是清代的进士、翰林。林徽因先生的古汉语基础深厚,带有"家学渊源"。她从祖父那里继承的学问之道贵"学与思",她在执行"家教"时,重在"学与问"。

例如:她可以问你:"宋词概括写景常用哪些词句?"你回答她:"常用'斜阳、芳草'"。她必定又问你:"是否能找到两者相结合的例子?"当然以范仲淹《苏幕遮》最为扣题。

"碧云天。黄叶地。秋色连波。波上寒烟翠。山映斜阳天接水。芳草无情。更在斜阳外。"

又如"唐、辽建筑风格相近"这是事实,我们也常用"辽构"来作为唐代建筑的补充。林先生在说明这样过程时,必定要加上"礼失而求诸野"的按语。

又如另一事实,在日本古建筑中尚有多处保存能反映古代"廊院制"的建筑群(中国则无实物遗存);造型简练的梁栱"偷心造"在日本有很多实物可供我们参考。林先生在提起此事时一定在后面加上"他山之石,可以攻玉"的按语。

林先生在文中专门叙述过中国唐风建筑的外观与色彩,断定"只在木构部分一律刷红",尚无成熟的"外檐彩画"。又宋《营造法式》的内容反映官式建筑"五彩遍装"彩画代表等级最高彩画作品。在其启发下林先生用有生之年,1954~1955年完成她最后的著作《中国建筑彩画图案》一书。这一次写书是走群众路线,由林先生写稿,画工集体描绘明代彩画精品。

林先生预见:一序列"叠晕、剔地、退晕"手法是精华,代表丰富的经验积累。

林先生善于总结:

(1)她研究过明代家具。她认为,其精品由来是中国小木作优秀工艺与当时"郑和下西洋"带回来优质的木材相结合的必然结果。

(2)她实际指导当时修建"人民英雄纪念碑"的来自全国的石工,通过"练兵"来提高工艺水平并统一手法与"深度效果"。她感慨地说:"哪里有好石材,哪里就有好石工"。

林先生的兴趣是多方面的,代表她为人民服务的志愿。她有一句口头语"少一事不如多一事"。

我们小时候都读过李商隐那一首诗："锦瑟无端五十弦，一弦一柱思华年"。

后来林先生给我解释"年华"与"华年"，概念不相同。她希望有自己的华年。

她的父亲林长民在世时"结交甚广"，北京"雪池"的家，经常有林先生称之为"清谈误国"的雅集。梁启超先生也经常来，印度诗人泰戈尔也来过。更多是慕林徽因而来的文人和外交家。把她推到不现实的"华年"声誉和地位。林先生认为这是虚幻的"华年"。

其实，林先生在"东北大学"3年也是不得意的。此前，她父亲因参加郭松龄倒张作霖的战争，被日本关东军所阻隔，死于新民白旗堡。八年抗日战争，梁、林辗转于四川、云南后方，生活下降到平民水准之下，却一直坚持自己的研究。我们重温杜甫"怀古诗"："支离东北风尘际，漂泊西南天地间"，感到词意贴切。最后两句"庾信平生最萧瑟，暮年诗赋动江关。"寓有鼓励的意思。林先生用此来鼓励我"在人生结束前"把自己的学术推向"顶峰"。

2000年6月于西安

林徽因和她的父亲林长民

读《江南园林志》

黄裳

编者按：严格地说，这是一篇书评。可是，在内容上又与回忆录沾边儿，尤其是文化名人黄裳老先生写的关于童寯《江南园林志》的文章，更加舍不得，故此编进来。我想，是会受到读者欢迎的。

《江南园林志》，童寯著。中国工业出版社1963年版。这是我的爱读书。曾于卷尾书头写了许多跋语，卷前二则云：

"向于出版广告上见此书名，求之不获，意已早售罄，不禁怅惘。后于1963年出版展览会中见之，忽动念去中国图书发行公司订购一册，不知何日书来也。昨午过之，见书已至而数量不多，预订者众，不允售。倩书友笑嘻嘻商之，亦不能通融，极憾。今晨笑嘻嘻来电，告已商妥，约午刻往购，遂买此归。漫阅一过，知为营造学社旧刊，近始出版者。作者文字尔雅，亦通人也。然甚惜其略，援引故实亦殊未尽。如张南垣之属亦多未及。然实可参考。余近草《鸳湖记》小说，欲广求此类图籍以为参考，得此快然。数日后当去吴下，携此册与俱，一历诸园之胜也。甲辰四月初一日，黄裳记。"

"此册本已随家藏书卷同付劫火，后二日，忽更来归，诧其眷恋不忍别去也，因重题记。壬子6月抄。"

重读这两段跋文，不禁有许多感慨。甲辰是1964年，壬子则是1972年。1957年后，本已焚弃笔砚，但积习难忘，忽萌退想，想写一部明清之际题材的小说，已经写好大约10万字，终于不得不半途而废。但构思大纲广搜旧记，写成长篇，是花了不少力气的。这本《江南园林志》就是参考资料中的一种。1964年顷我在文汇报编文艺理论版，每天中午饭后必去四马路书店看看，被人称为"书店巡阅使"。当时旧书零落，难得看见好书，倒是新出版物常有可观的新品种。每次巡视总要挟一二小册归来。那时书店书架上算不上多么丰富，与今天的万卷琳琅是差得远了。不过那时逛书店似乎更有兴趣。与今天在书店里看得眼花缭乱，结果是废然而返，一本都不想买是大不相同的。走得勤了，自然与书友相熟，"笑嘻嘻"就是其中之一，实在并不知道他的姓氏。他接待顾客的态度特别好，能代客寻找售缺的新书，不怕麻烦。这样的服务在今天是很难遇到的了。

壬子一跋在1972年，正写于我家藏书被席卷而去之后。抄家时一个小头头只给我留下雄文四卷和一本胡风案的小册子。不料书去后第二天，另一位小头头却将这本《江南园林志》掷还给我。直到今天我还想不出恩准发还的原因。

书前有作者1937年所撰原序一通。他说，"造园之艺，已随其他国粹渐归淘汰。自水泥推广，而铺地叠山，石多假造。自玻璃普遍，而菱花柳叶，不入装折。自公园风行，而宅隙空庭，但植草地……天然人为之摧残，实无时不促园林之寿命矣。"又说，著者每入名园，低回啼嘘，忘饥永日。不胜众芳芜秽，美人迟暮之感！吾人当其衰末之期，惟有爱护一草一树，庶勿使为时代狂澜，一朝尽卷以去也。"序文撰于1937年春，正当国难严重之际，作者的心情是低沉的，文字写得也好，我在序后有两行跋语：

"此序颇似武林旧事，东京梦华。作者善为文，朴质无华，情事毕现，出工程师手，大不易易。"

书前有综论，分造园、沿革、现况、杂识四首，文字写得极好。我于篇末题记曰，"文只三万言，读之惟恐其尽，佳作也。戊申9月13日，夜雨，毕此卷。齿颊留芬，记之。"

作者论造园有三境界："第一、疏密得宜；第二、曲折尽致；第三、眼前对景。"又指出深远不尽为造园一定不易之律。又论"借景"云，"大抵郊野之园能

童寯，见本书第6页。

之。山光云树,帆影浮图,皆可入画。或纳入窗槛,或望自亭台。木渎羡园之危亭敞牖,玩灵岩于咫尺;无锡寄畅园有锡山龙光寺塔,高悬檐际,皆借景之佳例。"又说,"园林兴造,高台大榭,转瞬可成;乔木参天,辄需时日。苟非旧园改葺,则屋宇苍古,绿荫掩映,皆不可立就。……陈眉公论园,亦曰'老树难'。"以下分论天花、门窗、廊、墙的作用,于近来人们多所称道的砖雕,特持异议。"墙中亦有嵌砖刻人物而不漏明,虽刻工精细,终欠雅致。又有镶琉璃竹节或花砖者,亦难免俗。"接着论粉墙与漏窗之妙说,"粉墙洁白,不特与绿荫及漆饰相辉映,且竹石投影其上,立成佳幅。光线作用,不止此也。……且往往同一漏窗,徒以日光转移,其形状竟判若两物,尤增意外趣矣。"

对明清以还的叠石名手张南垣、戈裕良,借苏州狮子林为例,论其高下说,"戈常论狮子林石洞,皆界以条石,不算名手。……戈所作洞,顶壁一气,成为穹形,然二者目的,均趋写实。若南垣之墙外奇峰,断谷数石,则专重写意。可云狮林仅得其形,戈得其骨,而张得其神矣。"

"沿革"一目,论苏杭各地名园,以为杭不及苏,其言曰:

"杭州私园别业,自清以来,数至七十。然现存者多咸同以后所构。近且杂以西式,又半为商贾所栖,多未能免俗,而无一巨制。俞曲园(樾)主持风雅数十年,惜其湖上三楹,不出凡响。苏杭并以风景名世。惟杭之园林,固远逊于苏矣。"就造园而论,此意甚是,俞楼局促孤山一隅,固不能名园,其他诸庄,亦皆无完整巨构。读张宗子《梦忆》、《梦寻》,知明末湖上尚不少名园,异代之后,遂渐渐灭以尽,为可惜也。说到扬州,"则邃馆露台,苍莽灭没,长衢十里湮废荒凉。"作者文字尔雅,画出了三十年代扬州情状。写景宛如《伽蓝》一记,实在是学术论文中难得的笔墨。

作者论拙政园说:

"盖咸同之际,吴中诸园,多遭兵火。今所见者,率皆重构。斯园得以幸存。数十年来,并未新修。故坠瓦颓垣,榛蒿败叶,非复昔日之盛矣。惟谈园林之苍古者,咸推拙政。今虽狐鼠穿屋,藓苔蔽路,而山池天然,丹青淡剥,反觉逸趣横生。……爱拙政园者,遂宁保其半老风姿,不期其重修翻造。"

这些话实在说得太尽情了,读了未免觉得有些笃旧,然实有至理。60年前说的这些话,实在是老建筑师提出的"整旧如旧"论,今天已经成为古建筑修复工作的共识。作者随时提出批评,如评狮子林说"惜屋宇金碧,失之工整";论无锡太湖诸园,"除渔庄外,多参杂西式,混以水泥,殊可惜也。"论南浔刘园,"园有西式住宅,颇为刺目";论苏州留园说,"修缮之余,未改旧观,更不可谓非林泉之幸也。"可与此相发明者,尚有"成园"一论——

"为园勿急求成。'成'者,非必朝营夕就也。山石亭池成矣,而花木仍有待。盖杨柳虽成荫,而松柏尚侏儒。且石径之苔藓未生,亭台之青素刺目,非积年累月,风剥日侵,使渐转雅驯不为功。"这与作者提出的"造园一艺术,游赏又一艺术"的道理是相通的。嘉兴的烟雨楼,其妙只在烟雨二字。"烟雨与楼台之妙,纯为诗人幻梦。……楼之有赖于烟雨者,盖南湖水狭,四望皆岸,甚少极目丘壑、汪洋无际之感。惟朦胧云物、山色有无中,始觉近于理想耳。"这就使我想起吴梅村的画,"南湖春雨图"。此图所写为吴来之的故园"竹亭",地近烟雨楼,然并不直写南湖,江山平远,烟渚依稀,林木中隐见一塔,实在因为南湖无可写,遂以此草草见意而已。

一卷《江南园林志》,不只可见作者的观点议论,为研究中国传统园林艺术开山经典著作,更能欣赏作者的美文,如读《洛阳伽蓝记》,绝非后出的说园诸作可比。作者任教于南京工学院。1983年游金陵,本拟往谒,而先生已逝,不禁怅然。先生生于1900年,卒于1983年3月28日。辽宁沈阳人。

(原载《文汇报》2000年3月17日第12版)

从曹杨新村谈起

汪定曾

岁月荏苒,回忆我的建筑生涯,有下列几件事令我难以忘怀。

(一)曹杨新村的兴建

1945年抗日战争胜利在望时,我在重庆曾发表过《战后我国住宅政策泛论》一文,但是直到1949年中国共产党解放全中国后,我才有机会接触住宅建设工作。建国初期,上海市人民政府即开始规划建设九个住宅新区。当时,我任上海市政建设委员会建筑处处长,负责这项住宅新区规划设计的具体工作。曹杨新村即为其中之一,它是上海建设最早的完整的工人住宅区。1954年曹杨新村大部分完工后,接待了不少中外人士参观访问,其中大阪市立大学建筑系教授斋藤与夫参观后在HIROBA(88—9)杂志上发表了《从上海与大阪的建筑看外国风格的诸多形态》一文,文中谈到他访问曹杨新村的感受。他说"参观那天,天气阴郁,附近正在施工,道路泥泞,因此心情不免沉闷。"他说,参观后"郁闷的心情顿时化为乌有,收入眼底的景色让人感到是一种喜悦的享受,沿道路有许多绿化,住宅区内的小河也显得景色怡人,舒展的设计使人陶醉。"1955年波兰建筑师代表团访华时也对曹杨新村的规划设计给予好评。我能在建国初参与其事,确实是幸运难忘的。

(二)三次担任设计总负责人

1957年陈植同志和我调入上海市民用建筑设计院任技术领导职,1966年"文革"开始后,我俩均被下放科室,从此我得有机会做具体的设计工作。第一次是1970年前后,民用院首次接受国家下达的援外工程苏丹友谊会堂任务,我被允许参加设计后,逐步转为此项工程的设计总负责人。主要参加设计者有郭小苓、李应圻、洪碧荣、张志模、邢同和、姚全凌、李玫、范竞等同志,我们自动地加班加点地完成设计任务,历时近一年左右。为了国家的荣誉,这种勤奋工作的情景犹历历在目。1981年国家建工总局组织的(70年代)全国优秀建筑设计评选中列为优秀设计之一。

1973年民用院荟集了院内精英组成上海体育馆工程设计小组,我再次担任设总,魏敦山、洪碧荣任建筑组负责人,结构由居培苏、姜国渔、姚念亮等负责。此工程大量采用新结构、新材料、新技术。圆屋顶直径114米,采用三向空间钢管网架结构,这可能是采用这类型式结构在国内的先驱,1989年被评为上海十佳建筑之一。

从20世纪30年代直到80年代初半个世纪中,国际饭店(匈牙利籍建筑师L.E.HUDEC设计)是上海的最高建筑。直至1979年,上海方开始筹建上海宾馆,1983年建成完工。此时我已恢复了民用建筑设计院原职,但仍有幸担任上海宾馆的设计总负责人。上海宾馆除自行设计外,全部采用国产材料,建筑高度达91.5米,超过了30年代兴建的国际饭店83.8米的高度。曾有人问我,是否有意识地超国际饭店的高度。其实,我们的设计思想并非为赶超高度。参加设计者有张皆正、孟清芳、李学熙、姚全凌、戴正雄、李玫等同志,此工程获城乡建设环境保护部颁布的全国优秀设计一等(二级)奖。

回忆以上3项工程,民用建筑设计院能集中院内如此多的精英,精心设计,确实难能可贵,亦为他们今日成为著名的建筑师奠定基础,而我本人亦从中获益匪浅。

汪定曾(1913~   ),上海现代建筑设计(集团)公司顾问总建筑师,曾任上海民用建筑设计院副院长兼总建筑师,上海市规划建筑管理局总建筑师。

白云珠海寄深情
——忆广州市副市长林西同志

莫伯治

谈起当代岭南建筑创作的发展与成就,人们永远不会忘记林西同志所作的重大贡献。在广州,从白云山庄、双溪别墅到白云宾馆、白天鹅宾馆,处处凝聚着林西同志的心血。点缀和伫立在白云珠海间的这些园林小筑和超高层大厦,是对林西同志最好的纪念。

林西同志(1916~1993)曾是中共华南分局办公厅主任,后来多年任广州市副市长。从50年代初期至80年代初期30年时间内,一个个建筑设计和建设中的感人事例至今仍然历历在目。

解放初期,在林西同志的直接领导下,在南方大厦附近的一处垃圾堆和建筑废墟上,规划、建设了华南土特产展览大会建筑群和展出场地(后来改称岭南文物官,现称广州文化公园)。当时广州的几位知名建筑师和建筑学教授分别负责设计了七八座展览馆,组成了一个庞大的展览建筑群。这些建筑物,因地制宜,力求节约,适应展出和参观的功能需求,在形式上体现了现代主义的特色。但是,它却遭到严厉的批评。刚刚创刊不久的《建筑学报》在1954年第2期上刊登了一封读者来信,批评这些展览馆建筑是"美国式的香港式的'方匣子'、'鸽棚'、'流线型'",是"资本主义的'臭牡丹'","处处都叫人生气",彻底予以否定。

目前,广州文化公园原有的大部分展览馆已因本身的逐渐损坏而被拆除,只有夏昌世教授设计的"水产馆"仍然作为展馆在继续使用。它的合理的平面布局、入口处跨越水池的平桥和薄檐细柱的门廊,轻盈简朴,亲切开朗。它们的出现,正是现代岭南建筑的先声。

龚德顺、邹德侬、窦以德主编的《现代中国建筑史纲》(1989年出版)指出对广州文化公园各展览馆建筑的"点名批判","纯系不实之词"。曾昭奋1983年在《建筑师》和1993年在《建筑学报》上发表的文章中均肯定了各展览馆尤其是水产馆的设计成就,对当年的不当批评提出了异议。

而在当时,作为领导者,林西同志对上述展览馆群体规划和建筑设计,均放手让建筑师进行创作,并且付诸实施。他认为应该正确认识和执行党的知识分子政策。他曾说,"像夏昌世这样有学问有本事的建筑师和教授,为什么没有得到重视和使用?"虽然水产馆等馆舍招来了上述的批评,但林西同志对夏昌世教授一直十分尊重和关心。

50年代末期,在林西同志直接关怀、支持下,我先后设计了广州北园酒家、泮溪酒家和南园酒家。在设计和实施过程中,我把岭南庭园与岭南民间建筑形式相结合,并从乡间购得居民拆房之后留下来的旧建筑构件,作为新建酒家的建筑装饰部件。在北园酒家快建成时,报纸上刊出了批评的意见,认为它太古老、太浪费(太古老是指它的形式;太浪费是指它用了木雕装饰和砖磨墙面。实际是旧料新用,当时价钱很便宜)。当时有人顶不住这种批评,主张把它拆掉,但林西同志坚决主张继续按原设计进行施工。北园酒家建成之后,受到各方面的好评。

对上述三个酒家的设计,林西同志一方面给予肯定和鼓励,但又及时指出,这类形式以后不宜多搞,应该适应新的功能,寻求新的手法,创造新的风格。这时候他已十分明确提出新建筑的功能和风格问题,希望我们在设计中务必留意。有一次,我随林西同志一起到济南参加中国园林学会召开的学术会议,林西同志在会上作了发言。1980年,《世界建筑》杂志在北京创刊,当时,林西同志在广州会见该杂志社两位编辑,明确对杂志的创办和宗旨表示支持。多年来,从不同场合下林西同志在指导工作过程中所阐述的思想、所发表的意见和见解中可以看出,他对城市建设、园林和建筑设计工作在理

林西(1916~1993),曾任中共中央华南分局办公厅主任、广州市副市长。
莫伯治(1914~),曾任广州市规划局总建筑师,1995年创办莫伯治建筑师事务所。

论上有广泛的把握,并且形成了正确的指导方针。

在60年代的白云山庄旅舍、双溪别墅和70年代初期三元里矿泉别墅的设计中,我们根据林西同志的意见,根据新的功能需求,着意于新的庭院空间和形式的探索和现代主义理念的引用。假如说,这几个设计有了新的突破和提高,并且初步体现了当代岭南建筑的新形式、新风格,那是因为有了林西同志的及时提示和建议,使我们不再拘泥于旧风格、旧形式,而有了新的尝试和追求。除了设计的原则、方向之外,林西同志对建筑设计中的具体问题也能及时做出决断、给予支持。例如双溪别墅的大平台,是一个开敞的眺望、休息场所,设计中若保留角柱,则有碍于空间效果,若去掉角柱,则顶盖平板势必增加钢筋用量(当时每平方米建筑面积的用钢量有严格限制),但林西同志明确表示可以不要角柱。

白云山几座别墅的建成为当时接待和旅游的需要提供了朴素、自然、适用的建筑园林环境。董必武主席亲笔为山庄旅舍题名,周恩来总理和陈毅外长亲自选定山庄旅舍和双溪别墅作为召开国际会议和与外宾会谈的场地和下榻之所。矿泉别墅建成之后,被(1987年第19版英国B·弗莱彻尔主编)的《世界建筑史》引为新中国建筑创作的成功实例并加以描述和阐析。

70年代和80年代初期,由于广州外事活动的需要和国家开始实行改革开放政策,在广州先后建成了白云宾馆和白天鹅宾馆。这两座超高层建筑的设计和建成,体现了岭南建筑创作新的发展和新的水平,在当时国内同类建筑中,处于领先地位。林西同志在"文化大革命"中被打倒,70年代初期恢复工作。他亲自负责指导白云宾馆(1976年建成,吴威亮、陈伟廉、林兆璋等建筑师参加设计)的设计和建设,后来,他又负责组织、指导白天鹅宾馆(1983年建成)的设计和建设。在白云宾馆设计方案中,由于考虑到超高层建筑外墙和窗口排雨水的需要,立面上采用了水平线条划分。当时仍处于"文化大革命"极左思想的影响下,有人提出水平线条是代表资本主义,应该用竖直线条才代表社会主义。但是,林西同志仍然支持采用水平线条的设计。白天鹅宾馆是改革开放之初一个全新的重大工程。他对参加白天鹅宾馆建设的人员说,要尊重建筑师的意见,凡是经总建筑师最后确定拍板的东西都不要改。林西同志对我们设计人员(佘畯南建筑师与本人共同主持设计,陈伟廉、林兆璋、陈立言、蔡德道等建筑师参加设计)给了最大的信任,鼓励大家千方百计搞好设计和建设工作。白天鹅宾馆前厅/中庭用"故乡水"点题,是林西同志亲自提出的。中庭正面的假山,原设计方案中山体居中,林西同志建议把山体移向一边,使山体山势不再显得呆滞,并且突出了"故乡水"的摩崖题字石刻(集碑字体),使之成为一幅生动的立体化的中国山水画。

作为一位城市建设的领导者,林西同志在组织、指导建筑设计工作中平等待人,尊重信任,既提出正确的指导思想,又有明确具体的建议。但他从不强加于人,他的一些具体意见,如果有困难或问题,也可不照办。他多方面调动设计人员的积极性和创造性,身体力行,正确贯彻党的知识分子政策。他是建筑师们的良师益友。

本人已及老迈之年,每忆及林西同志的音容笑貌,忆及他在工作中无私奉献的革命精神和对建筑师们循循善诱的作风,都感受到一种鼓舞人、鞭策人的精神力量——向林西同志学习,在建设和设计工作中竭尽绵力!

白天鹅宾馆落成时(1983年),摄于中餐厅。左1为林西,左3为佘畯南,左5为莫伯治

梁思成和《战区文物目录》

王世襄

1943年11月我离开北京，穿过皖北界首日寇封锁线，经西安、宝鸡、成都来到重庆。1944年1月，开始在经朱桂老(启钤先生，号桂辛)创办，此时在梁思成先生主持下的"中国营造学社"任助理研究员。这是我国唯一的专事研究中国古建筑的学术机构，因抗战由北京辗转迁移到川西小镇李庄。

1944年是日寇在东亚各地节节败退陷入困境的一年。同盟国军队已在拟定计划全面反攻。其中最重要的自然是光复我国大陆失地。要反攻就要陆军、空军同时出动，而广袤的国土上分布着许多重要文物古迹，包括宫殿、寺庙、石窟、陵墓、园林、桥梁、塔幢等等。这些祖国瑰宝很可能在反攻中被消灭破坏，造成无法弥补的损失。这时有几位有识之士向国民党当局提出存在问题的严重性，随即成立了"战区文物保存委员会"（即"清理战时文物损失委员会"的前身），由次长杭立武任主任委员，马衡、李济、梁思成任副主任委员。其中对古建筑的命运最忧心忡忡并实际工作做得最多的就是梁思成先生。

当时的决策是：我们一定要反攻，同时也一定要尽全力保护好文物。当务之急是如何才能让中国的士兵和美国的空军知道需要保护的文物古迹有哪些好处，确切的位置在哪里。如能使他们多少知道一点鉴别知识则更好。只有如此，反攻时文物古迹才能避免遭受炮轰和轰炸。具体的办法是必须在较短的时间内编出一本文物古迹目录，并在地图上标明名称和方位。中、英文各备一全份。这项繁重而急迫的任务就落在梁先生的肩上。

早在卢沟桥事变前梁先生已对华北几省的古建筑作过调查，加上平时常翻阅全国的地方志，由他来担任这项工作自然是最佳人选。不过他脊椎钙硬化，多年来靠铁架子支撑身躯。抗战奔波，使他更加羸弱。对此突如其来的任务自然会感到沉重。但他觉得责无旁贷，毅然决然地承担了起来。

记得梁先生是从编中文目录入手的，随即译成英文。当时因学社中懂英文的人不多，部分校对交我担任。到1944年秋，转入地图的标注工作。因地图属于军事机密，不得离开它的藏所，故有半年之久梁先生常在重庆，并调罗哲文先生前往参加地图工作。1945年5月全部工作完成，并将目录印成小册子。

1945年8月，日寇投降，大陆重光，毋须再反攻，但文物目录仍是一份非常有价值的材料。是时我已经马衡、梁思成两先生推荐任"清理战时文物损失委员会"平津区助理代表，主要任务是追回被敌伪掠夺去的流散文物，不久即飞往北京。行前，梁先生交给我一本文物目录，嘱咐如果有机会去看一看平津一带的重要古建筑，发现严重损坏，应立即报告，请有关部门抢救修缮。

这本目录一直放在我家中，十年浩劫连同我的藏书、手稿等一并抄走。因册小而薄，纸张印刷均甚粗劣，容易被当作烂纸丢掉。故对它有一日幸得归还，不抱希望。当清华大学林洙先生（林徽因先生逝世后，林洙先生与梁思成先生结婚）去年为访求目录而来我家时，才知道连梁先生自己在"文革"后也无此书，使我更感到丢失的可惜，而只好很遗憾地对她说："过去曾有，可惜'文革'中被抄没了。"

不料前不久我打开最后发还的破旧的书捆，文物目录竟赫然无恙。我不禁喜出望外，此书除了有它自身的历史意义和参考价值外，还可从中看到梁先生的为人和学识，将为编写他的传记增添一份材料。

梁思成，见本书第10页。
王世襄(1914~)。燕京大学文学学士、硕士，曾任中国文物研究所研究员，现任国家文物鉴定委员会委员。

现在让我们来看看这本小册子。

封面印着"战区文物保存委员会文物目录"字样(经笔者将书名简成《战区文物目录》),英文字样是：*Chinese Commission for the Preservation of Cultural Objects in War Areas, List of Monuments*,民国34年5月编,小32开,黄色草纸铅印,共87页。

内容简述如下：

册首是三篇鉴别总原则。

一、《木建筑鉴别总原则》

18条。用最简单扼要的文字说明各种古代木建筑的特征。例如第4条："凡用四阿或歇山屋顶者,大多为宫殿或庙宇,民居均用挑山。"又如第5条："主要建筑物檐下多用斗栱,其斗栱大而疏者年代古,小而密者年代近。"

二、《砖石塔鉴别总原则》

19条。第4条："塔平面方形者多为隋、唐、五代所建；但东北有少数金代方塔,西南有少数宋代方塔,清代亦有极少数方塔。"第5条："平面为六角、八角者多为五代以后至清代间所建,……"几句话已把鉴别古塔年代的基本方法告诉了读者。梁先生总是担心或许未收入目录的塔将被认为不重要而遭到破坏,所以最后一条(第19条)称："凡塔几均为二三百年乃至千数百年古物,宜一律保护。"

三、《砖石建筑(砖石塔以外)鉴别总原则》

7条。第1条："石阙为古宫殿庙宇陵墓前之标志,现存者均为汉物。"第2条："石'祠'多为汉物。"第3条："北方石窟造像,多魏、齐、隋、唐物。"既列举了砖石建筑种类,又指出其年代。

次为《本目录凡例》,5条。向目录使用者说明：重要的文物古迹均有照片。凡有照片的文物古迹,编号用括弧括出。目录的编号和地图上及照片上的编号是一致的。用星数表示等级,最重要的为四星。梁先生又恐怕无星者将被认为不重要而遭到破坏,特意加一句："无星之建筑仍为重要建筑物,否则不列本录之内。"

此后为分省分县文物古迹目录,共四百处。每处写明名称、年代、所在地。例如：****(三四八)佛光寺大殿七间立高台上,唐大中十一年建,国内现存最古木结构,殿内更有唐代塑像、壁画及题名,为我国古建筑中第一瑰宝。

在县城东北十三哩,豆村镇东北二哩半。

纵观全目录,深感梁先生能把这一繁重而急迫的任务完成得如此出色,全仗他思想缜密,考虑周详,方法科学,语言简明,非常适合对文物接触不多甚至从未接触过的人员使用,真是用心良苦！现在重读反比我当年校对时更加亲切,觉得有一股巨大的力量在推动他那不能站直的身子顽强忘我地工作。那股力量来自他那颗热爱祖国、热爱文物的心。每一页、每一行都闪耀着从那颗赤诚的心发射出来的光辉！

1993年10月

(原载香港《明报月刊》1994年1月号)

赵深建筑师一二事

刘光华

赵深先生是我国老一辈建筑师，他一生为祖国的建筑事业作出了巨大的贡献，设计了无数大、中、小型的建筑。早年，我有幸参加了他经手的部分工作，有不为外人所知的一、二事特记叙如下。

轰动大后方的大逸乐戏院倒塌事件

1937年日寇大举进攻我国华北、华东地区，上海沦为孤岛。当时设在上海的华盖建筑师事务所决定赵深去昆明，童寯去贵阳，陈植留守上海。赵先生到昆明后设计了不少工程，其中包括南屏大戏院、大逸乐大戏院及一些办公楼、住宅等。

1940年夏我自中央大学建筑系毕业，已在华盖的何立蒸学长介绍我到华盖工作。我久仰赵深先生大名，自然十分愿意。在华盖的工作不外是绘施工图及作渲染图。

那时华盖工作不多，赵先生作方案时很喜欢徒手画些小透视图，表达他的设计意图。然后，要我绘制较大的水彩渲染图，供业主研究。他似乎很满意我的工作，常说，他喜欢雇佣建筑系学生，虽然这些人开始工作时可能对施工图不熟悉，但最后总是进步较快。月余，何学长问我愿否离开华盖与他合办事务所。可那时，我每晚要加班。深感此时离去不妥。于是，商定何先辞职，元旦后我再辞，让赵先生有些时间聘请他人。谁知就在元旦除夕之夜发生了大逸乐戏院倒塌的特大惨剧，不但剧院全毁，死伤约二百余人之多，而且赵先生也身陷囹圄。

事实上，在1940年，日寇日暮途穷，大肆轰炸我后方各大城市的商业中心及居民区，其中以重庆及昆明受害尤甚。在一次轰炸时，大逸乐戏院后方地面被一重磅炸弹击中。戏院后墙受震后。山尖部分向内倾斜。赵先生嘱我立即会同承包商——鹤记营造厂卢锡麟及戏院方面人员了解损坏情况。我们用经纬仪测出山墙向内倾斜30余厘米之多。因此，赵与卢决定函要戏院方面立即修理。此时，正值岁末假日，戏院经理孙用之以元旦前后是最佳营业时机而不肯停业，说春节后修理。不料，惨案竟在除夕之夜电影放映之中发生。山墙突然向内倒塌，波及一系列剪刀式桁架，导致屋面全倾，观众埋压，惨不忍睹。当晚，云南警察厅将赵、卢及孙三人扣押，先关警局，后移至乡下监牢。仅余下我和另一学徒在华盖。我想，此时提出辞职于情于理皆不宜，乃暂且打消去意。届时在重庆的关颂声代表中国建筑师学会开始营救，请求释放赵等三人。南屏大戏院董事长刘淑清女士(解放后列为人大代表)亦向各省市领导如龙云等为赵说情。我亦每日奔走于事务所、监牢及各有关人士之间，参与营救。之后，赵先生病于狱中，终在4月中旬因无罪而释放并就医。将所得设计费全部交于警察厅而了结此案。这时我才辞职。

赵先生病后又恢复事务所业务。因各方对他不白之冤的同情，业务更为发达，此乃后话。我因国人对这一事的实情不甚了解，以为赵深有罪，不知被关三月乃冤情。是以记之，以白天下。

赵深与联合建筑师、工程师事务所

1949年全国解放，政府开始了大规模的工业建设。为适应形势的需要，赵深先生在上海发起组织"联合事务所"。响应合作的有：赵深、陈植、童寯的"华盖建筑师事务所"；奚福泉的公利建筑师事务所；哈雄文、黄家骅、刘光华的"文华建

赵深(1898～1978)，1923年获美国宾夕法尼亚大学建筑学硕士学位，解放后担任建工部中央设计院总工程师、华东建筑设计院副院长兼总工程师。

刘光华(1918～   )，1940年毕业于中央大学建筑系，1946年毕业于哥伦比亚大学建筑与规划研究生院，获硕士学位。解放后，长期担任南京工学院(今东南大学)建筑系教授。现居美国。

筑师事务所"；杨锡镠、黄元吉的"杨锡镠建筑师事务所"；建筑师罗邦杰；建筑师戚鹤鸣；结构工程师蔡显裕；机电工程师许照。

联合事务所成立后，赵先生为主任，接下了一系列大型工程。我所参加的有：榆次经纬纺织机器厂住宅区设计竞赛(中标后作了详细规划与施工图)，乌鲁木齐八一棉纺织厂及附属工程，乌鲁木齐市区规划草图，石河子新城规划详图等。"八一"厂工程由赵亲自主持，蔡显裕负责结构。

1950年初夜，赵赴乌鲁木齐，边设计边施工。我也于六月学校暑假时去乌鲁木齐。我们为了抢在十月末冰雪来临之前将钢筋混凝土屋面浇注完毕，外墙砌好，以便进行屋内地坪、水电管道安装，为来年开工作准备，每日从清晨4时半开始工作，直到晚9时才得以休息。每周工作7天，常常晚上9时后还要开会研究工程质量及进度等。赵先生不辞辛苦转战图房或工地。又由于当地缺乏建材及熟练工人，我们从苏联进口了水泥，从香港进口了钢材，从上海请来技术工人。工程又时常发生意想不到的问题。赵先生日渐消瘦。有时得空我们会去市区洗澡并打个所谓的"牙祭"，如有施工的厂商与我们同去，赵先生一定抢先付账，他告诫我，绝不要吃营造商的饭。否则，检查他们工作时难以开口，这种清廉的品性不仅仅是使我们在"三反五反"运动中安然度过，更重要的是它成为我一生洁身自律的重要准则。

新疆军区司令员王震同志亦非常关心工程进展，不仅常来工地视察，还时邀我们去司令部商谈工作，交代任务等，如规划乌鲁木齐与石河子新城则是其一。9月下旬，赵离乌鲁木齐回沪，我工作到10月中也返南京了。

回宁后我继续完成石河子规划。赵先生时而赴宁指导。1981年石河子新城建城30周年，我被邀参加庆典及新规划工作。眼见这一片原来只有几间茅屋、三棵小树的荒渺大野，变成绿荫铺地，欣欣向荣的20万人口的工业城市，内心激动不已，而"八一"棉纺厂也以生产优质长纤维棉纺品闻名全国。见到当时参加建厂、建市的工作人员，他们仍深情怀念赵先生的辛勤劳动和功绩。

从联合事务所成立至今已然半世纪整。它的组成和存在不失为我国建筑史上的一个重要环节。而今原合伙人仅余陈植老与我二人了。为了缅怀联合事务所的创始人——赵深先生，特此记之。

赵深先生离开我们已经20余年了。他一生工作勤恳，一丝不苟，虽到高龄仍时常工作至深夜，非到满意决不停止修改。这种精神值得我们效法。我有幸追随他多年，不能不说是收益匪浅。

2000年4月于美国

怀念夏昌世老师

汪国瑜

夏昌世老师是我国老一辈建筑师的先驱。几十年来，他为我国的建筑教育和建筑创作都作出过不可磨灭的贡献，他的先师教范至今受到他的学生和建筑界同行们的尊敬和景仰。

40年代初，我在重庆大学建筑系上学的时候，夏先生就是当时重庆大学和中央大学两校建筑系的教授。他在重庆大学建筑系教高年级的建筑设计课。当时，学建筑专业的学生还很少，我们一个系的同学还不到30人，高年级两个班的学生加到一起也就十来人左右。上设计课时，低班同学有时也围在高班同学一侧旁听夏先生上课讲授和改图，虽然有些内容还听不太懂，不甚理解，却感到异常新奇奥妙，羡慕不已。曾听高班同学讲，有一次上设计课，题目是图书馆设计，夏先生抱来几本厚厚的大书，是关于图书馆设计中一些技术用房功能上的数据规范和布局图例的。夏先生着重讲了对这些技术用房的使用要求，特别分析了书库的作用和图书的运输布局方式对图书馆的重要性和影响，以及其他内外用房等相互关系问题。在上设计课改图时，他的笔底下也显示出优美的建筑形象，流畅而简洁的绘画功力。他不像那时有些教授只关心建筑的形象和构图，过分强调美观，相反，他却十分注重建筑不同类型的内容和使用功能，而且留出时间听同学们自由讨论，很少先作结论。高班同学都说，夏先生很能理解同学的思想和愿望。他是在教授学习方法和思辨能力，大家都觉得上夏先生的课，心情舒畅，学得实在，收获很大。同学们还常三三两两相约到夏先生的宿舍去求学问教。夏先生性格开朗，爱护青年，同学一去，总是笑脸接待，从不冷淡，更不拒绝同学们的求知热情。夏先生很健谈，谈学习，谈建筑师的职责和理想，有时也谈生活，谈艺术，谈国外建筑情况，充满着直率和天真，也常显出幽默感。因此，在他的宿舍里，只要有同学相聚，总会传出一片笑语欢声。那时，大学教授的生活十分清苦。重庆大学因为是当地政府早办的，得地利之便，学校建设已较有基础，校园虽不太大，校舍却建设得较壮丽结实，房屋都是砖木结构，工学院还是全石建成的大楼，十分雄伟。住房条件也比中大好多了，是带外廊的青砖瓦顶平房，室外花木葱茏，环境十分幽雅，不像中大松林坡上下，包括教授住的全是茅草竹篱简陋房。尽管如此，由于抗战期间，各校内迁，一些学者、教授和大量流亡学生相继来到山城重庆，招生增多，学校容量不断扩大。因此，重大教授的一般住房也很挤，大多是一间房，并不宽裕。我们有时夜间从夏先生的宿舍附近走过，只要听见林荫花丛中廊影灯窗内不时发出欢笑声，就知道是高班同学又在夏先生家求教了。那些笑语欢声和灯窗廊影，至今仍给我留下羡恋和敬仰的回忆。

夏昌世先生1903年生，广州人。20年代后期，他即远赴德国留学，1928年毕业于卡尔斯鲁厄工业大学建筑系。毕业后曾在德国建筑公司任职，于1932年获蒂宾根大学艺术史研究院博士学位。在德期间，正是现代主义建筑学派的新建筑思潮蓬勃兴起之际，这对夏先生的建筑思想和工作方式无疑会带来很大影响，致使夏先生主张改变巴黎艺术学院那套教育体制，注重实用、经济、强调功能、简朴，提倡新风格。1932年夏先生自德回国后，先后在当时的铁道部、交通部、国立艺专、同济大学、重庆大学、中央大学、中山大学以及华南工学院等单位工作和任教。他在广东省一带设计创作了不少佳作，如广州华侨医院、广州文化公园水产馆、肇

夏昌世(1903~1996)，1928年毕业于德国卡尔斯鲁厄工业大学建筑专业，1932年获德国蒂宾根大学艺术史研究院博士学位，同年回国。曾先后任中央大学、重庆大学、中山大学、华南理工大学教授。1973年移居德国弗赖堡市，于1996年病逝于该市。

汪国瑜(1919~　　)，清华大学教授。

庆鼎湖山职工休养所、华南工学院、中山医学院的校园及校舍，湛江海员俱乐部，桂林风景区规划与设计，海南亚热带研究所专家楼等，有的还获得了中国建筑学会的优秀创作奖。今天回顾他五六十年代的作品，无论从内容或形式着眼，仍然显示出简洁明快、落落大方、清丽悦目的空间形象和实用的气势，毫无过时之感，至今仍受到人们的称赞。

夏先生博学多才，尽管他曾较深地受到新建筑运动思潮的影响，但这并未局限他的研究范围和创作境界。他对中国传统建筑，尤其对中国古典园林艺术的优秀传统深有体会，并率先开展了对岭南庭院的研究工作，发表过多篇学术论文，作出了重要贡献。30年代初，夏先生曾和中国营造学社的梁思成先生、刘敦桢先生等老一辈建筑大师一起考察了江南一带的私家园林。60年代初，总结多年来对中国园林探索和思考的宝贵成果，夏先生开始撰写《园林述要》一书，书中论述了中国园林造园的布局、设景组景手法，南北造园风格的特点及其空间处理手法，并附录了名园图例43幅。此后，这部专著历经坎坷，几经搁置，先生至80余岁高龄又亲自整理誊写，多次修改补充，直到1995年才终于在他学生的支持下得以付梓，出版面世。这总算了却了夏先生的夙愿，同时也是中国建筑界的一件幸事。

夏昌世师在重庆大学和中央大学执教期间，因其学术观点和教育思想与当时的潮流不一致，曾受到不公平的冷遇。那时正值抗战期间，南京政府迁都重庆，中央大学也相继迁来，和重庆大学正好毗邻，两校教师有很多应聘兼任，学生更是相互交往，接触频繁。当时社会上盛行着一种崇美的风气，不仅当权者多数与英美有密切的关系，大学教授中也大多都是从美国留学归来的。尤其是中央大学，建筑系的教育体系几乎都是承袭美国一些建筑院校的课程内容和教学方法，比较强调艺术，重视建筑的形式和构图。而重庆大学建筑系的教授和教师却大多是留学德国和日本的，比较重视实用，注重构造。两校咫尺相邻，耳闻目睹，难免会给重庆大学建筑系的教育氛围带来影响，德、日的一套教学内容和方式逐渐就遭到一些非议。留德、留日的一些教师也在此人言可畏的大潮中受到冷落，以至歧视。在此形势下，夏先生和几位教授终于在1943年初愤而离开重大去了华南工学院。夏先生他们离去后，重大建筑系立即换了一批教师，连系主任在内几乎全是留美的，建筑教育的一套内容和教学方法也都与中央大学建筑系几乎完全一样了。

不同的学术见解和相异的建筑教育思想，竟会使夏先生在当时的高等院校遭到如此不幸，令人感到费解和遗憾。但更大的不幸还在其后。"文革"十年中，夏先生因留学经历和德籍夫人而遭受摧残迫害，甚至一度身陷囹圄，百般无奈中于1973年忍辱含恨远离家园，移居德国。夏先生始终胸怀爱国之志，恨无报效之机，郁郁寡欢，思念家乡。80年代中，他还勉强以耄耋高龄归国探亲一次，但究竟体弱年迈，触景情生，短暂驻留即又远返德境。夏先生于1996年驾鹤仙逝异邦，享寿九十有三。据闻，先生临终之际仍念念不忘祖国，含恨未能回归故土，抱憾终生。

作为一名崇敬他的弟子，虽已事隔半个世纪，回思旧往，仍情不自禁，难抑思绪。老师的音容，仍时时浮现眼前。谨以此文，抒写情怀。

2000年4月于清华大学

《中国古代建筑史》编写始末

袁镜身

《中国古代建筑史》是一部鸿篇巨著。自1978年由中国建筑工业出版社出版以来，几经再版，畅销全国，受到建筑界广大读者的欢迎和好评。

这部书是怎样编写、出版的呢?这里，根据有关资料和我的回忆，予以综合整理，供建筑界同仁参考。

编写由来

中国古代建筑，有着悠久的历史和辉煌的成就。在漫长的历史发展过程中，逐步形成了自己的特点和独特的风格，在世界建筑之林中，也是独树一帜的。

全国解放以前，梁思成、刘敦桢先生在中国营造学社，对中国古代建筑作了大量的调查、测绘，收集整理了大量的资料并且做了前无古人的研究工作。虽然当时由于人力、财力等各种条件的限制，没有能够对中国古代建筑历史的发展作深入的系统研究，但他们已成为我国研究中国古代建筑的奠基人。

新中国成立以后，建筑界许多人特别是梁思成、刘敦桢两位先生，很关心中国古代建筑的研究，提出研究和编写中国古代建筑史的建议。这个建议，受到当时建筑工程部部长刘秀峰的重视和支持。

1958年，在迎接中华人民共和国成立十周年的前夕，刘秀峰即决定在中国建筑科学研究院内成立了建筑理论与历史研究室，梁思成任主任，刘敦桢任副主任。从此，展开了对中国建筑史的研究工作。当年10月16日，建筑理论与历史研究室邀请有关大学、建筑设计院、考古研究所等单位的专家，在北京召开了全国建筑历史学术讨论会，提出编写《中国古代建筑史》、《中国近代建筑史》和《中华人民共和国建筑十年》三部书，后称"三史"。当时，刘秀峰参加了这次会议，讲了编写建筑史书的重要意义。

这次会上决定《中国古代建筑史》一书由刘敦桢担任主编，南京工学院潘谷西、郭湖生，建筑科学院张驭寰，重庆建筑工程学院邵俊仪等同志参加编写。于1959年11月完成初稿，全稿约11万字。

1960年7月经刘敦桢教授修订后完成了第二稿，并在北京召开了建筑史学术讨论会。

根据讨论意见，于1960年9月修订为第三稿，约13万字。参加修订工作的有同济大学陈从周、喻维国，西安冶金建筑学院赵立瀛，文化部文物局陈明达，建筑科学研究院刘致平、王世仁、张驭寰、叶菊华以及南京工学院郭湖生等同志。

1961年4月由陈明达同志修改为第四稿，字数约7万字。

同年10月又由赵立瀛、王世仁两同志进一步修订成为第五稿，字数为12万字。

反复讨论

第五稿写出以后，分送有关同志和刘秀峰部长审阅。阅后，都认为书稿内容，没有充分反映出中国古代建筑在漫长岁月中的发展和特色。

为了集思广益，打开思路，把《中国古代建筑史》这本书编写得比较高的水平，刘秀峰决定亲自参与领导，除专家参加外，同时吸收一些有关领导干部参加，其中有城建局副局长王文克、工业建筑设计院院长袁镜身、北京市建筑设计院党委书记李正冠、建筑学会秘书长汪季琦，以及政策研究室乔匀等。这几位同志中，有的对中国历史比较了解，有的懂得建筑，有的文字水平比较好，刘秀峰都比较熟悉，也是他点的名。有这些同志参加对编写此书大有益处。

那时我因设计任务太忙，不想参加此书的编写，刘秀峰批评了我，他说："这本书比你一个大工程重要"。这样，我只好下决心参加编写了。

从此，对中国古代建筑和书稿内容，展开了大讨论。1962年10月至11月间，刘秀峰亲自主持在建工部三楼会议室前后召开了16次座谈会。参加会议的都是

袁镜身(1919~   )，曾任中国建筑科学院院长、国家建工总局副局长。

建筑界和考古界著名的专家，有的是长期从事建筑业工作的领导干部。包括梁思成、刘敦桢、汪之力、刘致平、莫宗江、陈明达、罗哲文、单士元、夏鼐、徐苹芳、王文克、袁镜身、李正冠、夏行时、戴念慈、杨耀、龙庆忠、赵立瀛、王世仁、汪季琦、乔匀等。会上首先由赵立瀛、王世仁同志汇报了五次书稿编写的过程和书稿的内容。参加会议的同志对于研究中国古代建筑都很有兴趣。大家就书稿的内容、古代建筑的发展过程展开了热烈的讨论。座谈会开得生动活泼，畅所欲言，谈古论今，发表了许多好意见。很多问题讨论得比较深刻、明了。

在会议过程中，为了深入地研究一些问题，刘秀峰特意要我给他搜集了《史记》、《资治通鉴》、《中国通史》等书籍参阅。最后，他综合大家的意见，作了系统的发言，共讲了六个问题。

现将经刘秀峰亲笔审阅修改过的会议记录，有关内容原原本本摘抄如下：

"第一，建筑有社会性，它是社会生产和社会生活的一部分。所以建筑史中必须要讲生产工具，讲社会经济和生活面貌。特别是上古时期，讲建筑脱离了当时的物质文化，就不能说明问题。建筑虽然也有自己发展的特点，但不能脱离社会的发展。建筑不是纯技术的，而是社会文化的一个方面。因此，不能用建筑给社会历史划阶段，而要按照社会发展讲建筑。但是目前我国历史界对于社会分期和分段还有争论，我们写建筑史分期分段不要说得太死。大家提出用朝代标题，是比较好的办法。此外，建筑在阶级社会里一方面要反映劳动人民所创造的宫殿、庙宇、府第等大建筑，另外也要适当反映一些平民的建筑。

第二，书中的内容范围要广泛一些，但并不是每章都包括所有的东西，还是要有重点。总起来说，应当包括这些类型的建筑：城市、聚落、建筑群体、宫室、宫殿、坛庙、公共建筑（衙门、府第、会馆、剧场等）、手工业建筑、作坊、商业建筑、民间建筑（包括城市及农村的，富人及穷人的）、寺、观、塔、阙、牌楼、苑囿和园林、陵墓、水利工程、桥梁、防御构造物和其他（风景点及农村建筑和牛房、马圈等），事实上在古代的建筑和土、木、水利工程，常常不是划分得那么严格，那么清楚。因此，古代的一些伟大工程，像长城、都江堰、灵渠、秦始皇陵、大运河，都应当反映进去。写建筑史要充分反映我国古代文化的伟大成就。

第三，建筑史中要充分说明中国的文化、中国建筑是中华民族自己创造的。因此，对于外来的影响要做实事求是的估计。比如佛教是由印度传入的，但佛教建筑是中国自己创造的。中国的佛教艺术就和印度不同。应当讲中国建筑的特点，或者说构成中国建筑的主要因素。这里包括城市规划、建筑群体组合、建筑体型、建筑构造、以及装修、装饰、色彩等方面。中国古代建筑是以木构架体系的结构为主体，重点是讲这个体系的特点。但中国砖石结构也有相当的发展，所以也要讲砖石结构的特点。

第四，建筑史中讲民族关系不要回避历史事实。古代民族间有友好的交流，但也有斗争，只讲友好就不是事实。中国的文化是各民族共同缔造的，但其中汉族为主体，不要怕讲这一点。其实，汉族也是许多古代民族的融合体。汉族的文化高，必然要影响其他民族。由历史上看，文化低的民族总是要被融合到文化高的民族中来。我们写建筑史，仍是要以汉族为主，其他少数民族的建筑也有许多好的特色和创造，也不要忽视，要尽量反映进去。

第五，要注意利用文献和考古发掘的成果。古代文献有伪造的，还有一部分虽不完全真实，但有许多文献还是可靠的，能说明一定问题。像《考工记》，虽不一定完全是春秋战国时的作品，它的内容不一定全部都实现了，但应该说这本书是当时经验的总结。考古发掘不是证明古代文献完全不能用，反而说明了有许多是真实的。利用文献和考古材料，再作一定的推论，才能说明问题。只要有理由、有根据，作推论是可以的。完全没有推论，说明不了问题。我们写建筑史一方面要多利用我们新的资料、新的研究成果，同时，过去的研究成果也要用，甚至台湾发表的材料，外国人作的研究，只要是学术上的见解，都可以引为参考。

第六，全书的写法和内容。在序论中，每章论述建筑时，应当注意下面这样一些因素：（1）生产和生活等的实用要求（包括迷信、宗教的要求）。由于实用的要求，才产生了各类型的建筑。（2）建筑材料。（3）建筑结构。（4）建筑平面布局、体型组合。（5）建筑艺术，包括雕刻、壁画、装修、装饰、彩画、色彩及对建筑构件的美化手法。（6）用于建筑中的实用美术品。（7）室内布置和家具。（8）采暖、通风、防火、防震、上下水等。（9）建筑工具。（10）建筑设计和施工方法、建筑组织、建筑方面的著名历史人物等。上面所说的建筑类型和建筑因素，不必每段都有，可以把某个问题在某段内特别着重提出论述。

关于全书的结论，可以写下面几方面的内容：（1）基本规律和若干特点。在这里面可以发挥一些建筑理论。（2）各地区和民族间发展的不平衡性以及历史发展的不平衡性在建筑上的反映。（3）中国建筑的世界地位及其影响。论述的方法，每段应当综合论述，把实例组织到内容中去。各段的衔接要能看出历史的发展。上面所提出的应当包括的一些内容和建筑的基本因素，要在全书中有全面的反映，但每段要突出重点，某些问题可以着重在某段中叙述，而追溯到以前和叙述到以后的发展。总之，既要全面反映，又要突出重点。理论问题可以结合具体问题阐述，在哪一段合适，就写到哪一段。

图片应当采用组版的方法。这样既节省篇幅，又利于比较。字数不必限制得太死，实在太多了再压缩总比较容易些。不要因字数限制把好材料漏掉了。可以写到10~12万字。"

这次座谈会上，刘秀峰决定，在以往稿本的基础上重新编写出一个好的书稿。会上成立了中国建筑史编辑委员会，负责领导编写工作。委员会由刘秀峰领导，梁思成、刘敦桢、汪之力三人具体负责。委员会下设编写、图片、翻译[1]三个组。编辑委员会由下列同志组成：梁思成、刘敦桢、汪之力、王文克、袁镜身、李正冠、汪季琦、夏鼐、单士元、夏行时、杨耀、辜其一、戴念慈、陈从周、林宣、龙庆忠、卢绳、宿白、刘致平、陈明达、莫宗江、祁英涛、罗哲文、徐苹芳、潘谷西、郭湖生、赵立瀛、王世仁、乔匀、胡东初、张驭寰，共31人。

这次座谈会，不仅开阔了编写《中国古代建筑史》书稿的思路，明确了观点、内容和编写方法，而且鼓舞了编写人员的信心。由刘敦桢、梁思成、刘致平、陈明达、陈从周、王世仁、赵立瀛、潘谷西、郭湖生、罗哲文以及天津大学卢绳等同志分别执笔，重新拟定初稿（即第六稿）。刘秀峰并决定由刘敦桢、梁思成、汪季琦、袁镜身、乔匀五人负责审阅和修订（那时称五人小组）。

修订定稿

1963年4月写出了第六稿。这部书稿是根据大家讨论后新的精神写的。书中的观点，从绪论到各个章节的内容，都比以前几稿丰富和充实多了，但由于分别执笔，体例、文字很不统一，有些内容，还有许多问题需要考证、修改，尚有大量工作要做。

为了集中精力修改，便由刘敦桢、梁思成、汪季琦、袁镜身、乔匀等五人和建筑历史所的有关同志商定，暂时脱离原单位的工作，集中一段时间（在

---

[1] 当时，苏联建筑科学院正在编写《世界建筑通史》，提出中国建筑史部分由中国编写并提供俄文稿。从而成立翻译组。后因中苏两党关系破裂而中止。

建筑科学研究院主楼西配楼一间办公室），专心致志进行研究和修改。重点是解决以下几方面的问题：

第一，关于绪论。原来的绪论是梁思成写的，结构清晰，文词流畅。但内容偏重于建筑本身的发展，对于结合整个历史发展来叙述建筑的发展和概括建筑的特点着墨不够(该绪论后来已选入《梁思成文集》第四卷之中)。五人小组认为，应在原稿基础上，扩大范围，充实内容，同时适当增加一些插图。当时，梁先生也很赞同这个意见，便逐段研究修改，同时由历史所的同志选配了插图，从而完成了新的绪论(即后来书中的绪论)。

第二，对于新书稿的重要内容，进行了认真地研究，特别是秦朝以前一些内容，有的对照古代书籍进行订正，有的尽量从考古部门的发掘，找到佐证。大家都很认真负责，特别是刘敦桢，对于每一个资料的取舍，都要经过认真考证之后，才作判定，不随心所欲，主观妄论。

记得在研究秦朝"阿房宫"这座建筑的时候，认真查阅了《史记》，又查阅了《资治通鉴》，最后又翻阅了唐朝杜牧写的《阿房宫赋》和有关考古发掘的资料。据《史记》记载："先作前殿阿房，东西五百步，南北五十丈，上可以坐万人，下可以建五丈旗，周驰为阁道，自殿下直抵南山"，《资治通鉴》记载和《史记》一样，比较可靠。《阿房宫赋》是文学作品，无疑是有意夸张。但"上可以坐万人，下可以建五丈旗"这两句话怎么解释？上一句可以理解为宫台上规模之大，可坐万人；下一句怎么理解呢？五丈旗是否指宫台之高呢?经过详细研究之后才确定下来。

第三，关于全书章节的编排。为了搞得更好，又研究了古代一些史书的编法。如《史记》是采取"本纪"、"列传"等形式写的；《资治通鉴》是采取编年史的形式写的；而《纲鉴易知录》是采用"纲"、"目"的形式写的，各有不同，各具特色。研究之后，大家认为采用纵述横排的形式为好，根据历史发展纵向叙述，再按各个时期记述各类建筑。这样眉目清楚，层次分明，便于读者阅读。

第四，采取文图并茂的形式。每一章节中尽量选择一些有代表性的建筑图片编入其中。建筑图片十分重要，有些建筑实例，用文字难以表达清楚，但用图片表达便一目了然。文字尽量写得确切，通俗易解，有的地方需要注明的，加以注释。尽量不用晦涩不通的文句，全书保持统一文风。

大约有两个多月的时间，五人在一起研究修改书稿。刘敦桢、汪季琦、乔匀三位同志自始至终全天上班，梁先生和我有时因单位有重要会议或社会活动未能参加外，大部分时间也都投入这部书的修改之中。五人在一起研究修改书稿，虽然用尽脑汁，有时有不同见解，但都心情舒畅，相处融洽，通过改稿成为同行的文友。

在此期间，建筑科学研究院王世仁、傅熹年、杨乃济、孙大章、张宝玮、吕增权、叶菊华、金启英、詹永伟、张步骞、傅高杰、戚德耀、吕国刚、李容淦、朱鸣泉等同志为本书绘制插图180余幅，南京工学院朱家宝同志提供了不少照片。文字约10万余字。

六稿编写以后，各编委对书稿提出了许多宝贵意见，参加六稿编写工作的同志也发现了一些问题，于1963年6月到8月，由刘敦桢、王世仁、傅熹年、杨乃济、郭湖生等同志又编写了第七稿。对各时代建筑的特点作了若干分析和补充，文字增加到11万字左右。接着，执笔的同志认为，中国古代建筑的各种特点及其同中国社会发展的关系，主要反映在各时代的建筑遗迹和有关文献文物之中，可是书稿对现有资料的利用尚不够充分；已引用的又往往分析研究不够深入。因此，1963年冬再次搜集资料，着手编写第八稿。1964年3月到4月杨乃济、郭湖生、戚德耀、李容淦分别调查了西安、巩县、杭州的建筑遗物；建筑科学研究院王偕才同志协助收集并校核资料；刘敦桢、王世仁、傅熹年、杨乃济、郭湖生改编文字，补充内容，改绘图样50余幅,文字部分并经汪季琦同志修订,傅熹年同志补充注释,于1964年7月完成了第八稿,文字约13万字。同年8月建筑科学研究院组织了学术委员会,对该稿进行了学术鉴定。鉴定会由梁思成主持,鉴定结论认为该稿观点明确,内容充实,具有比较高的学术水平,是一部好书。

但在第八稿完成以后,因"文化大革命"十年动乱,书稿一直被搁置起来。

出版前后

1972年以后,成立了新的中国建筑科学研究院(原建筑科学研究院在"文化大革命"中被拆散),原来的建筑工程部也于1970年与国家建委和建材部合并为国家建委。这时我任中国建筑科学研究院院长。为了重新开展古代建筑史的研究,新成立了建筑历史研究所,由刘祥祯、程敬琪任正副所长。

刘祥祯同志同我商量《中国古代建筑史》这部书稿是否可以出版?因为这部书稿编写的过程我很清楚,我当然赞成出版。不过"文化大革命"中把我批怕了,为了慎重起见,我拿了原来打印好的一本书稿去请示谷牧(谷牧时任国家建委主任),谷牧大概浏览了一下内容后说:"这本书编写得不错呀!又没有政治方面的问题,我看可以出版。"以后,我将这个情况告诉了刘祥祯同志,并让他做好出版的准备,除个别地方不妥的、有错的内容和文字予以修订外,要尽量保持书稿原貌,不作大的变动。

天有不测风云之变。当书稿刚刚准备就绪的时候,"批林批孔"开始了,而且来势凶猛,如何发展?难以预料。那时我很担心,怕出此书引来大祸(因"文化大革命"中我已经有了挨批的深刻教训),因此,又将这部书稿暂时压了下来。

后来,国家形势逐步稳定下来。便由建筑科学研究院召开了一次座谈会,征求了有关高校及有关单位的意见,一致认为该书具有重要的参考价值,希望能将书稿付印,原参加编写单位也都赞成出版。随后又由建筑历史所刘祥祯、程敬琪、傅熹年、孙大章等四位同志最后进行了整理、审核,书前写了说明。说明中我定了三条:一是注明该书是建筑科学研究院建筑史编委会组织编写、刘敦桢主编的;二是突出了刘敦桢、梁思成两位专家的重要作用;三是说明落款为建筑科学研究院,不落我个人名字。此说明当时也是我亲自改过的。1978年3月全部书稿最后定了下来。这时我又报告了谷牧,得到了他的批准。

这部《中国古代建筑史》书稿送到中国建筑工业出版以后,出版社革委会主任杨俊、副主任杨永生同志非常重视,认为该书出版有重要价值,并决定乔匀和杨谷生二位同志作为责任编辑,认真作了审核、编辑加工,于1978年正式出版了平装、精装两种版本,装帧精致,并各赠我一册,加盖了出版社的赠阅章作为留念。该书在全国发行以后,受到建筑界广大读者的欢迎和好评。1981年4月荣获国家建工总局建筑科研成果一等奖。

这部《中国古代建筑史》的编写,是建筑界的集体创作,许多同志都为此书付出了辛勤的劳动和智慧,这里既有以刘敦桢、梁思成教授为首的专家的贡献,又有以刘秀峰同志为首的领导干部的贡献。这部书的编写,历时达7年之久,是建筑界系统地研究中国古代建筑的一次创举,也是建筑界一次规模巨大的具有重要意义的活动。

岁月如逝川,现在已经过去了几十年。当时为编写该书而作出卓越贡献的刘秀峰、梁思成、刘敦桢、汪季琦等同志,都已先后谢世。但他们的业绩都已铭刻在书中而永垂青史。

我写《中国古代建筑史》的编写始末这篇文章,既是对该书编写、出版过程的记述,以达存史育人的目的,也是表示对逝者的深切怀念。

2000年3月10日于北京

记苏南工专几位前辈老师

蒋孟厚

刘敦桢(士能)先生是1923年9月在苏州工业专门学校(以下简称苏工专)建立建筑专业学科的创始人之一。这是我国近代工业教育史上第一个培养建筑学专业人才的学校。当时许多高等学校，只设有土木系科而没有建筑系科。从日本留学回国的第一批建筑专家们在此开启了第一个教学基地。

柳士英[1]、刘士能、朱士圭[2](被称为建筑界"三士") 和黄祖淼，曾在日本东京高等工业学校攻读建筑学。回国后，刘士能和朱士圭在上海创建华海建筑师事务所，这也是我国最早开设的建筑师事务所之一。因为深深感到兴办建筑教育的需要，柳、刘、朱、黄四位应刘勋麟校长之邀，创建了建筑科。

苏州工业专门学校与交通大学的前身高等实业学堂相比，各种设科、年制都是相同的。预科班相当于高等实业学堂的中院，不同处在于苏工专还有甲种班，相当于中等专业班。

1927年苏工专建筑科奉命并入前南京中央大学(今东南大学前身)。刘士能先生在中大继续任教。刘先生治学精神十分严谨，据后任校长邓邦迪先生回忆，在苏工专执教时，刘先生的课余时间，全部用在读书上。当时教授们的一些课余娱乐活动，刘先生仍不费时参加。研究工作寒暑无阻，惜时如金。对苏州等地古建筑的研究，费尽心力。古屋有的已经腐朽，经不起攀登，刘先生不惮危险，凡测绘分析，事必躬亲。刘的弟子邵俊仪先生说，刘先生对学生在学习上要求极严，不能尽责的常常受到正言厉色的训教，而对后学者的生活和工作条件，又备极关注，亲自安排解决，是不可多得的严师和宽厚的长者。

1945年抗日战争胜利。邓校长在苏州恢复苏工专，先设纺织、机械、土木三科。后于1947年恢复了停办20年之久的建筑科，请蒋骥[3]为建筑科主任。除了建筑界"三士"之外，蒋骥、程瓈[4]、黄祖淼也是日本东京高等工业学校毕业生。蒋骥、柳士英、程瓈都因学业优秀，曾荣获该校奖金和奖状。他们这六位同学，都先后在苏工专执教。他们的办学方式，也有日本工业教育的影响。在重建建筑科时，蒋骥曾征求过刘士能对办学的意见。他们都认为培养内容应广泛，但基础要扎实。包括从建筑物形式到内容、规划到构造、施工与经济管理等的训练。蒋骥认为，苏州地处沪宁之间。在建筑风格上，上海的海派和南京的京(南)派各有特点，要吸收两派的长处，建立自身的特色。为此，常请沪宁两地名师来校讲学、上课或讨论。黄家骅、张志模、丁子樑、李德华、吴一清、陈从周都长期来校上课。以苏州名园沧浪亭和可园作为校舍，学生在古典园林中上课、写生和休息，这种环境对培养学生的情操，有特殊的效果。

记得刘先生说过，建筑课程设置，每种课程都必须妥为安排。他以意大利著名的工程师奈尔维为例，说明结构工程师也能创造出有强烈个性的建筑物来，结构与建筑是不可分割的整体。中国古代大匠，是不分建筑和结构的。米开朗琪罗是雕刻家、力学家，也是建筑家。

刘先生介绍朱葆初[5]先生来校执教，朱为昆山人。早年毕业于金陵大学文学系。后入关颂声创建的基泰工程司，学习建筑设计。以后自行开设朱葆初建筑设计事务所于南京。曾参与设计南京阵亡将士纪念塔(今灵谷寺塔)及国民政府外交部大楼等建筑，为陶行知所创办的晓庄师范义务设计校舍，并亲临监督施工。朱先生对工程质量十分重视，在沪宁之间，一听说有重要工程，必定亲临考察，吸收新思想和新技术。很尊重工人的智慧和劳动，与工人们打成一片，能用工人的语言和表达方法来进行交流。有一次南京刮起飑风，晚上听说城外山上有一

蒋孟厚(1920~   )，西安交通大学教授，50年代曾是苏南工专建筑科最后一任主任。

座建筑被大风刮倒了。因为他设计的一座儿童院在山上。听了一夜未曾合眼,次日清晨急忙登山,远望院舍还在,近看只有一个屋角被台风吹掉两张瓦片,没有伤人,才放下一颗悬念的心。儿童院是宋美龄办的,收的都是国民党军人的遗孤,如有孩子因屋坍而伤亡,主管建筑师是要枪毙的。

朱先生对我说,建筑设计中的每一项措施,都要能够说出一个为什么要这样做的所以然来。他以吕彦直先生的中山陵设计为例,为什么祭堂的四角要突出呢?祭堂的平面是方形,作为祭奠的殿堂,四角接上四个接待室,外形为四个角墩,形象有创意,但主要功能是能够满足同时交叉接待数个外交团体谒祭、休息和交谈的需要。各接待室之间的流线互不干扰。四个接待室的卫生间,只设局部下水化粪池,用提桶代替抽水马桶,省下了全陵铺设下水道的费用。国民政府经费支出捉襟见肘,又要面子,只有价廉物美的才能中标。朱先生自己也参加过多次设计竞赛,他的建筑彩绘曾获巴黎博览会奖,上海市政府总规划获第二名。

朱葆初先生一生爱好搜集图书,他的大部分收入,都用在购买古今中外的建筑图书上,在苏州或在西安时,每星期都要去各大书店一二次。退休后,他把全部图书捐赠给苏州市图书馆。我最后一次见到朱先生时,他已82岁,不能下床了。他的床放在卧室中央,背靠一个书架,床上床下到处是书,伸手随时可以取到,书籍仍是他晚年的精神食粮。

程璘字筱秋,江西人。他与蒋骥、柳士英都曾参加日本建筑学会。回国后在江西创办工业学校。1950年到苏工专执教,并积极参加教学研究工作。除了上课之外,每日按时上班。其实,作为一名教授,并无规定要按时上班。但程仍不遗余力地参与教研工作,留心一切教育事业中的新事物,对于一个年过花甲的老者来说,这种敬业精神是很可贵的。当时作者在建筑科工作,常与程老讨论工作到很晚。但因解放初期会议和运动很多,程老常因找不到我而生气,并直言不讳地提出批评。他为人耿

苏南工业专科学校沧浪亭校景,俗称罗马大厅

直，对学生要求很严，对工作十分认真，也是我的严师。

朱士圭，江苏无锡人。苏工专建筑科始创人之一。自幼长于数学，深得他中学数学教师的青睐。虽然在日本学的是建筑，但对结构分析，思路十分清楚。解放前，我曾在他创办的华安建筑师事务所工作过，曾为我讲解曲梁问题，把曲梁受扭等机理分析得很透彻，使我至今不忘。朱先生对造型也很讲究，解放后出版了一本《门窗图集》。

以上是我在几位父辈建筑师指导下工作和学习的回忆，录此作为对他们的尊敬和纪念。

2000年3月10日

注释：

[1] 柳士英(1893～1973)，字飞雄，江苏苏州人。1907年入江南陆军学堂。1911年辛亥革命爆发，参加苏州光复活动，担任北伐先遣营营长。二次革命失败后，逃亡日本，考入东京高等工业学校建筑科。1920年毕业回国在上海与留日同学创办"华海建筑事务所"，为我国最早在沪创办的建筑事务所之一。1923年在苏州工业专门学校创办建筑科，任科主任，开创我国现代建筑教育之先河。1928年任苏州市工务局长，主持苏州城市建设与规划。1934年任湖南大学土木系教授，湖南克强学院土木系主任。解放后任湖南大学土木系主任，创办了建筑学专业，先后任湖南工学院院长，湖南大学副校长。湖南省土木建筑学会首任理事长。1973病逝，终年80岁。

朱士圭1957年摄于无锡

[2] 朱士圭，江苏无锡人。1918年毕业于日本东京高等工业学校建筑科。回国后与柳士英等创办"华海建筑事务所"。后又与蒋骥创办"华安建筑事务所"。1923在苏州工业专门学校创办建筑科，与柳士英、黄祖淼等留日同学共同执教。曾任南京政府兵工署技正等职。

[3] 蒋骥(1892～1963)，字子展，江苏常州人。1918年以优秀成绩毕业于日本东京高等工业学校建筑科。回国后，参加东北四洮铁路和青岛、上海港务建设工程，在湖南省任测绘所主任，后任北京工专及中国大学教授、上海中华职业学校土木科主任、大夏大学土木系教授，同时与留日同学朱士圭合办华安建筑师事务所于上海。1947年在苏州苏南工业专科学校恢复早年停办的该校建筑科，任科主任兼校教务主任。解放后曾任苏州市教育工会主席。蒋骥是本文作者蒋孟厚的父亲。

蒋骥1918年摄于东京

[4] 程璃，字筱秋。江西人，1918年毕业于日本东京高等工业学校建筑科。留学时，他同蒋骥、柳士英等都因成绩优秀获奖，并参加日本建筑学会(参加该会的还有朱士圭、黄祖淼等)。回国后，曾在江西创办工业学校。1950年应邀到苏工专建筑科任教，并协助蒋骥组建和发展建筑科，成果显著。1956随苏工专西迁，并入西安建筑工程学院任教。

[5] 朱葆初(1900～1985)，原籍江苏昆山，生于苏州。早年毕业于金陵大学文学系。后入关颂声创办的基泰工程司，学习建筑设计。学成后自行开设朱葆初建筑事务所于南京。曾参与设计南京阵亡将士纪念塔等工程。抗战时拒任伪职，以家庭教师为生。1950年执教于苏南工专建筑科任教授，后随校迁入西安建筑工程学院，1960年调陕西省建筑设计院，1963年退休回苏州。

柳士英

(左起)朱葆初、程璃、蒋骥1955年摄。

"文革"后第一个"春天"研究生设计课现场教学回顾

沈玉麟

我年临八秩,仍在教学第一线。漫长的教学历程,风风雨雨,潮起潮落。其中"文革"后第一个"春天"、80年代初涌现的第一次教学高潮是我一生中印象最深、难以忘怀的事情。

一、1982~1983年的3次研究生课程设计现场教学

1982~1983年天津大学建筑系先后三次组织研究生课程设计现场教学。第一次于1982年夏秋之交赴有"海滨邹鲁"之称的福建泉州。第二次于1983年春赴"荆州古城"江陵和湘西土家族苗族自治州古城永顺。第三次于1983年夏秋赴"南疆绿洲"喀什。指导教师有我和李雄飞二人(李老师未赴江陵、永顺)。研究生有规划专业华镭、戴月、吴唯佳,历史专业杨昌鸣、王其亨,建筑设计专业覃力、张华。每次现场教学由以上七位研究生中的五六人按不同专业搭配组成。每次教学时间为一个半月有余。除途中调研外,到泉州、永顺、喀什工作时间约四周五周。江陵因是途中顺访,在当地仅工作一周。

这是"文革"后的首批研究生课程设计现场教学。当时在邓小平同志拨乱反正、振兴教育的指示下,师生们意气风发、热情高昂,投入了教学与生产相结合的滚滚热潮。

我们进行现场教学的城市泉州、江陵、喀什为历史文化名城,永顺为湘西古城。当时"百废待兴",有的正待修改"文革"前规划总图,准备迎接日后的恢复建设。我们每到一地,党政领导和规划设计单位均热情接待,大力配合,在工作上和我们结成一体,给了我们由衷的支持和极大的鼓励。

二、通过实地调查,对名城的历史、文化和建筑文脉有一个直观的认识

我们所去名城分属不同地域,其政治、经济、社会、文化等背景不同,有的则是民族地区。

它们都曾是古代文明荟萃之地,蕴涵着极其丰富的历史文化信息。千年以来,这些名城,以古代城市文明哲理,整合了人与自然、物质与精神、继承与发展的辩证关系,其遗存的城市物质载体和珍贵历史遗产,是后人必须予以重点保护的。

我们每到一地,认真听取市里对城市历史演变、城市现状、以往规划设计情况介绍和今后发展的设想,查阅有关地方志书及各类图档文献资料。除实地调研本市区及其数十公里外历史文化影响圈内的古县镇、古遗存外,还奔赴与当地建筑历史文脉相关联的外地城镇,进行采访和学习,使师生对城市和地区的历史、文化和建筑文脉有一个直观的认识。

三、保护名城特色,保护和完善名城的原有结构和历史格局

我们在泉州、江陵、永顺、喀什作粗线条结构性城市总体规划时,工作的重点放在如何保存名城特色、保护和完善名城的原有结构和历史格局。

工作重点之一是鉴于这些名城的建成地区已近饱和,且它们均为省内或自治区内政治、经济、文化等不断发展的重点城市,预测其未来发展规模将可能接近或超越原有城市规模,如在原地进行新的大规模建设,既无回旋余地,又破坏原城市结构和历史格局,故规划中采取择地另辟新城或新区,即"脱开旧城建新城,新城建成,回过头来改造旧城"的方针。

工作重点之二是鉴于这些名城均是千年古城,有众多的历史遗存、迥异的民族风情和独有的地方特色,其现存城市结构均为历史上长期积淀的规划结构、规划秩序和自发结构、自发秩序共同作用的结果,其城市规划秩序是古代礼制社会所形成的,而自

沈玉麟(1921—   ),1943年毕业于杭州之江大学建筑系,1948年和1949年获美国伊利诺大学建筑学和城市规划双硕士,现任天津大学教授。

发秩序则是市井社会市民阶层的集体智慧自发形成的，故如何处理好这历史上早已存在的两种城市结构、城市秩序是名城保护和改善的另一项重点工作。自发秩序之所以常葆青春是由于切合历代市井社会经济发展、文化心态和市民生活的需要。千年古镇的迷人之处是自发结构、自发秩序所引发的独特魅力。其"看似无序却有序"、"看似无情却有情"的表象后面隐含着历史积淀的精神风貌与文化内涵。自发秩序一旦形成，其建成环境中的社会与人文特征常以历史和文化的信息固化于物质结构之中，而表达的历史、文化意义具有多价性和多义性。

四、保护和完善城市历史地段、历史街区和历史文化环境

我们为泉州、永顺、喀什在保护和改善城市历史地段、历史街区和历史文化环境等方面作了若干保护和改善规划，如泉州开元寺、承天寺、清净寺、十里长街及其周围历史街区的保护规划；如永顺古城中心地段和古街巷的保护规划；如喀什艾提卡尔大礼拜寺及其周围历史街区保护规划以及原古城堡民族聚居区的保护规划等等。

设计的思路与总体规划同，即尊重历史地段、历史街区和历史文化环境原有的规划秩序和自发秩序，使市民对"过去"拥有一片"记忆"和若干"旧"的回忆。设计中除维护和完善原场地中的旧有建筑与外部空间各部分之间的规划秩序外，对自发秩序则探究其人文内涵与文脉底蕴，使我们设计中的复原部分、改建部分与新增部分与原有地段或街区的自发结构与自发秩序结成一体，不失其原有历史意蕴和特色。对城市历史环境则通过保护与改善使自然的与人文的，实境的与虚境的，有形的与无形的得体合宜，有机生成。

虽已时隔十七八年，岁月悠悠、往事多多。但这先后3次现场规划设计中使我们师生永志不忘的是当年接待单位的那股政治热情、支教热情和那股无私爱心。

忆范志恒

张良皋

范志恒建筑师，1937年毕业于中央大学建筑系，比我在此系毕业之期早10年。于我，他是一位谊在师友之间的老学长，但并无早年交往。1952年某日，中南设计院总工程师王秉忱先生陪范先生到武汉市设计公司(今武汉市建筑设计院的前身)来参观。王公是中大建筑系1935年毕业的更老的学长，少不了介绍我们这些学弟相见。晚上由王公作东，请我和比我晚一年的系友张近仁(武汉钢铁设计院总建筑师，已故)作陪，到汉口华清街李合记吃这家著名的鱼宴。在餐馆少不了谈餐馆，我提到中国餐馆常把炉灶红白案摆在门口，听人监督，似有优越性……云云，竟大得范先生首肯。他谈他在抗战中辗转流亡于粤桂黔川，曾自己开过餐馆卖广东食品，炉灶案板就如此摆布。他的手艺和卫生条件固然置于顾客监督之下，而吃白食的朋友也休想逃过他的监督开溜……。这样一聊，我们之间距离拉近，我这小学弟似乎得到他的"认同"。

范先生非常健谈，在香港Palm and Turner建筑师事务所工作，这家就是著名的"巴马丹拿"事务所。到过上海外滩的人，都知道汇丰银行是巴马丹拿事务所早年的设计；而后来的中国银行大楼，范先生是主要参与者，苏州河口的"百老汇大楼"，更是范先生凭其高超技艺，一手"抢"得设计权的。王公向我们申明来意，要代中南设计院罗致范先生，我们当然立即助兴怂恿。当时范先生手头，恰恰完成了香港"第二代"中国银行的建筑设计，与大陆官员们打过交道，大陆当时社会主义建设之一片繁荣，委实感动这位世代华侨的"赤子之心"。范先生表露了他愿回大陆工作的意向，而且谈到一些具体问题，例如工资，他不能不要求拿当时大陆的最高工资：每月400元人民币，相当于当时"港纸"800元。他在巴马丹拿的工资早就是1400港纸，回到大陆，还得用人民币换港币汇到香港养家。这一点，大家当然理解，一切都由王公操办。此后不久，范先生就顺利地进入中南设计院，担任了三位总工之一(其余二位，一是王公，另一是殷海云，中大建筑系1943级)。我们做的重要建筑方案，常由鲍鼎老师(原中大建筑系主任，时任武汉市建委副主任)出面，邀请包括范先生在内的一些名师来评议。范先生目光锐利，逻辑谨严，辞锋老辣，每令我们这些学弟抓耳挠腮；但范先生指点所及，常常就是我们的痒处甚至痛处。对于这样的指点，一个认真的学弟不能不佩服。

此后，范先生在中南院的工作，基本上是如意的、成功的，但也出现一些波澜。1956年的肃反，范先生俨然成了一个"反革命小集团"的头子；后来证明没事，又被请上武汉节日游行的观礼台。对于这样的肆意捉弄，在强烈自尊的范先生心中，似乎并不容易办到"宠辱不惊"，下文马上见到。

1957年6月5日，中共武汉市委召开座谈会，邀请一些设计技术人员揭发"三害"，号召大家大胆鸣放。应邀到场的有9人，其中就有王公，范先生和我。严格说来，我不算数，邀请的本来是我们武汉市设计院黄康宇总工程师(中大建筑系1944级学长)，由于黄总出差，临时拉我凑数。事后证明，黄总逃脱了一次无妄之灾。我也无所谓倒霉，经过众多"生前友好"分析，我到场与否都无关大局，反正逃不脱那顶"右派"帽子。到了场，不但叨了一顿午餐，又在当时武汉最豪华的德明饭店睡了一场午觉，而且右派的"级别"也大幅度提高，对三年以后得到早期脱帽起了不小作用……云云，所以我和黄总"双赢"。

座谈会在和风细雨中进行。第一位发言是黑色冶金设计院的向恭柱总工程师。他说在鸣放中一提

张良皋(1923~　)，华中理工大学建筑系教授。

领导缺点，马上有人不服气，质问"成绩自何处来？"向总认为这种思想在共产党员中不应该存在，否则慈禧太后也要不服气，因为她也办过南北洋海军，盖过颐和园……。第二位是公路设计院的王毓霖工程师，第三位是黑色冶金设计院的陈振翊工程师，第四位是汉口煤矿设计院的董文秀老总。大家都娓娓而谈，空气逐渐活跃，第五位就是范先生，比较起来，他的谈风似乎更符合"大胆"的号召。

范先生首先说，这次整风是"和风细雨"，只有违法乱纪才惩办。但什么是违法乱纪，应该学习一下宪法和有关法律，使大家体会什么合法，什么不合法。他说，矛盾的产生在于不公，他的四个孩子中，祖母只喜欢老四，其余几个就跟老四斗。现在我们应该看看党的政策在哪一方面偏了。他说，在他们院里的党员工程师能提升两级，两个初出茅庐的党员工程师身兼八个总负责人。共产党的领导是应该，但共产党员的利益不应"高于一切"。孙中山号召"天下为公"，现在只做到"天下为共"，事事都只为党员提供方便。他说："我在北京一朋友家吃饭，听见隔壁有女人哭，原来是离了婚的老干部夫人，后来才知道许多老干部离了婚，改组家庭。我父亲是华侨，几十年不回家，都不离婚，现在离婚法似乎太方便。"

范先生接着批评一些共产党员，只有"政治嗅觉"、"政治面孔"，却缺少政治修养。只是皮毛地了解一下政策，对人要求高，自己却露出尾巴，不能服人。由于只靠政治嗅觉，不免产生邀功思想，这毛病跟建筑师们的"杰作思想"一样。设计院内的肺病胃病一天比一天多，有人说是传染，其实是思想不痛快而强要工作，因此患上。

范先生对当时流行的把党内外关系比喻作"墙"与"沟"的关系还认为不够贴切，他说应该是"海与岸"的关系。"入党"就是"上岸"，上了岸就行动自如；在海里却要用力游泳，担心风浪。

范先生谈到干部们对"旧人"的看法。他说，老教授、老工程师都从旧社会来，大家为人民服务，本不在乎信任或不信任。倒是一些干部的看法可虑。中南院有的领导干部说，新生力量一起来，就要把"他们"丢到垃圾箱里去。现在整风，就得区别：谁是垃圾？范先生讲到这里，似乎抑制不住愤慨，他的广东话"Lasha"人们听不懂，赶快有懂广东话的同志加以翻译，大家才理解这位本来出语也算温和的先生何以疾言厉色。往下范先生的语言竟情不自禁爽性锋利起来。他说，旧工程师还有用，可见暂时不是垃圾。垃圾还是有的，比如，有一位"高级干部"在肃反中顶积极，满口马列主义，居然在汽车上当扒手露馅。有一位工程师未完成任务，挨批评，被大事宣扬；就在当天，恰有一位转业军人干部在新华书店偷书，就只私下说两句。这次整风如果不把这些垃圾吹走，就是对共产党的讽刺。

范先生最后还谈了一些由于具体问题引起的矛盾。中南院广东人多，生活不习惯，卧具衣服，都得寒暑两套，增加开支。原说海外调来的人薪水三七分，允许汇钱出外养家，搞了些时，不办了……。肃反时广东人都变成了对象。我这才了解，范先生大概帮广东人说过话，所以成了"反革命小集团"的"头子"。

第六位发言是王秉忱先生。王公厚重诚笃，老成练达，该说的话都说了，但决无刺激，我以为十分得体。上午有六位发言，我窃幸可以来个交白卷走路。但，不。留饭。当时公款吃喝是异数，我不习惯，但盛情难却。饭罢，我以为该走了，但，不！说房间已开好，大家午休，下午再谈。这却"苦也"，硬是走不脱。我恰恰被派与范先生同一房间，这是生平与范先生最"贴近"的一次。我问："那位在汽车上当扒手的仁兄，真是高级干部吗？"

范先生笑了:"他在肃反时有权看别人的档案,当然该是'高级干部'啦。"

下午第七位发言是武汉电力设计院的汪自修老总。剩下铁道部与四设计院勘测处汪菊人老总和我。我自问在场数我年龄最小,职位最低,"人微"自必"言轻",这"老九"当然非我莫属。但汪菊人先生似乎也下定了决心放弃老八,争当老九。会上冷场达半小时,场面十分尴尬。经不起市委书记宋侃夫同志的再三敦促,我只得认输,当了老八。我努力向王秉忱老学长学习,尽量温和、委婉、务实、避免尖锐化,也避不着边际。一时场上鸦雀无声,记者们尤其如获至宝,走笔如飞。我窃喜我的发言也和王公一样得体,还居然有记者友好地询问我引用唐诗"何必珍珠慰寂寥"一语的出典。汪菊人先生毕竟当了老九。唯一乘兴补充发言的是第一位发言的向恭柱先生。座谈会在十分和谐友好的气氛中收场。

第二天《长江日报》作了报道,竟把我的发言排在第一;不但此也,还把我引用的唐诗作为题目,发表了一篇特写。历史已经证明,这次的报道和特写是钉在我右派棺材盖上最结实也最华贵的镀金钉子:在1958年的"扩大化"中我被"扩大"进去。范先生更惨,1957年就兑了现。王公以其长者风范、人格魅力、未罹重谴。"老九"汪菊人先生以其炉火纯青的发言,应付了这一场面——语音刚落,人们立刻记不起他说了啥,汪先生理当是"吉人之言寡"。至于其余五位,在反右中吉凶如何,我至今一无所知。但从他们发言的内容看,都不免犯了"良药苦口"、"忠言逆耳"之忌,恐怕凶多吉少。这些肺腑之音,在改革开放,加速民主化的今天,就算有所冒犯,也不过小菜一碟;在当时的气氛中,实在也是自然流露。我至今也不相信反右是一场"阴谋"。所谓"阴谋",是事先暗地有所谋划,我不相信有此,而当时一些政坛耆宿也无人相信有此。我宁可相信毛泽东的论断:这是一场"阳谋",尽管"阳谋"比"阴谋"更难界定,更缺乏"可预测性"也罢。王毓霖先生在会上谈"顾虑"最为通明透亮。他说他有顾虑,但并不严重;他明知政策说的是"不报复打击",但不是百分之百,过去武汉就有"纪凯夫事件";"有辩证法嘛:现在不整是对的,将来整也是对的。"他希望他的顾虑是"多余"。王先生其实说出了大家的共识,明明知道有"整与不整的辩证法"作为并非阴谋而是阴谋以外或许可称为"阳谋"的理论基础,也要对一个似乎应当信赖的领导群体做到"知无不言,言无不尽"。这是本不愧为人类精英的中国脑力劳动者"九死无悔"的一段痴情,是非功过,一言难尽,姑且置之。

范先生划成右派,当然陷入困境。特别到了"三年自然灾害时期",连生存也朝不保夕。万般无奈,他曾承认自己不够资格当中国人——他久居香港,自然拥有英国国籍;他父亲是巴西华侨,他要取得巴西国籍当然也易如反掌;但要一个爱国主义者如范志恒自己说出"不够资格当中国人",该如何痛心疾首!"驱逐出境"?异想天开!不久传来他的突然死亡:病死?自杀?他杀?……言人人殊,近日有人说他死于急性胰腺炎,虽近在咫尺,我们都不知其详;甚至有传言,他是饿极之后,过多地吃了香港寄来的罐头饼干,"撑死的"!范先生如果死得如此"别致",倒也不失为富有特色的建筑大师之死!

范志恒之为建筑大师,难道还须什么"权威方面"来追封么?光是作为驰名世界的香港巴马丹拿建筑师事务所的头号台柱,不是大师怎能蹲得牢!他在上海外滩留下的中国银行和百老汇大楼,已经列入中国近代建筑的古典。香港第二代中国银行,解放后的大陆当局并未去找贝聿铭,而是找范志恒。范志恒的精心设计,为香港中环平添光彩,已是历史事实。范先生比贝聿铭出道稍早,如果不死,第三代的中国银行该找贝聿铭,还是找范志恒?几乎不待龟卜。以范先生对中华建筑文化的深厚功底加上他对现代建筑技术的精湛知识,他出手设计第三代中国银行,水平决不会亚于贝聿铭;尽管贝先生也是一位奇才,而且贝氏家族与中国银行关系深厚,一旦公平竞争,贝先生也未必能占上风。[1]

范先生事事高人一头,我从一张照片引出的故事感受殊深。那是在中央大学艺术系音乐组老学长、湖北音乐学院谭素容教授府上,看见范先生为她拍的一张照片。谭学长早入中年,范先生的照片表现了一位有高度文化教养的妇女之娴雅、成熟,真正上乘之作!我向王秉忱先生谈到我的观感,引起他深长叹息。他说,范志恒处处精明,光照相机就"玩"得出神入化。他竟能在香港旧货店低价买进照相机,加以修理,然后高价卖给原旧货店。店主明知是自己店里卖出的,也架不住范志恒之理直气壮:"你卖给我的是不能用的,我卖给你的是修理好的,你还可以更卖高价赚钱。……"连店主也不得不心悦诚服地再度收进他卖出的"旧货"。

范志恒之死至今是疑案,但我们说他是死于莫名其妙的"反右斗争",那错不了。反右斗争不知斗死了多少民族精英,在建筑界就斗死了像范志恒这样的"贝聿铭"或"超贝聿铭"。"四人帮"倒台之后,经过拨乱反正,范先生当然已经得到昭雪。他有一位在澳洲当建筑师的大公子来武汉看望他的骨灰,好心的陪同人员询问大公子:"你是不是打算把范先生的骨灰迁往国外?"这位大公子的回答令人凄怆:"我们华侨长辈临死照例要立遗嘱,把他们的骨灰运回唐山安葬;我父亲的骨灰已经安顿在祖国,我们子女怎会把他的骨灰又搬到国外呢?"

愿大家对海外华侨"赤子之心"多一点理解,好让范先生在天之灵得到安息。

2000.4.22 子夜于
华中理工大学建筑系

---

[1]我自知此论恐难取信于人,然未敢缄默。目前流行一种心态:对"国产"建筑师信不过。大家都该承认,建筑师的成就颇赖机遇。我们看贝聿铭先生1937~1938年在校(MIT)作业(Havard Bush-Brown:Beaux Arts to Bauhaus and Beyond,P.29,37),便知他的在校成绩比同时期的中央大学建筑系学生作业平均分高出不了多少。我们在礼赞外国大师时,多半不知道外国大师身后常有中国班垂弟子的支持,例如赖特身后的周仪先(Linpo)老学长,密斯身后的黄耀群(Y.C.Wong)老学长。不吐不快,但点到即止,以免枝蔓。

修索道是泰山现代化的象征吗?

曾 坚

1980年5月,中国建筑学会在山东泰安召开第四届理事会第四次常务理事扩大会议。会议结束前,泰安地区邀请与会建筑师讨论泰山游览区规划。参加讨论的有杨廷宝、戴念慈、张开济、张镈、金瓯卜等20多位建筑界头面人物。

会议开始后,首先由泰安地区政府负责人和泰安地区建委领导人向专家们介绍泰安"现代化规划"。他们说,泰山缆车索道是泰山现代化的象征,我们把这条索道放在泰山正面一个突出的位置上,索道位置已经作了勘探,且索道设备已向国外定货等等。

他们万万没有料到,听完介绍,专家们都沉默不语,足足等了一刻钟之后,才有一位专家开口说:"我看这个方案不行,破坏了泰山景观。如果要建缆车索道,也只能放到后山较隐蔽的地方。"这时,其他专家也开始发言,大家都否定了泰安提出的方案。

那天,泰安地区的领导兴冲冲地夹着方案图纸来到会场,本以为这些全国闻名的建筑专家会首肯他们的泰山"现代化规划方案",并且还会加以赞赏。对专家们这些突如其来的与原来期望完全相反的意见,领导们感到茫然,甚至表情上还有些发呆,只是支支唔唔地说什么这件事地委已经决定,省上领导也已点头,而且设备已经定货,估计不大可能作太大的变动等等。

这时,除了杨廷宝(在耐心地向他们解释大家的意见)和我(时任学会副秘书长,且这次讨论会由我主持)之外,全部专家都已陆续溜出会议室。有一位专家临走时还说:

"泰山不仅是泰安人民的泰山,也不仅是山东人民的泰山,而是全国人民的泰山。"

这次讨论会,就这样不欢而散。

事情的发展,还不止于此。过了些日子,泰安地区领导人还向国务院副总理兼国家建委主任谷牧诉苦,表示难以听从专家意见,希望谷牧支持他们对原方案不作修改。但是,他们又一次未料到,谷牧说,"对专家意见要尊重,连我都要倾听专家们的意见,难道你们可以不听?!你们应该根据他们的意见再做方案,再把他们请来审查。"

当年8月7日,国家建委、山东省人民政府邀请40名专家教授,再次讨论泰山缆车建设方案。专家们依然坚持索道建在山后。最后,业主采纳了专家们的意见。一场关于缆车索道是不是泰山现代化象征的争论就此划上了一个句号。

曾坚(1925~   ),中国建筑学会室内设计分会会长,曾任中国建筑学会副秘书长。

陈占祥的一片丹心

曾 坚

1949年9月19日，梁思成先生在致聂荣臻（时任北平市长）将军的信中说："陈占祥先生在英国随名师研究都市计划学，这在中国是极少有的。"解放后，他应邀到北京，与梁思成先生共同拟定了北京城市发展规划方案。可惜未被采纳。至今，人们都认为，这是我国城市建设史上一件无法挽回的憾事。晚年退休前，陈先生曾任中国城市规划设计研究院顾问总规划师。

1988年，他应美国4所著名大学之邀，赴美讲学，历时两年。他在美国讲学，从没有成文的讲稿，而是以他丰富的理论知识和国内的实践经验以及流利的英语为基础，使他的讲学非常生动，到处受到学生的欢迎和校方的赞扬。

1989年春夏之交的事件发生后，美国政府认为这是把陈占祥留在美国的一个绝好机会。美国方面认为，陈先生在反"右派"运动中和"文革"当中受过许多不公正的待遇，且又有子女在美国工作，只要以物质利益相诱感，陈先生定会留在美国。他们不止一次地派人到陈占祥的住处，处心积虑地诱劝，表示要像对待"精英"那样给他优厚待遇，并答应发给绿卡等等。这些耀眼的诱饵却丝毫未打动陈老的爱国赤子之心，他说："我可不愿作这样的'精英'，我的窝在中国，我的事业在中国，我是中国人嘛！我怎能舍下这一切呢！"美国奈何不得他，只能一次又一次地灰溜溜地走开。陈先生讲完学之后，于1990年4月毅然回到北京。

至此，故事并未了结，转年1991年，陈占祥随城乡建设部部长侯捷出访加拿大。回国时，拟取道美国，在向美驻加拿大使馆申请签证时，全团所有的人都获得签证，唯独陈先生一人竟被美国拒签。当时，我们大家都说，陈占祥获得了一次光荣的拒签。

陈占祥（1916~ ），40年代曾在英国利物浦大学获城市规划硕士学位，后又获伦敦大学城市规划博士学位。1949年后任北京市都市计划委员会企划处处长，后又任北京市建筑设计院副总建筑师。晚年曾任中国城市规划院顾问、总规划师。

曾坚，见本书第75页。

云南民居调研中的苦与乐

王翠兰、陈谋德

1986年我们和饶维纯、石孝测共同编著的《云南民居》由中国建筑工业出版社出版，获１９７８～1988年全国优秀建筑科技图书部级二等奖，1993年又出版了我们主编的《云南民居·续篇》该书获云南省科技进步二等奖。1999年仍由我们主编的《中国建筑艺术全集·宅第建筑四(南方少数民族)也由中国建筑工业出版社出版了。看到40年来民居调研成果公开发行，并为《中国民族建筑》、《中国建筑艺术史》、《中国传统民居》、《云南艺术史》、《云南少数民族住屋》等专著所引用，万分喜悦和高兴。书中60年代测绘的西双版纳宣慰街缅寺窟龙，由于已毁，成为重建的依据。这些书是云南省设计院设计深圳民俗村、北京中华民族园、云南民族村中几个村寨的主要参考资料，为云南民居研究做了些开拓性的工作，为继承优秀建筑文化传统创作有中国特色的现代建筑，创造了一点条件。

回顾40年来民居调研的历程，充满了辛酸与艰苦、欢快与乐趣。如果不是党中央实行拨乱反正改革开放的政策，这些成果将会永远被埋没。

艰难困苦的历程

60年代初原建筑工程部为了发掘民间建筑遗产，古为今用，通知各省市设计院开展民居调查工作。当时正是三年困难时期，设计任务少，原省建工厅设计院副院长陈谋德组织成立少数民族建筑调查组，由建筑师王翠兰任组长，赵琴任副组长，钟庚华、饶维纯、 津等为成员，对边疆白族、景颇族、傣族民居进行调查、测绘、摄影，写调查报告，绘制图纸，先后历时一年半。

当时，交通十分困难，边疆地区极为贫困，工作条件非常艰苦，大家带着行李乘长途车到县城，

1990年民居调查组在澜源县拉祜族南段寨寨心前留影
自左至右钟庚华、黄移风、王翠兰、石孝测、寨长、当地农民、杨谷生

下到村寨。除下关到大理可乘马车外，都是步行，有时一走10公里。上景颇山寨，一路荆棘丛生，需挥刀砍伐开路，去版纳宣慰街，过森林几乎迷路出不来；到橄榄坝不通车，又遇江水上涨，滩险水急，轮船不开，王翠兰等3人乘小木船漂泊在澜沧江上。当地群众都说"你们胆真大，太危险"。在县乡住空办公室，到村寨和群众一起住"竹楼"，吃酸菜，生活异常艰苦。当时大家还是二三十岁的青年，都能不畏艰险克服困难，去做前人未做过的开拓性工作。生活艰苦乐在其中，这也有利于青年人健康成长。今天看，这是培养意志和敬业精神不可或缺的一堂课。

这次成果有白族、傣族、景颇族民居三个调查报告及图版（包括傣族佛寺建筑)和《白族匠师访问记》(油印本)。1963年还在《建筑学报》上发表了王翠兰、赵琴写的《洱海之滨的白族民居》和王翠兰写的《云南边境上的傣族民居》两篇文章。这是最早向世界介绍这两个民族的民居。

王翠兰(1925～   )，云南省设计院顾问总建筑师，教授级高级建筑师。
陈谋德(1926～   )，云南省设计院前院长，教授级高级建筑师。

急风暴雨的摧残

1964年建工设计院与有关厅设计处、室合并成立云南省设计院，领导班子易人，民居调查停止。到1966年急风暴雨的"文革"初期，民居调查成果被视为"封、资、修"的毒草，进行"横扫"和"批判"，把《建筑学报》发表的两篇文章原稿中陈谋德修改处，逐字引出无限上纲："为地主阶级树碑立传"、"涂脂抹粉"等，给我们扣上"反动学术权威"和"走资派"的帽子，把学术观点上升为政治问题，受到残酷的批斗。存入资料室的调查照片被毁，辛辛苦苦收集的原始资料几乎丧失殆尽。是非颠倒，善恶不分，令人心灰意冷，苦不堪言，精神上受到极大打击，再也不想搞民居调查了。

后来干部解放了，而民居调查问题仍未拨乱反正，直到1977年揭批"四人帮"后，才得到彻底平反昭雪。从而，又重新唤起了我们对民居的酷爱情结。

科学技术的春天

党的十一届三中全会后，解放思想，实事求是，纠正了极"左"路线，科学技术的春天到来了。有的大专院校和学会相继要民居调查资料。由于照片散头，资料不全，1980年当时的院长陈谋德决定重建民居调查组，由副总建筑师王翠兰任组长，主任建筑师饶维纯、钟庚华等参加，重新开展了三次调查研究，历时近一年。1981年中国建筑工业出版社来函邀编《云南民居》一书。由于云南有25个少数民族，3个民族的民居难以反映全貌，1982年又组织人员分赴丽江纳西族、楚雄州、红河州彝族、哈尼族地区及滇西滇南的德昂、拉祜、佤族地区进行了五次调查，历时一年半，除我们外还增加了石孝测、黄移凤、于冰等人。他们在宁蒗泸沽湖调查摩梭人民居时，由于无公交车，天雨路烂，几乎回不到丽江。出版社编辑室主任杨谷生也深入现场调研，指导编写工作。

1983年编写书稿，陈谋德负责写概论和德昂等族民居，由于工作忙，是利用晨昏业余时间和节假日写稿，过于劳累，导致胃出血住院，出院后继续写作，不久又二次住院，还在医院看书稿。由于大家共同努力，年底脱稿交出版社。虽然两次住院，身体受到影响，而心情却十分愉快，因为是在从事一件开创性的、有意义的工作。

《云南民居》1986年出版后，受到好评，他只包含9个民族，还不足26个民族的一半。而民居难以耐久，随着经济的发展又正逐渐拆除，必须对人类早期居住文化的活标本进行抢救性调查。为此，从1987年起又先后组织24人进行了19次调查，包括分散在边境的基诺、布朗、傈僳、怒、佤、僾伲、拉祜、普米、阿昌族民居，使民居总数增至17个，涵盖了主要分布在云南的少数民族民居，这是一部活生生的社会和建筑发展史。书稿《云南民居·续篇》1992年初夏完成后，先和云南的出版社联系出版未果，后与杨谷生副总编联系，得到他和出版社领导支持，在出版学术著作十分困难的情况下，不要提供补助经费，仅用一年半即于1993年底出版，赶上了我院成立42周年纪念的需要，曾由院去函感谢和赞扬这种为弘扬民族文化的无私奉献精神。

在这些调研中，长途跋涉，历尽难辛，山路崎岖泥泞，汽车颠簸碰头，到布朗山每小时车行仅5公里，有的马车小道还要我们下车走路。贡山昌王上山一个半小时，悬岩断壁下临怒江，其中有的小路仅宽尺余，行走艰难动魄惊心。中午吃不上饭，找老乡烧开水吃馒头饼干，到村镇住鸡毛小店，大家均无怨言，认真完成任务。我们于1988年离休，返聘在院工作，抽人绘图有困难，我们也年老眼花，还是自己动手画了大部分墨线图和部分透视图，才脱稿。但工作起来是愉快的，乐在其中。

四、文化遗产的弘扬

1991年中宣部、新闻出版署为了弘扬优秀文化遗产，加强爱国主义教育，决定组织出版《中国美术分类全集》，其中《中国建筑艺术全集》24卷，建设部1992年召开编委会，指定第23卷《宅第建筑四（南方少数民族）》由王翠兰任主编。当时想这书全要120反转片，涉及面广，工作量大，难以组织，再三推辞。回院汇报决定邀请各省有关单位张良皋、黄元浦、杨谷生、黄汉民、罗德启、刘彦才等专家教授组成编委会，统一调研提纲，分头深入村寨调研、摄影和撰稿，四川羌族民居联系了三个单位才落实。共调查了17个民族的民居，云南有怒、普米、景颇、佤、傣、彝、哈尼、白、纳西族民居9个，其他有壮、苗、侗、土家、布依、羌、瑶、畲族民居8个。1994召开编委会，出版社王伯扬副总编参加审阅初稿，选择照片，并一起深入西双版纳调研。经过四年的艰苦工作于1995年春交稿，1999年出版。

云南为此又进行了三次调查。怒江峡谷公路狭窄崎岖，泥泞难行。陈谋德、于冰乘的面包车到中途无法前进返回六库，临时改搭别单位的越野车到福贡匹河，登高黎贡山调查怒族民居。返回时公路山体坍方阻断，公交车只能原路返回，乘客交换乘车前进。到中途又遇路基坍方成一大缺口，车阻不前。我们的大客车正好停在缺口旁，伸头窗外一望，缺口陡峻内凹，下临汹涌怒江，一车轮压在悬排的土路基上，随时有垮塌翻入怒江的危险。回到六库谈车色变，仍觉后怕。到宁蒗泸沽湖汽车一后轮钢板完全颠断，险些困在高山过夜，勉强走了5公里才到战河住宿修车，真是困难重重。

几十年来在民居工作中经历了悲喜苦乐，但毕竟取得了成果。这首先是党中央新时期的政策正确和各单位的支持，但与大家锲而不舍、艰苦奋斗的献身精神也是分不开的。当时的青年饶维纯现已是建筑设计大师、院总建筑师、石孝测是建设厅副厅长、凃津是院总工程师，既出了成果，又出了人才。回忆起来，仍令人欣喜不已。

忆内蒙古古建筑考察

张驭寰

1958年9月间，建筑工程部下达给建筑科学院一项重要任务，即组织全国有关专家编写建筑三史——古代、近代和当代建筑史，并派出专家到有关省、市、自治区组织当地专家共同对当地古代建筑进行实地考察。当年10月5日，我和内子林北钟出发到内蒙古进行考察。考察的任务是取得大量的第一手资料，并要求在八个月之内基本完成。

自治区文化局长张淑良同志，自治区科委主任王文达同志，对这项任务非常重视，在半个月之内，即成立"内蒙古自治区建筑三史编辑委员会"。下设三个编写组："内蒙古古代建筑史"编写组、内蒙古"近代建筑史"编写组和"内蒙古建筑十二年"编写组。

笔者被委派担任内蒙古自治区建筑史编辑委员会委员，三个编写组的负责人都选择当地有关领导同志担任，笔者担任内蒙古建筑历史编写组的副组长。古代建筑考察的内容主要包括内蒙古藏传喇嘛庙、藏传佛塔、蒙古包三个大方面。因为内蒙古自治区地区广大，东西长近一万里，行政划分七个盟：乌兰察布盟、伊克昭盟、昭乌达盟、哲里木盟、呼伦贝尔盟、巴彦浩特盟、锡林郭勒盟。每盟下设旗县。凡是有喇嘛庙的地方都要前往考察。这样，有半年的时间等于在内蒙各地旅行。当时条件非常艰苦，地广人稀，新中国建立仅仅七、八年，一切条件都不够。因此，除利用汽车、长途公共汽车之外，还得骑马、骑骆驼。我们有一次进入伊克昭盟，盟公署驻地在东胜，从东胜骑马下乡考察乌审旗、乌审召。从东胜到乌审召400里，全部都是浩如烟海的流沙，处处有沙丘。适值冬日，零下30度，身着皮衣、毡靴，行动非常不便，况且又没有正式道路，带路的同志转过沙丘，我们便找不见了。前进困难，举目无路，我们在流沙路上骑马，马蹄的印痕即刻被风沙吹平。我们在铁木尔同志陪同之

汉式喇嘛庙——贝子庙(在锡林郭勒盟)1958年作者摄

藏式喇嘛庙——五当召(在阴山南麓)，1958年作者摄

下，阴霾四起，狂风大作，骑马走过多少里，四面的样子都没有丝毫变化，出现在面前的都是沙丘、沙柳、野兔、黄羊，其它什么也没有。旧中国许多探险人员在这种没有水、没有路的状况下，常常死于沙丘。这时我无可奈何，只好停下来，爬上沙丘高处，见到沙丘后面有2匹马。十分惊喜，可以肯定附近有蒙古包，我们可以问路、休息吃饭。再前进一段路，果然碰上一个蒙古包。包里有老俩口，那

张驭寰(1926~　)，中国科学院自然科学史研究所研究员。

位蒙古老人说:"你们这样行走是最危险的,必须有对地理熟悉的人带路",这时蒙古老人陪同我们上路,又经过一天零半夜的路程,终于到达乌审召。当地公社书记是一位东北蒙古人,用汉语说:"我现在批评你们,在伊克昭盟不能这样走路,没有人带路,非常危险走不出来,会死于沙丘中,这是太大的危险!"

1959年元旦,从呼和浩特横穿大青山(阴山),阴山并非一座山,入山之后,山连山,山接山,是一大片山区。我们乘坐的是没有棚的大卡车,气温低至零下30度,经十多小时,才到达百里之外的百灵庙。未料,当晚因受寒发高烧,入院打针,次日天明,恢复过来,即开始测绘百灵庙建筑。

当我们从百灵庙进入北草地时,灰天、白雪、枯草,在公共大客车里,继续前进,一路上没有壕沟、电杆,也没有大树、房屋、人家,车子在草原上行驶,司机可以闭着眼睛开车,车子照常走。到一定的地点,车子停住,司机便大声呼叫:男同志要在车左、女同志要在车右,这就是上厕所。

我们从这一个旗到那一个旗,常常骑骆驼,骆驼本身稳重,走起路来很慢,但是它也能跑,跑起来也是很快。它能慢也能快,当地人们都很喜爱骆驼。骆驼无言、慈祥,我们也很喜爱它。

经过长时间的考察,对内蒙古各地的喇嘛庙,基本上都调查过。内蒙古的喇嘛庙大小不一。根据清代乾隆年代统计,大大小小的召庙达到一千多座。新中国成立之后,由于破除迷信,大部分都拆除了。总的来观察,内蒙古喇嘛庙的式样,基本上可分为三种,即汉式寺庙风格、藏式寺庙风格和汉藏混合式风格。汉式与藏式混合式样又有两种:一种在一座殿阁中,基座、立柱、墙体、门窗都采取藏式;屋顶、梁架、瓦面、装饰都采取汉式。这是在一个殿阁内混合的手法。另一种是在寺庙总体布局方面进行混合。例如东乌珠穆沁旗的喇嘛库伦庙,除了殿阁混合之外,还将大殿做汉式,大经堂做藏式,钟鼓楼做汉式,其它殿阁做藏式,配殿、厢房做汉式,佛塔做藏式等等。

藏传佛塔,数量很多,基本上都建在喇嘛庙里,有八角型的,也有圆型带耳的塔;塔体有大有小;有用砖做,也有用石材建造的。

蒙古包为蒙古居民的住所,随地可以见到。在旧中国,蒙民以游牧生活为主,蒙古包随时可以拆卸,随时可以组装完成。从这一个盟也可以游到另一个盟。自从新中国建立之后,实行定点游牧,不准游牧过远,越过旗界。因此,蒙古包是比较集中的。蒙古包有四种式样。第一为高级大毡包,为统治者所用,如王府、达官、贵族。这种包体量大,尺度也宽大,包外苫布有民族纹样,做得美观。第二种为寺庙中毡包,一般在包之前端,入门处做一个汉式木板小屋,名曰风斗。小屋与覆盖的毛毡全部为深紫红色,与喇嘛袈裟色调相同。第三种为固定式包。在伊克昭盟流沙甚大,因而建造固定式,每包的四面都做防沙障,另外就是蒙汉杂居区,也常常出现固定式包,因为他们与汉族接近,同住一村,所以做固定式包。第四种即是广大牧民所用的

作者及夫人林北钟同去内蒙古考察。1958年摄于呼和浩特

席力图召——藏传佛塔(在呼和浩特)，1958年作者摄

移动毡包，每个包安装架设仅需半个小时即可完成。拆除一个毡包，包括捆绑装车，也只需30分钟。这种毡包遍及内蒙古全区。

　　这次，在内蒙古全区考察，时间很久，到达地点很多，时逢秋季、严冬、春天三个季度，风沙过大，非常寒冷，对工作有一定影响。但这也是一次艰苦的有意义的探险。我们按时完成了任务。已写出的内蒙古三部建筑史专著，其中的《内蒙古古建筑》是笔者所著，1960年已在文物出版社出版。《内蒙古建筑十二年》已正式出版。现将查到的召庙按旗列名，作为附件录于后，供大家参考。

内蒙古喇嘛庙考察项目表
(1958年10月至1959年5月)

东乌珠穆沁旗
喇嘛库伦庙　朝日吉庙
老合庙　西勒特庙
新老合庙　宝力高庙
比列庙　胡稍庙
农乃庙　额仁喇嘛庙
嘎亥拉庙　新庙

西乌珠穆沁旗
王盖庙　好尔图庙
迪延庙　王府庙
好尔其林王盖庙　西吉尔台庙
乌格木尔图庙　巴拉诺尔庙
彦吉嘎庙　乌兰哈拉嘎庙
乌地养庙　太本庙
葛根庙　喇嘛敖包庙

多伦县
善因寺　汇宗寺

正兰旗
黑山庙　羊郡庙

正镶白旗
红土庙　沙尔盖庙　三台庙　和硕庙
马兰查布庙　高拉苏台庙

商都镶黄旗
古希庙　农奈庙　哈印海尔巴庙
翁公庙　哈教苏木庙　新庙

太朴寺旗
马拉嘎庙　忽拉洞庙

兴和县
台基庙　高庙

察哈尔右翼前旗
黄旗庙

察哈尔右翼后旗
红旗庙

察哈尔右翼中旗
北红旗庙　千旗庙

武东县
活佛滩　蒙古寺

林西县
嘎苏台庙

阿巴嘎旗
汗白庙　甲拉根兰图庙
昌图庙　甲拉庙
森森庙　那日特宝力嘎庙
甘珠尔庙　忙各拉庙
都鲁博勒吉合尔勒庙
哈达特庙　明图庙
好恩格日庙　日特勒合日拉庙
前大门好日拉庙　玛呢吐庙
斯布拉岗合日拉庙　新庙
汗白庙　代喇嘛庙
阿由勒海庙　杨都庙
南新庙　蒙古庙　贝子庙

土默特旗
西喇嘛洞

和林格尔县
达赖营　后公喇嘛

萨拉齐县
美岱召

清水河县
喇嘛湾　小庙

准格尔旗
准格尔西召　纳林召

固阳县
五当召　北林达赖召

包头
公忽洞庙　大庙　昆都仑召

乌审旗
乌审召　查汗淖庙　班祥庙　马哈兔庙
乌审召　察汗庙　梅林庙　格鲁国庙
乌兰拉亥庙　乌兰图拉海庙　海流免庙
舍利庙　必力免庙　桃梨庙

达拉特旗
树林召　哈拉汗图庙
柴登召　白来庙
展达召　王爱召
红召　阿拉召
哈什拉召　树林召

东胜县
罕台庙　三台庙　桃力庙　阿布亥庙
吉乐庆庙　准格尔召　皂火召

郡王旗
五羊牧庙　昌汗庙
根皮庙　兔庙
苏伯下庙　阿布亥庙
公尼召　双庙

札萨克旗
札萨克召　乌拉庙　独尔台庙　台格庙
阿退庙　石灰庙　伊金霍洛庙　特井庙

乌拉特中后联合旗
胡勒斯太庙　伊银查干庙
巴音博日庙　汗塔庙

善代庙　乌格力吉特庙
善达古庙　本巴太庙
巴格莫得庙　沙拉庙
乌格力吉庙　东沙庙
北图庙　千灵庙
太格庙　文根尔格庙
乌布勒格庙　文格尔庙
查干格勒庙　大巴庙
太阳庙　查干合硝庙　朝老庙

乌拉特前旗
梅力更召　小召
小庙子　余太召　公庙

阿拉善旗
阿贵庙　图克木巴格庙
沙尔札庙　巴丹吉林庙
库列土庙　艾力布盖庙
金佛寺　巴王后
达力肯庙　代力格庙
艾力布盖庙　苏不拉庙
沙抄陶洛海庙　金堂庙

额济纳旗
东老庙　哈拉哈庙
老西庙　新西庙

达拉特后旗
金茅庵

杭锦旗
小召　代庆庙　都棍庙　罗教包庙
索台庙　岱青召　桃四免庙　罗贝召
黄盖庙　西沙拉庙　东沙拉庙　得莫气庙
敖龙布拉召　乌兰素庙　桃四免设
赛乌兰素庙　宏庆召　八庆苏庙
阿拉善庙　伊克乌苏庙　什拉傲兔庙
圪更托亥庙　逊纳格勒庙　雅西拉图召

海庙(沙漠)　阿色楞图庙　哈拉罕毕勒庙
哈拉柴登召　汁格寺庙　什克乌苏庙
乌鲁贵庙　白银布拉庙　胡鸡太庙
乌兰以力更庙　苏太庙　什位召
查汁井庙　乌兰阿贵庙

鄂托克旗
新召庙　苏木图庙　桃梨庙　沁召
哈达免庙　夏尔格庙　哈拉哈图庙
巴彦札罗亥庙　毛脑亥土盖庙　阿贵庙
补龙庙　海流兔庙　海岱喇嘛庙　五湖洞庙
阿拉召　什里庙
西召荒　盐池喇嘛庙

达尔罕茂明安联合旗
百灵庙　他不毛都庙　漫达尔庙
推喇嘛庙　查干哈达庙　黑沙图庙
嘎少庙　其那尔图庙

四子王旗
乌兰花庙　哈达阿力善图庙
却齐庙　海日庙　内丹庙
八楞少庙　乌鸡庙　阿拉善图庙
哈布其庙　莎齐庙
红格敖力贡庙　合同庙
补力太庙　锡拉毛林庙　毛克泌庙
锡拉哈达庙　葫芦宿太庙　法喜寺
萨加拉庙　图和睦庙　爱力格庙

苏尼特左旗
贝勒庙　哈合乌苏庙
哈珠庙　巴彦格勒特日敖包庙
敖伦洛特嘎庙　巴彦乌素庙
宝力格庙　确尔吉庙　古尼庙
满都呼庙　阿拉善庙　哈拉特庙
札拉庙　莎达嘎庙　阿拉善吐庙
查干敖包庙免　宝勒很喇嘛庙

古勒本胡勒免庙　车勒图庙
达来庙　巴音庙
呼和陶拉盖庙　恩格尔图庙
高林哈西阿他庙　额尔德尼庙
达来黑庙　呼稍庙　大吉大火日拉庙
白音乌力吉火日拉庙
忙格拉庙

苏尼特右旗
温都尔庙　必西力图庙
呼勒庙　好尔高庙
乌兰干珠尔庙　必鲁特庙
那核然吉必庙　查干敖包庙
达来朝尔吉庙　迪彦其庙
好日图庙　汁布庙
乌尔吐高勒庙　杨斯庙
春古尔庙　额尔森朝尔庙
恩格尔毛都庙

新巴尔虎左旗
嘎拉巴尔庙　新将军庙　达木博庙
旧将军庙　甘珠尔庙　将军庙
音庙　和硕庙

新巴尔虎右旗
阿斯里庙　阿傲西鲁庙　查干诺尔庙
兰旗庙

通辽市
莫林庙

克尔沁左翼中旗
哈根庙　都心庙

克尔沁左翼后旗
召根庙　潮海庙

奈曼旗
和硕庙　查布干庙　丰吉庙

巴林左旗
衙门庙　喇嘛苏木

敖汉旗
平顶庙　乌兰召　各各召　阳高庙
老爷庙　双庙

札赉特旗
音德尔庙　巴代庙

科尔沁右翼前旗
王爷庙　胡稍庙

科尔沁右翼中旗
喇嘛营子

札鲁特旗
古西庙　梅林庙　板山庙

翁牛特旗
五十家子庙　西斯海庙　海苏庙
北大庙

赤峰
娘娘庙　大庙

喀喇沁旗
北喇嘛沟

宁城县
喇嘛营子　大双庙

阿鲁克尔沁旗
查市干庙　罕庙　吉林庙
札格斯台庙　爱根庙

巴林右旗
西大庙

克什克腾旗
新庙　大王庙

(这些考察资料存于中国建筑技术研究院历史室)

"一五"期间的"六九"之争
——兼缅怀新中国城市规划先驱者曹言行、蓝田

葛起明

"一五"初期,当我们进行重点项目厂址选择和编制城市规划方案时,因为没有自己的城市规划定额,一般都套用了苏联的城市规划技术经济指标。当时,苏联专家提供我们参考的仅仅只有一本1952年版的雅·普·列甫琴科著的《城市规划——技术经济指标及计算》。该书介绍了苏联的城市规划用地指标的计算方法:首先是从规划期内的人均居住面积水平9平方米出发,考虑各种不同建筑层数居住面积的比重及街坊的人口密度,拟定人均生活居住用地指标。所谓生活居住用地,也就是包括居住街坊、公共建筑、公共绿地与街道广场四项用地。按苏联的指标计算,大、中、小城市的人均生活居住用地分别需要76、92、100平方米。[1]然后在此基础上,再增加约50%左右的其他用地,包括工业、仓库、对外交通、市政公用及特殊用地等等,则人均城市建设用地分别约需114、138、150平方米左右。显然,这样的用地指标是不符合我国当时实际情况的。

早在1954年,曹言行同志任国家计委城市建设局局长期间,他在全国科普协会的一次讲座中就谈到:"在城市土地使用上,我们应当参考苏联的,但不能完全机械的搬用,因为两国的具体情况不同,中国人口比苏联多,土地比苏联少;苏联现在是向共产主义过渡,中国现在是向社会主义过渡。因此,我们所用的指标和定额,一般的应比苏联小。根据中国的情况,在居住面积方面,'一五'计划平均每人以4.5平方米为宜,15~20年以不超过6平方米为宜。因之,各项用地定额也要相应减少。……城市用地的指标与定额很难作统一规定,可以根据具体情况作不同的规定"。[2]与此同时,他还强调了"城市用地的指标和定额提得太高了,是不妥当的。其理由有三:第一是与居民的生活水平不相称。如关于居住面积方面,根据最近几个大城市的调查,平均每人是2~4平方米。居住面积提得太高了,居民不见得需要,而且也交不起房租。第二是国家财政还困难。提得太高了,不见得能办到,必将造成规划与实际脱节。而且将造成城市的扩大与分散,增大城市造价,浪费国家资金。第三是农民失去土地后就业有困难。指标与定额提得太高,势必过多地占用土地,在工业尚未充分发展之前,失去土地的农民就业是有困难的。因此,当前对城市土地的使用上,应力求节省"。[3] "为长远打算,为不影响城市几十年以后的发展,根据苏联每人居住面积9平方米及其相应的土地使用定额,应为城市计算出将来发展的备用地带,对于这个备用地带,应严加控制,只准农民耕种,不得随意建

曹言行(1909~1984),山东招远人。曾获清华大学土木工程学士学位。1933年加入中国共产主义青年团,1935年转为中国共产党党员。全国解放后,首任北京市建设局局长、卫生工程局局长、北京市人民政府党组成员。1953年后调国家计委城建局局长,并先后任国家建委委员、国家计委委员。1961年起任中国驻越南经济代表。"文革"后任外经部办公厅主任。

蓝田(1915~1958),福建漳浦人。河南大学医学院肄业,1937年10月参加中国共产党,曾先后任晋察冀边区平山县县长、第八专员公署专员。全国解放后,先后担任国务院财经委员会计划局秘书处专员、秘书长,国家计委城建局规划处处长、国家建委城建局局长等职。

葛起明(1927~),浙江宁波人。1945年6月在上海参加中国共产党。1946年考入同济大学,1952年毕业于该校城市规划专业。1953~1958年在国家计委、建委城建局城市规划处任综合组组长和工程师。1958年后,曾先后任浙江省委巡视员、省城建局副局长兼省城乡规划设计院院长、高级工程师等职。现任浙江省城市规划专家组成员、省城乡规划院顾问。

[1]雅·普·列甫琴科.城市规划——技术经济指标及计算.1952年俄文版,1954年,建筑工程出版社.第57页。
[2]曹言行.城市建设与国家工业化.1954年.中华全国科普协会.第19页。
[3]同上,第20页。

设。待将来工业发展了，有条件提高定额时，再进行规划，开始使用。这样，则在城市土地使用上是节省的，从目前的建设来看是经济的，从将来的发展上看是合理的。"[1]

1954年11月，国家建设委员会正式成立。曹言行同志任国家建委委员，分管城市建设、民用建筑和区域规划三个局的业务工作；蓝田同志任城市建设局局长。此后，中央领导为了纠正当时基本建设中存在的浪费现象，多次指出"要厉行节约，反对铺张浪费，保证基本建设工程又好又省又快地完成"。不久，根据党中央的号召，在全国又开展了以反对基本建设中的铺张浪费为中心的节约运动。与此同时，国家建委决定正式组织编制适应我国实际情况的城市规划定额。当我们在拟订城市生活居住用地指标时，一开始就遇到了在规划期内人均居住面积水平究竟采用多少为宜的问题。当时，在规划界就出现了人均6平方米与人均9平方米之争的问题。一部分同志主张从我国的实际情况出发，为节约用地，规划期内（15～20年）的人均居住面积水平以采用6平方米为宜；而另一部分同志则认为，"苏联的今天是我们的明天"，我们的城市规划应当考虑远景发展需要，以采用人均9平方米为好。当时曾就这一问题请教了苏联专家，他也竭力主张采用人均9平方米的居住面积水平，并强调苏联城市规划的这一指标，既考虑了人们生理上的最低需要，（按《苏联住宅建筑卫生标准》，要求每人均25～30立方米的空气容积，如室内净高3米，就需要8.3～10平方米的居住面积）也考虑了一般家庭家俱陈设与活动空间的需要，因此是有科学依据的。这样就更坚定了一部分同志主张采用人均9平方米居住面积水平的看法。

这一问题的争论持续了很久，以致影响了城市规划定额编制工作的顺利进行。

1956年11月，当时城建部的一位主要领导在全国城市建设工作会议的报告中进一步提出"一般新建城市的远景规划每人居住面积应采用9平方米来考虑城市的布局和功能分区布置，以保证城市的合理发展。这样对城市土地使用的经济性并没有什么影响。但在旧城市或某些土地狭窄的新城市中则不能机械采用，应按照具体条件，采用适宜的定额"。[2]这一提法，虽然对各种不同类型的城市作了区别对待，但对当时大多数新建、扩建城市来说，问题仍未得到解决。

1957年初，中央的一些领导同志批评了城市建设中存在着规模过大、占地过多、求新过急、标准过高的偏向，国家建委和城建部组织了工作组到西安、兰州、成都等地检查了城市规划和城市建设工作。曹言行与蓝田两位领导也与定额编制组的同志一起作了再一次的调查研究；与此同时，他们还亲自分别找了苏联专家和城建部的领导多次坦率地交换意见，并进行了相互的探讨研究。最后，他们在充分掌握调查资料的基础上，全面地分析了当时我国城市建设的现状、经济社会发展水平以及气象、地理等自然条件，说明我国的情况与苏联确有很大的不同，因此必须从我国的实际情况出发，科学合理地拟订我们自己的城市生活居住用地定额指标，以节约用地，避免在规划期内拉大城市架子，造成浪费。同时，也说明在规划期内采用人均6平方米居住面积水平的指标，基本上是合理的。为了考虑城市远景发展可能，可以按人均9平方米的居住面积水平指标相应地划定城市备用地，但在规划期内必须严加控制，不得任意使用。由于曹、蓝两位领导通

---

[1]曹言行.城市建设与国家工业化.1954年.中华全国科普协会，第21页。
[2]万里论城市建设.1994年.中国城市出版社第57页。

过进一步的调查研究,有了更具说服力的资料,并提出了较为具体的意见,终于在这一久拖不决的问题上与苏联专家和城建部的领导取得了共识。

1957年4月城建部的主要领导同志在"关于视察太原等地城市建设工作的报告"中谈到"城市建设中的标准问题。总的情况是要求过高过急,不是按中国的实际情况办事,盲目抄袭外国标准。每人平均居住面积的远景定额,过去定为9平方米是不合适的。过去部里和建委进行过讨论,当时有人认为定为9平方米不影响经济问题,今天看来是不对的,实际上有很大浪费。因为不仅我们目前达不到9平方米,就是几十年内恐怕也达不到。我国城市居民现有居住面积最高的4平方米多一点,这是少数,最低的还不到2平方米,要想达到9平方米,需要多少钱,多少时间呢!……按9平方米进行规划,从图上看,这里那里都画满了,实际上到处是空地。因为采用这种不实际的规划定额也就不能实事求是地搞近期规划,结果架子大了,占地过多,道路过宽,造成浪费。在每人生活用地定额上,我国城市的实际情况是,北京1955年内外城每人仅为31.21平方米,上海建成区每人才17.7平方米,哈尔滨27平方米,沈阳36.36平方米,无锡31.3平方米。如果这些数字不错,那么我们(在"定额草案")规定的每人42~56平方米(近期)或者65~76平方米(远期)就都过高了。但是,每人居住面积远景定额和每人生活用地定额究竟多少为好,现在还不能提出肯定的数字,希望同志们研究"。[1]

由于两个部、委的领导在这一基本问题上取得了共识,定额编制组的同志们也就加快了工作进度,此后不久就提出了最后成果。以后,由于两个部、委的领导在规划期限上又进一步明确近期由5~7年改为5年,远期由15~20年改为10~15年,因此,最后在1958年1月国家建委和城建部颁发的《关于城市规划几项控制指标的通知》(简称"联合通知")中,规定近期(5年)与远期(10~15年)的居住面积水平分别按人均4平方米与人均5平方米进行规划,生活居住用地则分别按人均18~28平方米与人均35平方米进行规划。[2]

"一五"期间城市规划用地定额"六九"之争的问题迄今已时过40余年。现在回过头来再看一下当时拟定的近、远期规划的居住面积水平和生活居住用地指标,通过实践,其演变与发展情况究竟是怎样呢?据城建环保部计财局1984年编的《城市建设统计资料提要(1949~1983)》提供的数据:我国城市居住面积水平1957年人均为3.6平方米,1962年下降为3.2平方米,这五年间基本上在人均3.1~3.3平方米之间徘徊;时隔20年以后,至1977年才又恢复为人均3.6平方米。直至改革开放后的1983年,全国城市居住面积水平始逐步增加到人均4.6平方米[3](由于该统计"提要"没有历年资料,因此不能按当时拟定的近、远期规划年限进行对照比较,只能择其代表性的年份加以分析);而据1985年《中国技术政策——城乡建设》(蓝皮书)提供的全国182个城镇的调查统计,1983年的人均生活居住用地指标也仅人均30.8平方米。[4]由此可见,1958年两个部、委颁发的"联合通知"中近、远期规划城市居住面积水平与生活居住用地指标,应该

---

[1]万里论城市建设.1994年.中国城市出版社.第88页.
[2]中国技术政策——城乡建设.1985年.国家科委.第143页.
[3]城市建设统计资料提要(1949~1983).城建环保部计财局编.第44页.
[4]同[2].

说基本上还是合理的。同时,也应指出,这一时期全国城市居住面积水平与生活居住用地的增长是缓慢了一些,其主要原因是受到左倾路线与"文革"十年的影响和干扰,在"骨头"与"肉"的投资比例关系上注意不够,否则当有可能提高得较快一些。但是,可以肯定的是,即使在此期间没有任何干扰,在当时若继续机械地采用不符合我国实际情况的人均 9平方米居住面积和大、中、小城市人均76、92、100平方米的生活居住用地指标,势必会造成许多城市的布局分散,以及城市用地与基础设施建设的莫大浪费。

时至世纪之交我国正在建设社会主义现代化城市的今天,全国的城市居住面积水平虽然已经达到人均9.8平方米,[1]国家仍然十分重视和关注节约用地的问题。从近两、三年来国务院批准的许多大城市总体规划中的人口与用地规模可以看出,这些城市的规划建设用地指标一般都控制在人均80~90平方米左右。这里需要说明的是,自1991年起,国家颁发了《城市用地分类与规划建设用地标准》以后,"生活居住用地"这一名称已不再使用。规划建设用地的含义较之"生活居住用地"要广泛、全面得多,其用地指标实质上也涵盖了过去的"生活居住用地"那一部分内容。由此可见,在我国的城市规划用地指标问题上,坚持党和国家提出的必须"十分珍惜、合理利用土地和切实保护耕地"基本国策的必要性和长期性。

"一五"期间,我国城市规划"六九"之争的问题早在1958年国家建委和城建部发出"联合通知"时有了正式结论,以后又由多年的实践作出了客观回答。今天之所以要重新回顾这一问题,主要是因为从这一前后持续长达四、五年的、有历史意义的事件中,使我深深地受到了教育。当时国家建委和城建部的许多领导同志,不愧是新中国城市规划工作的先驱者。他们之中尤其象曹言行委员和蓝田局长那样具有远见卓识,锲而不舍,对工作极端负责的科学精神;一切从实际出发,深入调查研究,实事求是的科学态度;坚持党的方针政策,坚持原则,讴心沥血地投入城市建设事业的工作热情;尊重专家、团结同志、依靠群众、密切联系群众的优良作风以及在工作中刻苦钻研、虚心好学、认真细致、身体力行的良好学风,这一切经常在我的脑海中萦回出现。今天,他们之中的一些同志虽然已经过世了,但是他们那新中国城市规划工作先驱者的光辉形象却永远值得我们学习,并鼓舞着我们继续前进。

2000年5月

---

[1]1999年城市建设统计公报.中国建设报2000年4月28日。

《建筑学报》片断追忆

彭华亮

从1955年到1969年这段时期,我在《建筑学报》编辑部工作了整整15个年头。这15年中,往事件件,历历在目,令我终身难忘。抚今思昔,不禁感慨丛生!

"三停"和"三复"

《建筑学报》是中国建筑学会主办的学术性刊物。1953年10月中国建筑学会成立时,同时组成了第一届《建筑学报》编辑委员会,主任为梁思成,副主任为汪季琦、朱兆雪,编委有林徽因、陈伯齐、莫宗江等13位专家,编辑为章宏序、郭毓林。在梁思成和汪季琦的领导下,第一期创刊号于1954年6月出版,季刊,八开本,白色封面,红色刊名,四边印有一圈金色框线,故有"金边学报"之称。同年12月底出版了第二期。

遗憾的是1955年在全国建筑界乃至社会上掀起的一场批判以梁思成为代表的复古主义的运动,使刚刚创刊两期的《建筑学报》也遭受牵连,被迫于1954年底停刊。这是《建筑学报》第一次停刊,它就像一个刚刚出世的婴儿夭折在母亲的襁褓之中,令人痛惜!

经过8个月的停刊整顿,《建筑学报》于1955年8月第一次复刊,原八开本季刊,改为16开本双月刊出版。由汪季琦主持复刊工作。由于原有两位编辑离职,促使汪季琦于1955年7月直接点名把我从建工部设计院调到《建筑学报》工作。同时调来的还有建筑师邱式洛和稍后来的一位女编辑商友菊。在汪季琦的直接领导下,虽然人员少,任务重,但复刊工作还是进行得比较顺利。为开辟了"国外建筑简讯"专栏,发表了多篇学术争鸣文章,活跃了当时的学术空气,受到了读者的欢迎。

但同样遗憾的是复刊不久,1957年初,全国又开始反右运动。根据上级指示,曾有组织有计划地在学报上大量刊登反右文章,使曙光初露的建筑百花园地重又乌云密布。接着改组了第一届编委会,成立第二届编委会,梁思成退下,汪季琦出任主任委员,副主任委员有朱兆雪、邱式洛,编委由原来13人扩大至26人,全部由新增的专家组成。

1960年7月到10月,《建筑学报》进行短期整顿,10月与《土木工程学报》合并。1962年又与《土木工程学报》分开,改为双月刊。同年编委会改组,成立第三届编委会,由金瓯卜任主任委员,张镈、王华彬、汪壁(女)任副主任委员,并由汪壁主管学报编辑工作。

自1962年到1964年"四清运动"这段时期,随着学报编委会的改组,汪季琦被调离学报。在整顿过程中,学报编辑部先后调进了一批清华毕业生张祖刚、张钦哲、齐立根、冯利芳、陈衍庆等年轻同志充实编辑队伍。"文革"前夕,还调来郑孝燮、王申祜两位专家任编辑部主任,由金瓯卜主任委员主持学报工作。

1965年1月《建筑学报》继续进行整顿。设计革命开展后,稿源枯竭,当年6月被迫第二次停刊,直到1966年1月才第二次复刊,改为月刊出版。

到1966年"文革"开始后,建筑学会和《建筑学报》一夜之间成为众矢之的。7月8日建工部党委给国家建委的报告(建党办字第9号)称:"中国建筑学会长期以来,在建筑界一批资产阶级'专家'、'权威'和钻进党内的资产阶级代理人的把持下,已经成为一个反党、反社会主义的阵地。建筑学会主办的《建筑学报》已经成为资产阶级'专

彭华亮(1927~),中国建筑工业出版社编审。

家'、'权威'宣扬封建主义、资本主义、修正主义、反党、反社会主义、反毛泽东思想的工具。"报告还提出:"对建筑学会、《建筑学报》的错误必须彻底清算,对《建筑学报》必须彻底改组"。这个报告,就像法官的判决书一样宣判了学会和学报的死刑。以后,建筑学会的各项活动都基本停止。《建筑学报》也被迫于1966年8月第3次停刊。"文革"中,人员全部下放,直到1973年10月,停刊达7年之久的《建筑学报》才又第3次复刊,并改为季刊出版。1982年才恢复为月刊,一直到现在。

此后,学报编委会于1981年和1990年又进行过两次改组。目前是第五届编委会。

综观《建筑学报》自创刊以来所走过的"三停"和"三复"的曲折道路,启示着人们:"文革"前频繁掀起的以"阶级斗争"为纲的政治运动,就如同套在《建筑学报》脖子上的无形镣铐,决定着当时《建筑学报》兴衰、存亡的命运。直到1973年,才终于打开了套在《建筑学报》脖子上的镣铐,特别是1979年国家建委作出平反决定,正式下文为建筑学会和《建筑学报》恢复了名誉,使被歪曲了的历史重又恢复其本来面目。

一种精神、三件法宝

回忆1955年7月,我刚踏进学报的门槛时,对编学报脑子里几乎是一片空白。时值1955年反复古主义运动后,设计人员正处于下笔踌躇、左右徘徊之际,更增添了学报复刊工作的难度。汪季琦多次指点我,办好学报主要抓二条:一是要有钻研敬业精神;二是要掌握依靠领导、依靠群众和开拓思路这三件法宝。当时学报人手少,只有我和邱式淦两人,后又调来的商友菊不久就和邱式淦前后调离了学报。张祖刚等同志都是1962年整顿学报以后调来的。在当时举步维艰的情况下,汪季琦的指点,给我战胜困难,熟悉业务,办好学报以极大的勇气。

15年来,我共参加约100多期的学报编辑出版工作,特别是1955年第一次复刊不久,通过边学边干,完成了学会组织的学术会议文集《杭州华侨饭店》、《全国厂矿住宅设计竞赛》及《青岛》三本书的编辑工作,还亲自设计完成这些书的封面设计,熟悉了办刊编书过程中的十多道工序。使我开始由一个对编辑工作毫无所知的门外汉、"编辑盲",逐渐成长为一个热爱本职工作、甘愿为他人作嫁衣裳的"编辑迷"。自1956年7月学报由双月刊改为月刊后,编辑工作一期紧接一期,忙得几无喘息之机。回忆我从1952年参加工作,1955年调来学报到1958年结婚这6年内,我一直一心扑在工作上,从未请过一次探亲假。记得1958年大跃进时,工厂实行三班制,24小时厂里都有工人干活。有一次,因工厂大门关闭,我半夜翻越工厂围墙,到排字车间,和工人一起解决学报的排版问题(那时是人工排铅字)。还常常通宵加班,赶贴版样,第二天送厂发排后,仍回办公室照常上班。现在回想起来,也许有点傻得可笑,但当时确实是这样不计报酬地傻干。

在依靠群众这件法宝上,汪季琦一直以身作则亲自约请有关专家投稿,自己带头写稿,积极支持编辑人员对复刊工作的新建议,身教言传鼓励我掌握办刊的三件法宝,去走闯天下,开创新局面。当时,我曾跑遍北京各大设计院、教学和科研单位组稿,收到了一定效果。在人力不足时,我还特地物色了几位能写善画的建筑师当参谋,为学报出主意、画插图、写文章、搞封面设计等,有时我也亲自参与研究。记得当时学报参谋中,有建工部设计院的王庭蕙、扬芸、龚正洪、马浩然、奚小彭、李宗浩等人,北京市建筑设计院和建研院也有几位。他们应是50年代学报复刊的功臣。

刊登建筑实物照片也是丰富学报内容的重要环节。由于当时条件差,在学报编辑部连一台照相机也没有的情况下,我就请设计院摄影师协助提供。

有时还经常到新华图片社收集文内彩页用的照片资料，记得有一期刊登了某钢铁厂和化肥厂的照片及文字简介(有产品年产量)后，竟招致厂方的追查，扬言学报泄了密，要调查编辑的政治背景等。后来建筑学会告知厂方图片资料的来源后，厂方才不了了之，真令人啼笑皆非。

依靠群众办报这个法宝，当时曾采取分别邀请北京、天津、上海、南京、武汉等地方学会轮流包干一期学报的办法，十分奏效。这既调动了地方学会参与的积极性，又很好地解决了稿源不足的难题。

复刊时利用开拓思路这件法宝开创新局面的最突出的事例是增辟"国外建筑简讯"专栏，介绍苏联、英、法、德等西方国家的建筑经验。开辟此栏目是得到汪季琦的赞同和支持的。在当时"一边倒"的形势下，多少带有点挑战性，这标志着学报敢于冲破"自我封闭"的壁垒，向世界建筑接轨迈出了可喜的一步。我还回忆起，当时有一篇文章给我印象最深，这就是清华大学一位学生蒋维泓(1957年被打成"右派分子"，"文革"期间在五七干校失踪，至今下落不明) 写的《我们要现代建筑》一文，发表在1956年第6期《建筑学报》上。蒋文篇幅不长，能量却不小。他的见解，就像一块投入水中的石头，激起了层层波澜，一时间上自杨廷宝、鲍鼎、叶仲玑、张开济等老一辈专家、教授，下至一般的同志朱亚农等都纷纷投稿，发表自己对当时建筑设计的意见。张开济文章的标题为："反对'建筑八股'，拥护'百家争鸣'"，旗帜尤为鲜明。接着学术争鸣专栏，也应运而生。从复刊第一期发表同济大学的翟立林教授的文章开始，到1959年刊登刘秀峰部长的上海座谈会上的发言，把建筑风格的讨论推向了高潮，"风格热"成为当时建筑学术界的时髦话题，进而发展到以后的广州风格、海派风格、哈尔滨风格的讨论。使沉寂一时的建筑界又顿时活跃了起来。同时，开拓思路这件法宝，进一步给复刊内容增加了诸多学生作业、建筑设计参考资料、国外建筑大师介绍等等新的亮点栏目。但由于经验不足，复刊后的封面设计过于平淡，当时杨廷宝教授看后很不满意。有一次他出国访问回京后，曾当面对我说："学报印得太差了，封面又简单，版面编排也不活泼，对外交换，简直拿不出手！"杨教授的话既是批评，又是鞭策。从那以后，我开始注意学习国外建筑书刊的编排经验，特别是1958年改为１０开本后，学报在封面设计和版面编排方面着实下了功夫，力求做到耳目一新，吸引读者。

回想起上述三件法宝带给《建筑学报》的每一点滴进步，应归功于学报几代领导人、专家、学者以及所有编辑人员勤奋努力，孜孜以求的结果。

黑封面的阴影

刊物的封面设计，应是一门艺术。艺术要发展，就必须有创新精神，这本是无可厚非的事。但如果为了创新，一味地去追求所谓的"标新立异"，则往往会使人走入艺术的误区，导致了事与愿违的负面效应。1959年我在《建筑学报》庆祝建国１０周年这期专刊上，设计了一个黑封面，就是受上述"审美观"影响，走入误区后犯下的一次错误。因而使我痛失了当时本已唾手可得的共青团积极分子和编辑部主编的两顶桂冠，引起我思想上沉重的失落感。[1][2][3]

---

[1]指当时建工部团委卞汝诚同志曾正式通知我，要我准备参加部即将召开的表彰先进的共青团积极分子大会。
[2]指当时传闻建筑学会领导将安排我担任学报主编的讯息。
[3]当时这期封面设计是衬淡红底色，上面再套印一幅新建人大会堂外景黑白照片，致主调呈黑色。

当印刷厂将印好的黑封面样本上报部里领导,并强烈指出这是向国庆奏哀乐、唱反调时,我清楚地记得,一位部长助理看过后,即当面责令我:"马上更换封面,立即作出检查!"我心情沉重地返回办公室,一边抓紧把它改换成全红的印有天安门广场总平面图和《建筑学报》四个金字的新封面;一边在党支部大会上作检查,接受群众的批判。

黑封面的阴影和痛失两顶桂冠的失落感曾像幽灵般地困扰着我。所幸当时学会领导和同志们仍一如既往地关怀我和鼓励我,才又使我重新站立起来,振作精神,投入工作,勇敢地去迎接新的挑战。一直到1969年干部下放,我才离开学报工作岗位。先上河南五七干校,后去湖北二汽,历时三载,于1973年返回北京,当时建工出版社主持全面工作的是杨俊,主持编辑工作的是杨永生,是他们把我调到出版社的,并委以第一编辑室室主任,重操旧业。

学术与政治

摆正学术和政治的关系,是我在学报10多年编辑工作中感受最深的难题之一。当时受左倾思想的影响,在对待学术与政治的关系上,曾产生把学术和政治两者混同起来,用政治代替学术的偏向。这种偏向在学报编辑工作中亦有所反映。

把政治与学术混配为一问题,表现在学报上就是大量转载政治性文章,以为这就是"政治挂帅"。最具代表性的是"文革"开始后,出版的1966年第6期学报。这期学报,从外到内,充满政治色彩。如封面印的是毛主席手拿香烟,头戴军帽,身着军装的半身照片,扉页满印"四个伟大"。目录中的10篇文章,《人民日报》社论、《红旗》杂志社论。中央公告、决定以及林彪讲话就占了一半篇幅;另一半刊有新编辑部公告1篇,批判刘秀峰文章4篇。在学术性刊物上发表如此大量的政治性文章实属罕见,无怪被读者批评为"浪费纸张,要突出政治,还不如看人民日报!"我虽表同情,但这是上面的指令,谁又敢公然违抗,充当逆潮流而进的勇士呢?

另一典型事例,要算1957年反右时出现在学报上的大量揭批华揽洪,陈占祥的文章。在这之前,原北京市委曾打算批判梁思成先生,并为之紧锣密鼓地组织了一批批判文章,而且清样也打了出来,准备在学报第一次复刊时公布于众。后来领导说,中央某领导人怕社会上同时批二梁(指批梁漱溟和梁思成),产生混淆敌我、影响不好的效果。这才临阵收兵,没有公开在学报上批梁思成先生了。

十年动乱时期,这种以政治代替学术的错误倾向愈演愈烈。可在学报上连篇累牍地发动对刘秀峰"新风格"一文的批判,其来势之猛,调门之高,令人毛骨悚然。

1973年后,促使第三次复刊后的《建筑学报》重获新生,持续了20多年来欣欣向荣的大好局面。

英国哲学家培根说过:"史鉴可以使人明智"。历史留下的种种经验和教训,理应载入学报史册,让后人铭记不忘。展望未来,学报将越办越好!前程更辉煌!

2000年3月30日(修改稿)

九十年代纪事

石学海

眼前放着几个证书，一个是国务院科学技术干部局1980年授予的《中华人民共和国建筑师证书》，另一个是国务院科学技术干部局1982年授予的《中华人民共和国高级建筑师证书》，再一个是建设部高级专业技术职务评审委员会1987年(1995年补发)授予的《高级建筑师(享受教授、研究员待遇)专业技术资格证书》。我的这些证书从一个侧面反映了中国建筑师几十年来特别是改革开放以来所走过的历程。新中国成立后，建筑师被统称为工程师，直到改革开放以后经多方呼吁才有了建筑师称号。但是，中国建筑师却得不到国际上的承认，因为中国建筑师是评议产生的，而国际上通行的是通过考试才能取得执业资格。显然，要使中国建筑师跨出国门，必须改革实行了几十年的评审制度。为此，中国建筑学会前秘书长张钦楠早在1988年就向叶如棠副部长提出建立我国注册建筑师考试制度的建议。他的建议被采纳了，掀开了中国执业建筑师历史上新的一页。

1989年5月下旬，建设部在京召开建筑教育评估研讨会，当时正值"六·四"前夕，从社会到单位到处乱哄哄，根本没有心思开会，直到会议结束，我对会议讨论的内容还是不甚了了，觉得与自己关系不大，会议过后就逐渐淡忘了。怎么也没想到，这次会议以后竟然把我逐渐拖了进去，耗费了我8年多的主要精力和时间。

1990年，在国家教委和建设部领导下成立了"全国高等学校建筑学专业教育评估委员会"，高亦兰教授任主任委员，我和鲍家声教授任副主任委员，随后参照美国评估标准制订了"全国高等学校建筑学专业教育评估标准"及相关文件，为开展建筑教育评估作好了准备。1991年，首批评估清华大学、天津大学、东南大学、同济大学等四所大学的建筑系，所谓评估，就是按照评估标准对照学校的自评报告，逐项进行视察，在短短几天内，把建筑系的方方面面了解清楚，最后写出视察报告，肯定成绩，提出建议，的确不是件容易的事。视察对我也是一次极好的学习机会。

1992年4~7月，中国建筑学会"教育与职业实践工作委员会"连续召开了3次会议，讨论编写注册建筑师考试大纲。会议由主任委员李道增主持，张钦楠秘书长作了主题发言。这时，我才恍然大悟：建立注册建筑师考试制度，要有三个标准，即建筑教育标准、注册建筑师考试标准(即考试大纲)和实习建筑师实践标准，这是一个完整的系统工程。由于会议来得突然，委员们对这项工作又很陌生，不知从何谈起，只能各抒己见，天南地北，不着边际。后来李道增说："我建议先请石总写个草稿，再开会讨论！"他的建议得到一致赞同，我却毫无思想准备，被将了一军。我从未参加过这种考试，也从未去国外作过这方面考察，心里没底，实在诚惶诚恐。经过慎重思考，我提出两条建议：一条是工业建筑与民用建筑差异太大，即使工业建筑之间的差异也很大，很难把它们捏合在一起。如果大家同意先写民用建筑的，我可以一试；第二条是我国经济发展很不平衡，发达地区与欠发达地区在建筑标准、技术水平、材料设备各方面都存在很大差别，这种差别不是短期所能改变的。根据国情，注册建筑师可能需要分几个级别，分多少级由建设部决定，如果大家同意写一级的，我可以一试。两条建议大家都同意。一个多月以后，我匆匆写了个连我自己都不满意的草稿，拿到会上讨论，大家依然是天南海北各抒己见，只得把草稿发给每人一份，请他们修改后交给我汇总。

编写考试大纲的讯息传开后，专业设计院很快打来电话，质问：为什么把工业建筑给踢掉？这时李

石学海(1928~)，高级建筑师(教授、研究员待遇)，建筑部建筑设计院顾问。

道增去了美国，张钦楠行踪飘忽，很难找到他，无法商量也开不成会。质问电话使我陷入深思：国外建筑师是不分工业与民用的，但我国情况特殊，专业设计院从中央到地方自成体系，门类繁多，队伍庞大，踢掉恐怕不行，捏合又行不通，我们也不可能搞两种注册建筑师！这个难题令我大伤脑筋，思考了很长时间。后来才想到能不能求同存异，找到一个结合点呢？大中型工业项目都有配套的居住区，居住区里各类项目比较齐全，以居住区作为结合点，完全能满足一级注册建筑师的考试要求。这个难题总算有了一个能让人接受的说法。

目前世界上还没有统一的考试标准，各国根据国情相互借鉴，内容大同小异。我们决定借鉴美国标准，美国标准以宪法为依据，美国宪法要求各州负有"保障人民健康、安全和福利"的责任，很多州也根据宪法对开业建筑师进行注册考试，目的是要求建筑师必须掌握基本的知识和技能。美国标准的考试内容分8个部分，考虑到我国建筑师经济概念比较欠缺，增加了经济内容，共9个部分：知识题7个部分，作图题两个部分；各部分的考试范围，尽可能划分清楚，避免将来命题时出现重题，给审题带来麻烦；考试大纲的文字力求简炼，只要能把该考的内容概括进去，让考生明白考什么就行了。在编写过程中，每写完一段就放在一边，隔一段时间再拿起来看，不满意再重写一段，到1993年3月已改写完第9段，仍不太满意，准备写第10段。这时张钦楠找上门来，我说："还没讨论过呢！"张说："来不及啦！先在学报上发表，广泛征求国内意见，我再把它翻成英文，寄到国外征求意见，以后还有修改机会！"初稿刊登在《建筑学报》1993年第4期。几个月后信息反馈回来，国内没什么意见，香港反应良好，美国提了两条意见：一条是规范内容偏多，另一条是应有残疾人设施内容，这两条意见我们都作了解释。

1993年底，张钦楠匆忙跑来告诉我：已经决定由人事部、建设部联合管注册建筑师考试的事，建设部设计司具体操作，成立了"全国注册建筑师管理委员会"，决定1994年在辽宁试点考试，取得经验后，1995年全国统考。于是，又匆忙邀请命题专家，组织第一次考题设计。我原以为作图题是我们所熟悉的，不会有多大困难，而知识题每题有4个答案，要选3个假答案，还要求真假难辨，可能不容易。所以第一次命题，我把重点放在知识题上，以后经过几次考题设计，最终发现作图题命题才是真正的老大难！对知识题命题的要求是，题目和答案都要"铁"，不能含混不清、似是而非，让考生产生误解；并规定了知识题的难易度：容易题占50%，中等题占30%，较难题占20%；但建筑学考题的难易，不像数理科那样分明，一般说来经常碰到的就容易，难得碰到的就难，与个人经历关系密切，不同经历的命题专家，对考题难易度的掌握也有差别，很难作出更明确的规定。

辽宁试点考试后，10月又匆忙进行第一次作图题评分，又是事前毫无准备，到了培训评分员现场，才发现连考题也没带去，临时借来黑板，凭记忆在黑板上边画边讲解，后来才想到这么多人评分没有统一规定不行，仓促画了个评分表，请大家补充完善，这就是后来评分标准的雏形，好在那次请来的评分员，水平都比较高，总算顺利度过试点考试最后一关。辽宁试点考试，取得了全过程经验，为全国大规模统考创造了条件。从1995年起全国每年统考一次，到1999年已经统考4次，总的来说，考试大纲和命题质量得到了建筑界和考生的认可，在命题、作图题评分和组织管理各方面都积累了一定经验，需要认真总结提高。

我们从建筑教育评估到建立注册建筑师考试制度，仅用了不到10年时间，速度之快，令许多国外同行感到惊讶，其中的辛酸苦辣也难以详述。这里特别值得提及的是：每次命题须动员40多位专家，他们都是各大设计院的总建筑师和大学教授；知识题命题从任务分配、初审、终审至少要开3次大会，最后还要逐字逐句推敲、修改，直至到印刷厂校核清样，工作量十分繁重；作图题命题除上述3次大会外，往往要增加中间审查，每审查一次都要作大量修改，推倒重来时有发生，一般要开5~6次会才能达到要求，难度很大；每年的作图题评分，须动员200来位主任建筑师或总建筑师、教授，工作量大、要求高，加班加点，十分辛苦。这些专家的差旅费、住宿费都由派出单位支付，几年下来有些设计院已累计支出几十万元，为行业建设作出了巨大贡献；命题与作图题评分都要求严格保密，专家们不求名不求利，任劳任怨，一丝不苟，数年如一日，高尚品德难能可贵！没有这些大设计院的鼎力支持和众多专家的无私奉献，要取得今天的成果是不可想像的。

忆林乐义对重建黄鹤楼的奇妙创意

高介华

子在川上曰:"逝者如斯夫,不舍昼夜!"
——《论语·子罕》

人类历史亦如川之流水,不断奔逝,不舍昼夜。历史的沉淀,成就了人类的文化。许多文化是在人们的记忆、发掘中重现、再生、凝固,得以传承。无论是西方的文学神品《伊索寓言》,或是中国的思想宝典《论语》,何尝是圣哲们的原作呢!《论语》不就是出自孔门弟子对其乃师言行的追"忆"吗?

每当我回忆重建黄鹤楼设计历程的一些往事时,乐义先生的灵气——他对斯楼设计的奇妙构想便会霎地飘忽于我的脑海,朦胧中似若清新,淳朴中透出智慧、亲切,隐含着对一名人民建筑师应负有自己的历史使命的一种警示。对于执着于民族文化的后起者又有一股强劲的磁性引力。

我初"识"先生是他的作品。50年代,我两度调北京,先后在交通部、建工部所属设计单位工作,有幸看到先生绘制的首都剧院设计透视图[1],深感其画笔雄健,技艺精微,所取黄色暖调,庄重中富有生气,深含韵味。我去首都剧院看演出,意不"在酒",而在观摩、探究、领悟该设计中的妙到之处。没想到20多年后,竟真的与先生结下了一段师生情缘。古人说:"人生何处不相逢",的确不虚。

1978年8月,在重建黄鹤楼设计方案第一轮全市性评选后,我奉院领导命,带着评荐的第13号方案专程赴京征求意见,以求得设计的进一步完善。国家建委科技局对这次征求意见作了周到的安排,先后组织了建研院历史及理论研究室、设计研究所和北京市建筑设计院的专题座谈会,听取许多著名建筑专家的意见。尔后,还单独听取了建研院刘致平教授和清华大学莫宗江教授的意见。

北京的初秋,风和日丽。1978年8月14日下午在建工部北配楼的建研院设计研究所,当赵小朋工程师和我跨入林乐义总工程师那间明亮的小办公室时,扬芸、龚德顺、蒋仲钧先生已在座。林总主持,没有多少寒喧,即切入正题。乐义先生一开始就提到重建黄鹤楼的"意义在于保持中华民族文化。"接着,扬、龚、蒋、赵相继发言,针对13号方案及附加的补充方案a、b[2]发表了意见,对该楼的设计问题提出了许多精辟的见解。

乐义先生时而不经意地摆弄着办公桌上的幻灯片,大概这些资料都是新从国外得来,他甚是珍爱。最后,他系统地表述了自己的看法。

他认为,设计宜取法清楼。因为未来的新楼要让人看上去像黄鹤楼,"清楼(就)能解决这一问题。"但又指出:"清楼(的)建筑比例不好",可以"基本照它,但是要革命。"他认为,重建黄鹤楼设计要走"以复古为革新"的道路,"要有武汉的特点"。13号方案"大轮廓是那么个轮廓,繁琐的要去掉。"要考虑到它能"在全市引起什么效果。"可以看出,乐义先生十分注重建筑的地域风采。

最令我感到惊异而又兴奋的是,乐义先生认为,重建黄鹤楼设计应当吸取楚地干栏建筑文化的特点,予以架空。这在此楼的功能和形式上都称得上是一个奇妙的创意。他还对底层的布置作了安排:"从台基下面上去,台基要扩大,台子拉高一

林乐义(1916~1988),1937年毕业于沪江大学,抗战胜利后到美国佐治亚州理工学院研究建筑学并任该校特别讲师。1950年归国后,长期担任北京工业建筑设计院总建筑师。

高介华(1928~),1950年毕业于湖南大学土木系建筑学专业,现任《华中建筑》杂志主编,教授级高级建筑师。

[1]我看到的并非先生原作,系刊物所载。

[2]第13号方案和a补充方案是高介华所作,b补充方案是他带去并为之命"名"的,系列人的作品,不属于评选方案之列。

点，底层作空廊子，连到外面来，下面就可以喝茶。""基座可以露点天井，一层再做个明梯下去。""要利用每一个空间，如走马廊。""底下两层茶座，……旁边有个踏步，也可以上来，甚至中间可以开个洞上来。"强调"每层都(应)有不同的气氛，平面布置、剖面处理很重要。"[1]

我带着专家们的意见回院后，更循着乐义先生的思路对方案进行了调整。高大台基的空腔就是面向大江的茶座。

唐代的黄鹤楼是著名酒楼，为官僚、文人荟萃游观之所。自崔颢"故人西辞黄鹤楼"诗出，诗仙李白亦为之倾服。尔后诗人李白、宋之问、孟浩然、王维、顾况、白居易、刘禹锡、贾岛、杜牧……及历代名人登楼留下了名句，可谓楼以诗名。因此，结合现代大众化游赏楼的现实条件，我在设计意向中以之为无欣酒楼，使游人能登顶层饮酒赋诗，亦能达到娱游观景行乐的高潮。为了解决餐饮食品的供应，在楼东侧建望江亭(实为餐馆，进行食品加工)，与原有的地下商场贯通，通过货梯，将肴馔成品向顶层输送。

1979年12月上旬，重建黄鹤楼设计方案送国家建委设计局审议，不少专家举出中外例证，认为黄鹤楼应保持历史上的酒楼本色。

出于对"每层都有不同的气氛"的思考，在审议后，我决心对西北地区的古典名作作一番考察，意在从室内的布置装修上予以丰富。乐义先生欣然为我写了介绍信，请兰州市副市长、著名城市规划专家任震英先生帮助。此行经历了对五台山台怀、大同诸寺及云岗石窟、应县释迦塔、青海塔尔寺、兰州五泉寺等名作的观照，得益匪浅。震英先生又给我写了去敦煌研究所的介绍信，适逢常书鸿先生外出未遇，匆匆参观，怅然而返。

1982年，我将1977年以后历次有关黄鹤楼设计的会议纪要、征求意见的记录作了系统疏理，长达4万言，其中多经本人审阅，命题为《建筑·文物·园林界专家谈黄鹤楼设计》。为了避免无谓的纠葛，一直等到该楼竣工后的1989年，方在《华中建筑》和《南方建筑》刊发，以作为一种历史性的学术探讨。岂料此文发表后不久，便从北京传来乐义先生已于10月15日逝世的噩耗，悲夫!当时我只能在黄鹤楼畔怀着深切的痛惜之情引领北望，遥为悼唁先生：

热血荐中华，画笔蓝图呈异彩；
毕生营广厦，集成大帙注芳畦。

10年后(1998年)，我的同学、武汉水利电力大学教授刘孟穆学兄来访，无意中谈到乐义先生是他的姑爹，姑母林夫人刘怡静尤精谙诗词……。于是我请孟穆兄向林夫人转达我对乐义先生生前谆谆教诲的感谢和怀念，并寄去了我的《击水词》一书。没过多久，林夫人果然将她的《怡静诗词》和夫人先严、已故湖南大学文学院教授，被誉为"同光十子"之一的著名诗人刘善泽先生所著《天隐庐诗集》一并回赠。夫人在《怡静诗词》的自序中诉述：此中诗词"大都为婚前所作。"由于"乐义逝世，痛深创钜，几至不能自持，爱将旧作整理，聊记前尘影事。"以慰乐义先生在天之灵。

乐义先生关于重建黄鹤楼设计的奇妙构想惜未成真，毋庸赘述。逝者如斯夫，不可追！但一个正直、爱国而又技艺杰出的中国老一辈建筑师的人格魅力却一直在感染和激励着我，亦将及于后之来者乎？我对先生的敬仰和怀念是永恒的。

2000年5月6日写毕于黄鹤楼畔

---

[1]文中所引林乐义先生的原话参见《华中建筑》1989年第1期和《南方建筑》1989年第2期所载《建筑·文物·园林界专家谈黄鹤楼设计》一文。

北京牌楼及其修缮拆除经过

孔庆普

牌楼，昔日曾是北京城里街道上的重要建筑物，它突出地衬托着市容的美。清末，跨于街道上的木牌楼共27座，计有前门外五牌楼、东交民巷牌楼、西交民巷牌楼、东公安街牌楼、司法部街牌楼、东长安街牌楼、西长安街牌楼、东单牌楼、西单牌楼、东四牌楼(4座)、西四牌楼(4座)、帝王庙牌楼(2座)、大高玄殿牌楼(2座)、北海桥牌楼(2座)、成贤街牌楼(2座)、国子监牌楼(2座)。临街的牌楼有两座，一是大高玄殿对面的牌楼，另一座是鼓楼前火神庙牌楼。

跨于街道上的27座木牌楼，于民国时期拆除两座，即东单牌楼和西单牌楼；改建成混凝土结构的牌楼有17座，即五牌楼、东交民巷牌楼、西交民巷牌楼、东四牌楼、西四牌楼、成贤街牌楼、国子监牌楼、北海桥牌楼。

新中国建立后，北京城内跨于街道上的牌楼共计25座。其中有木牌楼8座、混凝土牌楼17座。1950年9月，政务院遵照周恩来总理关于保护古代建筑等历史文物的指示精神，发文给北京市人民政府。市政府随即要求建设局对城楼、牌楼等古代建筑的状况进行调查，并提出修缮计划。

由建设局邀请北京文物整理委员会，共同对城楼和牌楼进行了调查，并拟定出修缮方案和用款计划，上报市政府。

当时以火神庙牌楼的技术状况为最差，各部木构件腐朽严重，主体略有变形。跨于街道上的牌楼，以东公安街和司法部街的两座木牌楼的技术状况为最差，主要构件大部分都有不同程度地腐朽，以前曾加固的部位也已松动。其次是帝王庙的一对木牌楼，其主体较完整。其中东牌楼南边间稍有变形，多数戗柱有被撞痕迹，楼顶局部瓦件有损坏，

其余22座牌楼基本完整。

一、牌楼的构造与状况
前门外五牌楼

五牌楼正名为正阳桥牌楼，因其属于五间六柱五楼式牌楼，故俗称五牌楼。正阳桥牌楼位于正阳桥南面，跨正阳门大街，建于明正统四年(1439年)。

正阳桥牌楼原建为木结构，六柱均为通天柱(亦称冲天柱)。每根柱各有一对戗柱，明间(亦称中间或正间)上镶"正阳桥"匾额。民国24年(1935年)改木牌楼为混凝土结构。

东交民巷和西交民巷牌楼

东交民巷牌楼位于东交民巷西口，跨东交民巷街道。西交民巷牌楼位于西交民巷东口，跨西交民巷街道。两座牌楼初建为木牌楼，其构造与形式相同，均系三间四柱三楼式有戗柱木牌楼，立柱均为通天柱(亦称冲天柱)。民国24年(1935年)，将两座木牌楼同时改建成混凝土牌楼。东交民巷牌楼匾额为"敷文"。西交民巷牌楼匾额题"振武"。东公安街和司法部街牌楼。

在东公安街北口和司法部街北口，各有一座木牌楼、两座牌楼分别跨于东公安街和司法部街上。其结构与形式完全相同。均系三间四柱三楼式有戗柱木牌楼。只是匾额不同，东公安街牌楼题"履中"。司法部街牌楼题"蹈和"。

民国12年(1923年)修筑电车轨道时，鉴于司法部街牌楼曾做过加固，且有腐朽，铺设线路从牌楼西边由南向西转弯，躲过牌楼。

民国38年(1949年)1月6日，军车将东公安街北口的木牌楼撞坏。明间的西立柱类杆石撞损，此立柱的北

孔庆普(1928～　)，曾任北京市市政工程管理处桥梁所总工程师，教授级高级工程师。

前门外五牌楼(木结构)

东交民巷西口牌楼，远处为西交民巷牌楼(孔庆普摄)

前门外五牌楼(钢筋混凝土结构)

戗柱被撞移位。由北平市工务局将戗柱复位并加固。

东长安街和西长安街牌楼

东长安街牌楼位于王府井南口外西边，跨东长安街。西长安街牌楼位于府右街南口外东边，跨西长安街。两座牌楼结构相同，均为三间四柱三楼式木牌楼。立柱均为通天柱(冲天柱)，每根立柱各有一对戗柱。牌楼上的匾额皆题"长安街"。

东单和西单牌楼

东单牌楼位于今东单北大街南口，跨东单北大街，立于原观音寺胡同西口外南边。由于该牌楼是单独一座，又位于紫禁城以东，故俗称东单牌楼。其匾额原题"就日"，民国5年改为"景星"据北京有轨电车史料记载：东单牌楼于民国14年东路电车通车后第二年，因牌楼有危险，将其拆掉。依此该牌楼应系1926年被拆除。

东长安街牌楼

西长安街牌楼

东单牌楼

东四牌楼

西四牌楼(木结构)

西四牌楼(钢筋混凝土结构)

帝王庙牌楼景德坊

北海大桥西头牌楼(木结构)

西单牌楼位于今西单北大街南口，跨西单北大街。立于原旧刑部街东口外南边。由于该牌楼系单独一座，又位于紫禁城以西，故俗称西单牌楼。其匾额原题"瞻云"。于民国5年改为"庆云"。据北京有轨电车史料记载：民国12年修建西路有轨电车线路，因西单牌楼结构损坏极重。难以修复，遂将其拆掉。据京都市营造局档案中记载，民国11年拆西单牌楼。

东单牌楼和西单牌楼的结构完全相同。均为三间四柱三楼式有戗柱木牌楼。四柱为通天柱。楼顶为两坡瓦顶。

东四牌楼

东四牌楼，坐落在猪市大街（今东四西大街）东口、朝阳门大街(今朝阳门内大街)西口与南、北大市街（今东四南、北大街）相交路口处。此处共有4座牌楼，分别立于路口的四面。南北两座牌楼跨南、北大市街，东牌楼跨朝阳门大街，西牌楼跨猪市大街。

昔日的东四牌楼为木牌楼。4座牌楼的结构与形式完全相同，均为三间四柱三楼式。其立柱均为通天柱，每根立柱各有一对戗柱。民国24年(1935年)，改4座木牌楼为混凝土牌楼。

西四牌楼

西四牌楼，坐落在羊市大街(今阜成门内大街)东口、马市大街(今西四东大街)西口与南，北大市街(今西四南，北大街)相交路口处。此处共有4座牌楼，分别立于路口的四面。南北两座牌楼跨南、北大市街，东牌楼跨马市大街，西牌楼跨羊市大街。

昔日的西四牌楼为木牌楼，4座牌楼的结构与形式完全相同，均为三间四柱三楼式，其立柱为通天柱，每根立柱各有一对戗柱。民国24年(1935年)，改4座木牌楼为混凝土牌楼。

帝王庙牌楼

帝王庙牌楼立于帝王庙门前左右各一座。跨于羊市大街(今阜成门内大街)上。两座牌楼的结构与形式相同，同属三间四柱七楼式有戗柱木牌楼，牌楼上的匾额皆题"景德街"故该牌楼又称景德坊。牌楼与帝王庙为同期建成于明嘉靖十年(1531年)。

1950年10月，进行古代建筑调查时，景德坊是当时所有木牌楼中造型最美、雕刻件作工最精细的

北海桥西头牌楼(钢筋混凝土结构)

大高玄殿牌楼

一座。总体技术状况基本完好。东座牌楼的南边柱稍有下沉现象。南边间(跨间)结构稍有变形,尚较稳定。楼顶瓦件有少量损缺。木件上的油漆保护层已全部脱落。

1950年12月30日,调查帝王庙牌楼被撞情况。当时羊市大街的路面只有中间一条为沥青面层(牌楼的明间内),两边是石碴路面(牌楼的边间内为石碴路面)。所以车辆都集中在牌楼的明间内行驶,致使其戗柱经常被撞击。据说,此次已是该月第三次被撞坏,此次和以前的撞损部位共有4处,即东牌楼明间北立柱的两根戗柱被撞损,西牌楼明间南立柱的西戗柱被撞脱离柱顶石。还有东牌楼北端西侧戗柱,因其位置正在帝王庙东夹道胡同口外,影响车辆通行,有撞损痕迹。

北海大桥牌楼

北海大桥是金鳌玉蝀桥的俗称,于其两端各有一座牌楼,俗称北海大桥牌楼。其正名应是金鳌玉蝀桥牌楼,因西牌楼匾上题"金鳌"。东牌楼匾上题"玉蝀。"故亦称金鳌玉蝀牌楼。

金鳌玉蝀牌楼建成于明朝弘治二年(1489年)。

两座牌楼的结构与形式相同,均为三间四柱三楼式有戗柱木牌楼。民国23年(1934年),将木牌楼改建成钢筋混凝土结构的无戗柱牌楼。

大高玄殿牌楼

大高玄殿牌楼位于大高玄殿门前,共有牌楼3座,统称大高玄殿牌楼,其中有两座跨景山前街,立于大高玄殿门前左右各一座。另一座在大高玄殿对面,立于筒子河北岸上,面向南北。其左右有一对习礼亭。东亭称"炅真阁"。西亭称"昫灵轩"。3座牌楼建于明嘉靖二十一年(1542年)壬寅四月。

大高玄殿的3座牌楼,其构造形式相同,同属三间四柱七楼式无戗柱木牌楼。这是北京所有牌楼中独有的3座无戗柱牌楼。每座牌楼的匾额两面题字不同,南牌楼的南面为"乾元资始",其北面为"大德曰生"。东牌楼的东面为"孔绥皇祚",其西面为"先天明境"。西牌楼的东面为"太极先林",其西面为"弘佑天民"。

北平市工务局档案中记载:"民国38年1月11日,军车将大高殿西牌楼中间南夹杆石撞裂走迹。

查大高殿西牌楼,前于1月11日被国军汽车撞

大高玄殿牌楼（孔庆普摄于1954年8月3日清晨）

大高玄殿前习礼亭

毁，明间南夹杆石撞裂歪斜。中楼上瓦件及垂脊、仙人等亦势将脱落，南楼琉璃瓦顶之两坡琉璃瓦震动脱落。彼时以天气严寒，不宜施工。

北京市人民政府建设局档案中记载有整修大高玄殿牌楼事项：

"元大营造厂承修大高玄殿牌楼工程。项目：归安扶正夹杆石。修复楼顶琉璃瓦等约4平方公尺。全楼顶清陇查补，1950年4月12日开工，16日完竣。"

国子监和成贤街牌楼

成贤街（今国子监街）上共有4座牌楼，都跨于街道上，街道东西两头各一座，其匾额题"成贤街"国子监门前左右各一座，其匾额题"国子监"。

1950年12月，进行牌楼状况调查时，据孔庙工作人员说："这街上的4座牌楼，从前都是木牌楼"，并存有一张牌楼照片，从照片上看牌楼是单间双柱单楼式，调查时这4座牌楼都是单间双柱三楼挂柱式（亦称一间二柱垂花三楼式）。何时改建已无记载。

如今国子监街上的4座牌楼，依然是单间二柱三楼挂柱式牌楼，技术状况完好。

原北平市工务局档案中没有关于国子监牌楼和成贤街牌楼的记载。

火神庙牌楼

火神庙牌楼位于万宁桥北头路西、火神庙山门外以东，牌楼面向东西，是一座三间四柱三楼式有戗柱木牌楼。

1950年12月26日，公安局交通管理科说："据北城交通班反映(当时火神庙前院为交通队驻所)，火神庙牌楼有危险，戗柱要折断"经查，该牌楼8根戗柱中有5根严重腐朽，其中东侧北面的两根戗柱将折断。由交通队用杉檩绑附支顶，全牌楼木件腐朽，构件节点多有松动，楼顶多生杂草，瓦件有松动现象。

遂将此牌楼状况转告北京文整会，建设局立即向市政府报告。同时要求养路工程事务所对该牌楼采取保安全临时措施。

1951年1月上旬，由养工所综合技术工程队(简称技工队)，将火神庙牌楼的4根戗柱做临时加固，并在牌楼的南北两端各加一根临时戗柱。将楼顶上的松动瓦件取下。

此外，北京城里的古代木牌楼，在北海公园里还有几座，如堆云积翠桥牌楼，陟山桥牌楼(西座)等。

二 牌楼的修缮与拆除

新中国建立后，北京牌楼的修缮与拆除，同时开始于1950年9月。

是年9月初，在天安门道路展宽工程中，由道路工程事务所施工，拆除东公安街和司法部街牌楼。这两座木牌楼，因年久失修，其主体结构已失稳，主体大构件均为黄松木料，斗栱、花板等部件均为红松木料，腐朽严重，已不能再利用，只有两块石匾由文化部社会文化事业管理局(今国家文物局)收存，这是新中国建立后第一次拆牌楼。

9月中旬，为配合国庆活动，由建设局养路工程事务所(简称养工所)对东、西长安街牌楼进行油饰。

国庆节过后，由建设局顾问林是镇主持，对城楼和牌楼进行初步调查，当时我在道路科工作，临时抽调做古建调查，10月中旬将城楼和牌楼的现状上报市政府。

11月下旬的一天，在市府东大厅开完会后，秘书长薛子正对建设局副局长许京骐说："修缮城楼的事，总理批了，政务院还将拨一部分款子来。总理说：'毛主席很关心北京的古代建筑和历史文化古迹，城楼和牌楼等古代建筑是我们祖上劳动人民留下来的瑰宝，应注意保护好，我们的国家现在还很穷，需要花钱的地方很多，修缮工程暂以保护性修理为主。'估计拨款不会太多，先编制一个修缮计划和预算，等政务院拨款后再具体安排。"

1951年1月上旬，建设局和北京文整会拟定出城楼和牌楼修缮工程实施方案。

是年4月中旬，由养工所综合技术工程队(简称技工队)，对东、西长安街牌楼进行全面维修，完全按照古代建筑修缮工程技术作业程序进行操作。

4月25日，市政府通知建设局：政务院拨给北京市修缮城楼工程款15亿元(旧币)，牌楼修缮工程，由建设局年度投资内列支，修缮从简。于是建设局将牌楼修缮工程改为维修工程，投资压缩近半。

5月上旬，颐和园东宫门外的涵虚牌楼被撞，正间北柱西侧的戗柱移位，遂进行修理。并做楼顶清陇查补及全面保洁维护。

颐和园牌楼完工后，维修帝王庙牌楼，该牌楼原计划是全面修缮，因资金不足而改为保护性修理。其主要项目包括：楼顶清陇查补，补齐琉璃瓦；加固被撞的戗柱；各构件上的大裂缝做钻生填灰处理；两座牌楼保洁维护。

同年9月上旬，大高殿3座牌楼楼顶清陇查补及全楼保洁维护，习礼亭屋顶清陇除草。随后对正阳桥牌楼做楼顶清陇查补及全面保洁维护。

1952年5月，开始酝酿拆牌楼的事，此问题是公安局交通管理处首先提出的，他们说，鉴于大街上的牌楼附近交通事故频繁，牌楼影响交通是发生交通事故的主要原因，建议养工所拆除牌楼，而后又接数封建议拆牌楼的市民来信。养工所将此情况都曾转告北京文整会，后来，曾几次提到北京市各界人民代表会议上讨论。面对大街上的牌楼确实有碍交通的事实，遂转入将牌楼易地重建问题的讨论，讨论的重点逐渐集中到帝王庙和大高殿牌楼的易地重建上。

1953年5月份交通事故简报中说："女三中门前发生交通事故4起，主要是因为帝王庙牌楼使交通受阻所致。牌楼的戗柱和夹杆石多次被撞，牌楼有危险。东交民巷西口路面坡度过陡，又有牌楼阻碍交通，亦属事故多发点。"

1953年7月4日，建设局奉市政府指示，牵头组织关于交民巷和帝王庙牌楼拆除问题座谈会，会上对交民巷的两座牌楼都同意拆除。关于帝王庙牌楼，文物部门的意见是最好能保留，或易地重建。

同年12月20日，吴晗副市长主持召开首都古文建筑处理问题座谈会。他在总结发言中说："座谈会已取得一致意见的几处古代建筑物处理意见：第一，景德坊先行拆卸，至于如何处理，另行研究。第二，地安门的存废问题以后再研究，先拆去四周房屋10间，以解决交通问题。第三，东、西交民巷牌楼可以拆除。"

1954年1月8日，由养工所技工队开始拆卸景德坊。1月10日，梁思成教授来到现场，观赏牌楼和庙内建筑物。1月20日拆卸完毕。

两座牌楼的木材，除檩、椽等楼顶构件为红松木外，其余构件均为楠木材料，立柱为中心木柱外有6厘米包层，每根立柱上有7道铁箍，柱高4.70米，龙门过梁和额枋各为3块扁方木(1厚2薄)用5道铁箍组成，龙门过梁长9.40米，龙门枋长6.90米，其它横枋长均为6.65米。全部木构件轻度腐朽。两块汉白玉石匾完好，全部琉璃瓦件，以及琉璃柱冠(毗卢帽)和云罐无损。

同年3月6日，拆除东交民巷牌楼开工，脚手架刚搭完，次日接张友渔副市长通知："交民巷牌楼暂停施工，等梁教授看完后再拆"。于是当天夜间将脚手架拆下，将杉槁等放在中华门前面。12日梁思成先生来到现场察看，并询问长安街牌楼何时拆。15日恢复施工，昼夜施工，21日清晨东牌楼场光地净。25日清晨西牌楼场光地净。

两座牌楼的结构相同，其主体为钢筋混凝土整体结构，枋间的镂空花板和斗栱及其以上的木部件，均为红松木材。楼顶为陶瓦件，只有柱冠(毗卢帽)是琉璃件。

3月上旬，建设局向市政府上报拆牌楼计划，当时的安排是，在6月15日上汛前，拆除长安街牌楼和东、西四牌楼共10座。市府秘书厅批示："长安街牌楼暂缓拆卸，东、西四牌楼拆否，另行通知"。

于是临时安排于4月中旬去拆除4处小型牌坊，即打磨厂西口、织染局西口、船板胡同西口和辛寺胡同南口的4座小牌坊。

8月18日建设局接市政府通知："长安街上的两座牌楼准予拆卸，要尽量少影响交通。"

长安街牌楼拆卸工程，于8月21日下午7点正式开工，两座牌楼同时施工，于25日凌晨4点做到场光地净。

拆卸过程中，所有木构件一一编号并造册登记。全部瓦件无一损坏，随拆随运，全部木件、瓦件、石件等，运至陶然亭公园北门内分类放置。

两座牌楼的立柱和额枋，均系黄松木材，其它构件除部分戗柱为杉木外，均为红松木材。全部红松木件，其木质已变脆性。毗卢帽有5件为琉璃件，3个无釉面。

1954年10月25日，广安门外大井村以西的砖牌楼被撞损坏。

同年11月27日，市政府批准拆除大井砖牌楼。于12月9日开始拆除，是月20日拆完。

12月15日，市政府下达拆牌楼通知，包括东四牌楼、西四牌楼、大高玄殿牌楼及北海三座门、要求于春节前拆卸完毕。

东、西四牌楼于12月21日同时开工折除。是月26日凌晨6点，两处同时做到场光地净。8座牌楼的结构相同，其主体构造均为钢筋混凝土结构，斗栱及其以上部位为木结构，枋间花板为楠木雕件。其余木件为红松木。楼顶全部为陶瓦。柱冠为琉璃件。匾额为汉白玉石板两面刻字。东四牌楼之东牌楼匾额刻"履仁"。西牌楼为"行义"。南、北牌楼均为"大市街"。西四牌楼之东牌楼匾额刻"行义"。西牌楼上为"履仁"。南、北牌楼均为"大市街"。拆下的石匾由文化局收存。

1955年1月2日开始拆北海三座门，同时做拆卸大高殿牌楼施工准备。6日晨拆完。

1月8日，大高殿两座跨街的牌楼拆卸工程开工，1月14日完工。

两座牌楼的结构相同，其主体构造用材，除东座牌楼南边柱为黄色铁力木(俗称铜糙)外，其它7根立柱和12根额枋，以及楼柱和过梁均为黑色铁力木(俗称铁糙)。每根构件皆采用独根木材制成，檩、椽等楼顶木构件为红松木。斗栱、花板等为楠木雕件。楼顶全部为绿琉璃瓦件。匾额为汉白玉石板两面刻字，夹杆石及其锁口石为白石，夹杆石上雕有4只石兽。全部材料由房管局收存。

春节后，因广安门箭楼有危险，养工所技工队又接受临时交办的拆除广安门箭楼工程。此工程于3月1日开工，3月15日完工。

5月下旬，北京市人民委员会(市政府)对房管局下达拆除正阳桥牌楼任务。6月6日房管局召开配合会，邀请技工队做技术指导。

此工程于6月12日开工，6月21日完成。该牌楼是一座五间六柱五楼式无戗柱混凝土牌楼，其构造与四牌楼不同之处，一是五楼均为四坡顶。二是每组斗栱中竖穿一根大螺栓，三是正阳桥牌楼匾为青白石。

是年11月，金鳌玉蝀牌楼在北海大桥加宽工程中予以拆除。由第二道路工程公司施工。

两座牌楼的结构相同，其主楼为四坡顶，边楼为三坡顶，立柱、横枋和枋间柱为钢筋混凝土整体结构，柱上端各筑一混凝土方柱，上面筑混凝土脊檩，使其与立柱构成整体，其余部位均为木结构。斗栱、花板和雀替为楠木，其余为红松木。楼顶全部为琉璃瓦件。匾额为汉白玉石板两面刻字。夹杆石及其锁口石为白石，每组夹杆石上雕有4只石兽。

1956年在景山前街道路加宽工程中，由第一道路工程公司施工，于是年5月28日至6月10日，拆除大高玄殿对面牌楼及习礼亭。同期还拆除北上门等古代建筑。

该牌楼与跨街的两座牌楼结构相同。只是其所用木材与另外两座牌楼不同。4根立柱中有3根是铁力木，另一根立柱和6根额枋为黄松木。其余木构件均为红松木。

至此，北京城里已拆除跨于街道上的牌楼27座，拆除临街古代牌楼两座。所剩跨于街道上的牌楼尚有4座。即两座成贤街牌楼和两座国子监牌楼，此后再未拆过牌楼。

牌楼的修与拆，资料来源主要是1951和1952年，我在养工所管理桥梁、古建养护时和1953年以后任技工队队长期间的工作日记。由于数据不全，故未将数据写入。

补记

关于拆牌楼的事，市政府主要是由秘书长薛子正和张友渔、吴晗两位副市长主管。他们对保护古建筑比较重视，1951年，秘书长和吴副市长常过问维修牌楼的事，文物部门只有北京文整会关心。对保护古代建筑最上心的是梁思成先生。

1954年1月8日开始拆除帝王庙牌楼。记得1月10日梁思成先生来到现场，当时正在搭脚手架。他问我，这两座牌楼计划什么时候拆完？照像了没有？部件存在那里？重建的地点定了没有？我说：像片已照了，立面、侧面、局部大样都有。上级布置是拆卸，要求操作仔细，力争不损坏瓦件，木件不许锯断，立柱和戗柱必要时可以锯断。拆下的部件暂存于帝王庙内，由文整会安排，重建地点尚未确定。据文整会俞同奎说：民族学院拟将牌楼建于校园内。梁先生还说，北京的古代牌楼属这两座牌楼构造形式最好，雕作最为精致，从牌楼的东面向西望去，有阜成门城楼的衬托。晴天时还可以看到以西山为背景，特别是在夕阳西下的时候，形成的景色更美。为了争取保留这两座牌楼，曾给周总理写过信，总理回敬我一句："夕阳无限好，只是近黄昏。"唉！也难说：这里的交通问题确实也不好解决。他还问我，牌楼的木件腐朽程度如何？我说，经初步检查，木构件大部分腐朽很严重，拆卸时尽力小心吧。梁先生最后说，感谢！感谢！我这次来主要是向牌楼告别的。而后他又进帝王庙看了看。

以前我还真不知道帝王庙牌楼是构成一幅美景图画的主体呢。此后就天天等待梁先生所说美景的出现，晴天和晚霞都出现了。只是牌楼已被脚手架包围，无法为美景留影了。

1954年3月6日开始拆交民巷牌楼。第二天建设局通知，把已搭的脚手架全拆掉，等梁思成先生看完再动工。可是，等了两天，仍不见梁先生来，遂报告局秘书室，12日由秘书室去车接来梁先生，由我在现场接待，梁先生只看了东交民巷牌楼，他说，这两座牌楼都是改造过的，已不属于古代建筑，这里道路坡度较大，牌楼建在这里确实影响交通，又问：长安街牌楼什么时候拆？我说，东、西长安街牌楼计划在"五一"前拆完，6月15日上汛前，计划拆完东、西四牌楼，他没再说什么就走了，没过几天，市政府通知：长安街牌楼暂缓拆、东、西四牌楼拆否未定，另行通知。

初学记
——纪念《世界建筑》的创业

陈志华

小叙：

杨永生先生善于出题目编书。出的都是小题目，编成的却都是大书，很有意义的。所以，对杨先生交下的写作任务，我历来都是有呼必应，恭谨从命。但今年杨先生出了个写点儿回忆的题目，把我难住了。几十年来，我都是个边缘上的人物，从来不曾接触过什么值得传之永久的事情。为难之际，忽然想起，《世界建筑》创刊之初，我曾经为它跑过一次腿，这本杂志经过许多人的努力已经成长壮大，在建筑界享有盛誉，理应有人把它当年在风雨中克服种种困难，惨淡经营的事记录下来，作为记念。可惜，它的拓荒者如今或者不愿执笔，或者不能再执笔，而熟知那个艰难过程的人又太少，难于另外找人执笔。于是，我把《世界建筑》创刊10周年纪念时写的一篇不妨称为"回忆"的短文找出来，交给杨先生。这当然还是一个"边缘人"的所见，只有整条大鱼身上的一片鳞，既少又肤浅，但为了记下拓荒者的奉献精神，我还是希望能通过杨先生的法眼严审。

原文的标题叫《为我的诺言而写》这次就算彻底实践我的诺言罢。

2000年6月

为我的诺言而写

几天前，昭奋同志来说，《世界建筑》创刊10周年了，要写些文章纪念纪念，我的记忆忽然格外好了起来。10年来跟《世界建筑》的亲密关系，都成了一个个小故事，象一长列火车，在眼前一节又一节地闪过。

11年前一天黎明，对着又苦干了一整夜、已经精疲力尽的吕增标同志，我泪眼模糊地说过：如果将来我写中国当代建筑史，一定要把《世界建筑》的创办经过写进去。在去年发表的《中国当代建筑史论纲》里，我写了一段："最早打开对外窗子的是《世界建筑》双月刊。它的创办既需要胆识，也需要吃苦耐劳。它专门介绍国外的建筑创作和理论，对新时期中国大陆上建筑思想的开放活跃作出了贡献。"因为是《论纲》，字数有限，虽然这一段话已经很长，我还是没有实现对老朋友的诺言。谢谢昭奋同志，他允许我随意写什么题材，我就想写下《世界建筑》创业时候的一则故事，稍稍减轻我心头的重负。

1976年，"四人帮"倒台，工宣队撤走，我和陶德坚同志走出牛棚，协助吕增标同志完成他主编的那本《图书馆建筑》。当时，政策还很暧昧，吕增标同志只好按老例，在书里只采用国内的资料，以致书的学术质量不高。我们几个人，洗脑子都不见成效，在一起议论，觉得不汲取国际经验，我们的建筑水平很难提高。恰好这时候写到了图书馆的设备这一章，我们查找了许多复印机和胶印机等等的资料。有一天，讨论时，吕增标同志慢悠悠地说，买一台胶印机，把系里的一些外国杂志选印一部分，供同行们参考，岂不是大大的好事。好事倒是好事，可是谁敢认真去想？

那时候，刚刚把"不抓辫子，不打棍子，不记本子"当作天大的恩典，连"心有余悸"、或者"心有预悸"这样的话都还不大敢说。没想到，吕增标同志却正式向系领导提出了买胶印机印国外资料发行的建议。每一位经历过头30年的人都知道，那会儿，提这种建议的人，不是发呆犯傻，就是乘飞碟从天外来的。真不知他老吕是何方神灵，吃的是何方贡献。不料，有一搭便有一档，当时建筑系的领导刘小石同志，好像忘记了10年的煎熬，居然胆大包天，同意了这个建议。

于是，1978年秋天，吕增标和我，再加上白玉贞和校印刷厂的韩师傅，一起到东北一个滨海城市

陈志华(1929~)，清华大学建筑学院教授。

去买胶印机。当了10年"废品",第一次去办正儿八经的事,大家很兴奋。在火车上,我们反复排练怎么向人敬烟,趁什么样的时机,说什么样的话,等等。吕增标同志是支老烟枪,不过,"只解自怡悦,不惯递与人",白玉贞自告奋勇担任导演。带去的是老吕自己买的几包红双喜。

不记得烟是怎么敬的了,反正是工厂的供销科长一口咬定没有机器。我们几个人陪着笑脸,一筐一筐地说好话。最后,科长清一清嗓子发了话:"你们买机器,带了什么来?"老吕一听有了转机,赶紧回答:"带了支票。"这回答很使科长吃惊。他愣了一会儿,忽然哈哈大笑,笑得满脸蛋眼泪鼻涕。然后,象教育孩子一样,向前倾了身子,特别柔和地说:"某机关来买机器,送来一百袋白面,某机关送了一车皮烟煤,……"我们几个人面面相觑,只见都是草包相,不得不退了出来。带着满腔烦恼,在海边白茫茫的盐碱地边蹓跶,把芦苇叶揪成碎片。

商量了一下午,晚上揣着剩下的几根香烟,找到了一位技术员的家。想不到他的妻子给我们递了一个消息,这个厂的副厂长是清华大学的毕业生,手里有五台由他支配的机器,这支配权是他的个人福利,别人管不着。我们大喜,第二天找到这位副厂长,他自认倒霉,我们终于买到了机器。

等办妥了一切手续,供销科长露出神秘的笑容,眯起眼睛说:"你们去办托运罢!"到了火车站,我们被当作皮球,在几个科室之间踢了几个来回,弄得我们莫明其妙。为了撬开我们的木脑袋,货运站长打电话给站长,大声叫嚷:"他们就这么空着手来办托运。我们职工宿舍还差几万块砖,不叫他们出叫谁出?"旁听了这句话,又知道在这个车站找不到清华大学的毕业生,我们只好回北京来了。想起那10年里天天听到的"不会杀猪"、"不会分辨韭菜和麦苗"的嘲笑来,心里酸不溜丢的不

是滋味。而我还要为手表被偷更多一份气恼。

真是天无绝人之路,中国建筑界命该有这份《世界建筑》。解放军的一个单位为委托我们系做一项设计,派了一辆卡车直奔东北,把那台胶印机拉了回来。

胶印机一到,吕增标和陶德坚马上就练成了全把式,从制版到印刷,两个人日夜地干。陶德坚甚至用鲁班爷的工具自己动手做了一个摄影箱。我的编制在这个组,但是老吕认为我应该赶紧写教材,不叫我跟他们一起玩命。我很感谢老吕。但因此我也就不能足够生动地记述他们此后的工作了。

机器的质量很差,能生出各种各样的毛病来。印出来的废品比正品多。他们两位成天埋在废纸堆里,人瘦了一圈又一圈。隔不了几天就得请厂里的技术员来修理一次。每一次来,吕府上就得杀老母鸡,买几瓶酒,不敢有一点怠慢。那时候我和老吕都住筒子楼,门对门,只要一闻到鸡香,我就知道技术员来了。临走的时候,要几只煤炉,要烟囱,还要多少双棉鞋,老吕一样样都给办到。

吕增标和陶德坚两位同志,都不仅仅是拼命三郎,而且对工作的质量要求得近乎偏执。从写稿、校对到印刷,亲自动手,一丝不苟,连杂志的装订都要跟着干,通宵地不睡,成了常有的事。头一年,他们的眼珠一直是红的,漾着浊水。1979年,《世界建筑》的试刊号出版了,是吕增标叫上我,蹬着三轮车,把第一批成书拉到系里。就在这时候,我的教材交稿了,我也离开了这个小组。

《世界建筑》从试刊到现在,当然接连不断地还有许许多多动人的故事。10年来,我经常是编辑部的常客,不是帮他们搞一二百字的消息就是校改几个错字。我不知道《世界建筑》会不会有那么一天还需要人去拼命,如果需要,我会冲上去的,凭这副老骨头!——这又是一句诺言,不知下次怎么写啦。

(原载《世界建筑》1990年第5期)

小事忆梁思成先生

吴焕加

　　1948年的一天,梁思成先生在清华大学科学馆讲演。当时我是航空系一年级的学生,出于好奇,也去听了。梁先生说学工的人不知人文科学,不懂社会,是"半个人",这对社会不利。我思想为之一怔。现在还记得那次演讲时的一个细节:梁先生把手杖往讲台地板一顿,咚的一声,后面放幻灯的人便换一张片子,大家觉得有趣。

　　听讲以后,我跑到建筑系观察了几次。这个系成立不久,学生总共不过三四十人。都在一间大房间里画图。我看他们个个神态安逸,一边画图还一边哼歌。教师为学生改图,好像在互相商量事情。教室和走道墙上挂着建筑图片和水彩画。资料室里陈列着许多文物。我如入宝山,非常激动,才知道清华还有这么有意思的系科。于是就想转系。我在中学时曾是美术社的社长。

　　选好一个日子,我来到建筑系,鼓足勇气敲了系主任办公室的门。梁先生正在。我嗫嚅地说了来意。见先生和蔼便放松了一些。梁先生问我画得如何,我呈上一年级成绩册,说我的画法几何和机械制图都有90多分。先生笑了,说:我们要的不是几何画而是美术画……,下面说了些什么现在都忘了。总之,建筑系接收了我,我成了梁思成先生的一名学生。

　　我是有运气的。解放初,梁先生的儿子梁从诫上了清华历史系却未能转建筑系。他们父子都很坦然,但我总觉这是一件憾事。

　　毕业后我留系任教。在"大跃进"高潮时结婚。那时期一切个人的事都极简单。傍晚,同事们从劳动工地直接来我们房间庆贺一下。大家合送我们一对自来水笔,我们也只有水果糖招待。想不到的是梁先生也亲自来了。他送来一块玉璧和一个珠串,说我们是珠联璧合的一对。我们的父母都未能到场,而梁先生来了。此情此景永不会忘怀。

　　60年代初,我的妻子从陕西调回北京,没有房子住。黄报青和吕俊华夫妇让我们暂住他们那里。春节时候,我们把配给的食品凑在一起吃年夜饭。忽然有人敲门,竟是梁先生来了。我们——他的四个学生,同先生一起度过一个简朴、幸福又极不寻常的除夕。

　　我的女儿出生时,梁先生和他的女儿梁再冰到我们住的筒子楼宿舍看我们。一间小屋十分局促,几乎没法请他们坐下。

　　一次,梁先生让我把一份讲中国园林的中文材料译成英文,我勉力翻出来,不料竟获得他的赞许,他又对别人讲我的英文还可以。先生的鼓励推动我去努力学习。

　　梁先生入党后遵守党的纪律,认真过组织生活。他和我在一个党小组,我是小组长。先生的夫人林徽因很早过世,多年一个人孤独地生活。一次小组生活会结束,他告诉我,他同林洙女士有了感情,准备结婚。他向组织汇报,希望能批准他的婚事。

　　我开始接触梁先生的时候,他已是中国学术界的一位泰斗和一代宗师,是国际建筑界的知名人物。解放后,他又有很高的政治地位。而我呢,算起来是他的学生中的第三或第四代的一员。可他对我等后生小辈却是这样的和蔼,这样的亲切,这样的细致关怀,丝毫没有大人物、老前辈的架子。我并无特殊的地方,他的许多学生都能回忆起许多类似的事情。

　　梁思成先生,他就是这样的一个人。

2000年6月30日于清华园

建国初期,梁思成与周恩来一起接待外宾

梁思成,见本书第10页。

吴焕加(1929~　　),1953年清华大学建筑系毕业,清华大学教授。

梁思成为我的论文答辩当翻译

王其明

"1964年北京科学讨论会"是一次国际性的学术会议,是新中国建国以来首次举行的大规模国际学术会议。据说是周总理亲自过问的。原订每5年在北京举行一次,后来没了下文。大会的主持者是周培源先生。当时我是建筑工程部建筑科学研究院建筑理论历史室的成员——建筑师。我室的研究专题"浙江民居"被选中,缩写的论文在会上宣读发表。

建筑理论及历史研究室自1958年成立以来,即以民居的调查研究为中心课题,当时对建筑历史的认识很"左"。认为宫殿、坛庙、陵墓、寺观等都是属于帝王将相鬼神死人所用的建筑,不该研究。只有民居才是属于人民的建筑。由该室主持召开的数次全国建筑史学术会议。每次都是以民居为重点。当时国内各省市自治区的建筑设计单位及有建筑系的高等院校,也受建研院历史室之托。进行自己所在地区的民居调研工作。因而,建研院历史室积累了较多的民居资料。对全国民居的概况有一定的了解。比较之下,认定浙江民居最有可为,有进一步调研之价值。于是组织了全室的优势技术力量,在已有的基础上,再次调研探索。在科学讨论会上所提出的论文,就是这一次工作的成果。

当时"阶级斗争"的弦绷得很紧,凡是成形的、较大的住宅,几乎都被认定为剥削阶级所有,是被批判的对象。研究工作极大地受到局限。那时,建研院明确规定各研究室的科研项目都要为生产服务。建筑历史的研究明确是为设计服务。我作为浙江民居专题的负责人,专题组的组长,带领了一支较大的队伍,在浙江各地绕了一大圈,走了不少弯路,终于悟出一个道理来。如何为设计服务?

就是用"采风"的方法研究民居。提出这一办法,得到组内多数人的赞同,重组队伍,群策群力,使研究取得了可观的成果。采风方法就是:从民居中寻找当今建筑设计中可资借鉴的东西,用形象记录的方法——绘画、摄影记录下来,传达给无缘亲自接触民居的建筑师们,为创作增加营养。尤其是明确提出:"用建筑师的语言——绘画,来传递民居的精华。把最有启发的部分,形象地描绘出来。让看到的人能有所得"。这个方法有不少优点,因为许多民居已是破破烂烂,照片不易突出其优点,反而让人不爱看,去掉其破败之处,恢复其原始面目,突出其精彩部分,使人能有收获。不记述整所的大型住宅,可以避免被批判为"替地主老财立变天账"。由于组内有表现能力杰出的成员,如傅熹年,尚廓等,再加上组员们对建筑形式与功能的理解有共识。于是,浙江民居在研究方法上有所创新,在研究成果上大放异彩。以精美的图形记录下若干由木工、农民自己动手建造的空间构图巧妙,经济适用美观的建筑实例。用分析图示出浙江民居在空间构成、立面处理、细部手法等方面的杰出成就。这些成果在上海及北京各举行了一次汇报展出。吸引了很多同行的注意,尤其是影响了当年在校的高年级建筑系学生。如同济大学的陈瑞祥、清华大学的黄汉民等。他们在毕业多年之后,在建筑设计上已有所成就,见到我时,都表示了浙江民居对他们的深刻影响。浙江民居被推荐在那次国际学术会议上发表,绝非偶然。

我代表专题组在会议上宣读论文,放映幻灯片,博得全场热烈的掌声。走下讲台时,梁思成先生迎过来与我亲切握手,表示祝贺,并介绍给茅以

梁思成,见本书第10页。
王其明(1929~),北京建工学院教授。

升先生说:"她是我的学生"。茅先生和范文澜先生都与我握手祝贺。在论文的讨论会上,巴基斯坦的代表提出:"浙江民居虽好,但总不如你们现在新盖的住宅楼好!"当时我觉得这是属于不同范畴的两种事物,无需答辩。可是中国代表团的领导下令让我回答。历史室的领导人汪季琦告诉我:"外事问题授权极小,让你答辩,就一定要答辩。"汪亲自拟写了答辩词,由我去读。因为翻译人员不适应现场口译,汪季琦临时请梁先生给翻译。当我读完答辩词之后,梁先生从自己的坐位上站起来,当时的会场上静极了,梁先生用流利的英语,说出了答辩词,话音一落,会场上爆发出经久不息的掌声。

事后,周培源先生在做大会总结时特别提到"学生论文答辩,老师亲自为之翻译,成为大会佳话,传为美谈"。

从"文化大革命"批判我的材料中,我得知这篇浙江民居论文,有23个国家的权威杂志全文转载。后来又听汪坦教授说,某大学建筑系把它列为教材。

1958年于莫斯科,左起梁思成、汪季琦、穆欣、王文克

一次留下遗憾的拜见

王其明

记不准是1959年，还是1960年，反正是在一次由建研院主持召开的"全国建筑史学术会议"之后的一个初秋的夜晚，由陈从周先生引见，我与王绍周、王世仁有缘到朱启钤家拜谒，并蒙晚餐招待。

在那次学术会上，我与王绍周的"北京四合院住宅调查报告"、王世仁与傅熹年的"青岛近百年建筑"、陈从周的"苏州住宅"等研究成果在会上发表。起先是颇得好评、继而是大受挞伐，批得我们惶惶不知所措。正在懊恼之际，陈先生突然约我们去朱桂老家做客，事先毫无思想准备，只是跟上大伙走一趟。

朱桂老是人们对朱启钤先生的一种惯用的尊称。朱先生字桂辛、贵州紫江人。清末及民初曾任高官，在北洋政府时期任交通总长、内务总长、并代理过一任国务总理。他退隐之后，致力于实业，尤其是对中国建筑情有独钟。他勘印了宋《营造法式》，创办了"中国营造学社"。启用了杰出的学者梁思成、刘敦桢。出版了七卷《中国营造学社汇刊》，他可以被视为中国建筑史学科的创始者。

那次去的朱府是位于东四八条的一所四合院。因为是在晚上去的，再加上我当时心理上的障碍，已无心去观察建筑的型制。只是随着大家登堂入室落座。不过，再不留神，也看见了院内郁郁葱葱的花木，有昙花正怒放。那是我生平第一次见到昙花、是我向往已久的，印象极深。陈先生所以在这个时候约我们来，也许与昙花的开放不无关系吧！

在四合院正房的堂屋中设一张"八仙桌"，正面坐北朝南位置坐着朱桂老。朱老先生很富态——胖。耳边带着助听器，很认真地听我们说话，我们是边吃边谈的。朱桂老身旁坐着一位风度极好的少妇，好像介绍时说是朱老的孙媳妇。她拿着一块小毛巾手帕，不时地为朱老擦嘴。当时正值国家困难时期，那晚给我们吃的是肉丝面，真是味道好极了。可朱桂老还一再表示歉意，说："没什么好的给你们吃"。当时能吃上肉丝面已极不寻常了直到今天，我和王世仁都已想不清楚去朱府是哪年，可肉丝面的美味却仍能回忆起来。

陈从周先生是朱老的"再传弟子"，因为他曾师从刘敦桢先生，而刘先生师事朱桂老。我们三位王姓青年要比陈先生年轻不少，对于朱桂老来说，当然属后生晚辈，可是他很认真地与我们交谈，对我们所做的工作似乎都有所了解。事后，还写了一些对中国建筑史研究工作的意见，是用毛笔写的，曾发表在建筑理论及历史室的内部刊物上。这次我在写这篇回忆时，曾去建筑历史所查找，没有找到。朱桂老都说了些什么，我已记不得。但关于北京四合院部分，仍有印象。大体是他看过了我们写的那份报告，说："写得不错，这项工作很重要。不过你没有在四合院居住的经历(指四合院在正常使用时期的情况)，所以写不出生活使用方面的要领。下次你来，我专门给你讲一讲当年四合院中的一些规矩……"。

我们在学术会上被批得泄了气，"帝国主义代言人"、"地主阶级孝子贤孙"不是闹着玩的，对朱桂老的热心指导，不仅没有珍视，反而觉得少沾边儿为好。我竟然失去了这一宝贵的机会，现在想起来真是懊悔。

朱桂老虽为官僚资本家，但他是属于事业型的人，是学者。他创建的中国营造学社，开始了中国建筑史的研究，他本人对中国建筑有独到的见解。他在北京四合院方面一定有极为有价值的认识。他在北京东城赵堂子胡同的自建住宅，很有创造性。用的是北京四合院的建筑词汇，而极功能地、完美地解决了他的家庭使用问题。如果当年我灵敏一点，勇敢一点，及时地再去拜访他一次，可能会学到不仅是四合院的历史知识，对如何改进也会有很大的启示。

为了纪念这一次留下遗憾的拜谒，特记述如上。

朱启钤(桂辛)，见本书第18页。
王其明(1929~   )，见本书第110页。

回忆夏昌世教授的建筑观

陆元鼎

我的老师夏昌世教授是华南工学院(现华南理工大学)建筑系的一位建筑设计教授,同时又是一位杰出的建筑师。夏教授思维敏捷,善于创新。他生长在广东,对岭南的人文、性格、习俗有深入的了解。他设计的建筑作品,富有现代感,又有岭南气息。从50年代广州早期他设计的几个建筑作品,就可以看出夏教授的创作思想——建筑观。

1950年,为了恢复和发展农业生产并进行产品交流,广州市决定在黄沙地区当时被国民党飞机炸毁的一块废墟上重建"华南土特产展览会",该址即现在广州文化公园旧址。该展览会共建造十多座独立式建筑物,供展出农产品和观众文化休息用。夏昌世教授负责设计一座名为水产馆的建筑。夏教授在进行设计时曾跟我们这些学生说:"进行水产馆设计就要在'水'字上'论嘢'(广州话,意即要下功夫,做文章,找思路)"。为了突出"水"的主题,夏教授在建筑平面构思上采用了"鱼"的外形形式,建筑主体鱼身用圆形平面,鱼头做成三角尖形平面,鱼尾作扇形平面。而在建筑造型上则采用"渔船"的外形,中间圆形柱体伸高,象征船身,两侧设圆形窗洞,在圆体前面设一排窗户象征瞭望台。鱼头部分,作尖形以象征昂起的船首。船尾部分作平台以象征船面甲板。各部分之间则以矮墙栏杆相连。在水产馆建筑的周围则用水池环绕以象征在海河上的一只舰船。观众参观须过桥渡水才能进入馆内。进入室内只见琳琅满目的南方热带鱼类和丰富的水产品,而从室外远望,只见船桅杆垂挂着多条彩旗迎风飘扬。在展出期间以其流畅的平面布局、新颖的外形与象征主义的手法,深得群众的好评。

由此可见,夏教授的建筑观很明显地表现出:一是实用;二是现代化;三是有文化品位,突出建筑主题。

1954年,华南工学院准备在校园中轴线山岗的半山公园兴建一座主楼2号楼办公楼,当时建筑的形势是,正值全国流行"大屋顶"的复古主义思潮。究竟是设计一座古典式大屋顶办公楼,还是建造一座现代化办公楼,怎么办?我当时听到夏教授曾说过:"大屋顶很浪费,是北方'嘢',我不赞成,"他又说:"搞建筑一定要实用、经济"。夏教授经过较长时间的思考后,在满足这座办公楼实用经济的基础上采用了三项措施:

第一,采用抱厦手法。他在这座四层办公楼进门大厅的前面,增加一个入口平台,三开间,圆形细柱,柱头上采用一斗三升小斗栱,屋顶采用中国传统建筑盝顶形式,屋面中间为平台。这种处理手法,既满足实用、经济,又有中国传统风味。

第二,在适宜的部位采用某些古建筑传统样式、色彩以反映我国传统建筑文化风貌。如在办公楼窗台下的外墙面上采用孖菱形相连传统建筑装饰纹样,又如在东西两边屋面平台周围的女儿墙外墙面上采用传统福寿简化图案装饰纹样,既简洁,又有传统建筑韵味。

第三,在办公楼选址时把建筑物向北移到山岗边,目的是保护建筑物前面的九棵大榕树。夏教授在上课时常说:"建筑设计要避山避水避树",又说:"一棵古树要几十年、甚至几百年才能成长。砍树容易成树难。"

为此,他巧妙地利用地形高差,使办公楼前视为三层,后视为四层。前视南向三层办公楼恰好笼罩在九棵大榕树之后,树干树形与三层楼房建筑比例协调。从后面看,四层办公楼位于校园东湖岸

夏昌世,见本书第59页。
陆元鼎(1929~),华南理工大学教授。

边。大楼虽用钢筋混凝土材料，但仍采用传统简朴的灰瓦屋顶，与周围传统的红墙、琉璃绿瓦教学楼相比，一新一旧，仍然达到协调的目的。

从上述两个建筑实例中，可以看到，夏教授在50年代初期的建筑观已经很鲜明地表现出下列特点：

一是坚持实用、经济为主，非常明确建筑设计的主导思想。

二是重视与保护建筑环境。结合当地山水环境，保护和利用古树，巧妙地利用地形是夏教授的一贯主张。除上述实例外，又如他在60年代负责设计广东肇庆鼎湖山教工休养所就是结合山势、利用地形而建成的一座优秀建筑物。

三是在当时全国盛行"大屋顶"复古主义思潮下，夏教授运用了自己的智慧，采取了"灵活运用"、"绕道走"的办法，回避了当时的"思潮"影响。他说过："不用大屋顶，可以用小屋顶嘛！不用大斗栱，可以用小斗栱嘛！"

四是建筑要结合地方气候特点。夏教授说："广州气候热，建筑要注意气候，要注意通风、隔热、遮阳、要轻巧，有南方特点"。他在2号楼办公楼设计中，为了经济而多用小窗，为了通风采光又用两个小窗孖连在一起，中间夹一狭长红砖柱，外观上成为一个大窗，形成了外型匀称的比例和轻巧、厚实的造型。又如他在1953年代设计学校单身教工宿舍时也常用这个手法。在50年代初期，他在指导学生设计湛江华南垦殖局专家宿舍与办公楼时也常用这些手法。

夏教授在30年代还是一位中国营造学社社员，对中国古建筑有较深的修养和造诣，他留学德国，对西方新建筑也有深入的研究。他善于运用古今中外的建筑经验。他的建筑观在50年代就已经比较明显和成熟地表现出来，他的早期建筑作品和以后的建筑创作、创作思想给我们后辈留下了非常宝贵的财富。

2000年5月25日

1954年建成的华南工学院2号楼办公楼南向正立面

2号楼办公楼入口局部

我的助教生活

聂兰生

1954年大学毕业之后，分配到天津大学建筑系工作，报到时得知系里大部分师生到承德测绘实习去了。这是建筑系的第一次测绘实习，由系主任徐中先生亲中带队。此后，"古建筑测绘实习"便成为天津大学建筑系学生的必修课程，一直沿袭至今，只有"文化大革命"时中断了。

接待我的是位系助理，年龄和我差不多，他向我介绍了建筑系，并带我参观了建筑系的模型室、图书馆等。后来，知道他是教西建史的教师，稳健、练达，在我的印象中，他是位"年轻的长者"。

承德测绘实习的师生回来了，教学楼里顿时热闹起来。令人感到系虽不大，但生机盎然。我所在的教研室梯队整齐：一位教授，两位副教授，四位讲师，八名助教。这样的阵容就是现在，也是不多见的。

两位学长

天津大学的称谓颇有特色，学生称教师为"先生"。其实这很合乎逻辑，"先生"按字解意是"先"出"生"数年，比"老师"的称谓客观些，怎能"老"为人师呢？我们这些青年教师，称老教师为"先生"，不分男女。教研室里有几位比我们高几班的学长，按平辈称呼直呼其名，有些失礼，称"先生"，又显得生分，太客气。一位是解放前夕毕业于原中央大学建筑系的童鹤龄，我们叫他"童公"，另一位是50年代之江大学建筑系毕业的郑谦，大家都叫他"老师资"。那时候，这两位都是单身汉，整天和我们一起活动。童公对教学一丝不苟，认真的有点过头。他本人的专业基本功很强。童公当年是以古典建筑教育为基础，走进建筑学大门的，所以他一直强调基础教材的经典性。不言而喻，童公的古典建筑素养颇高，而在图面表达技巧上，也是"文武混乱"不挡。从草图到正式图纸的各种表现技法，都胜人一筹。至于建筑配景的绘制，除教研室主任冯建逵先生之久，就数童公了。所以大家都叫他"植树能手"。童公直脾气，爱发火，说话像"竹筒倒豆子"，哗啦一声全都出来了，教书时也是倾囊相授。对学生要求很严，他自己心中有个标准，如果学生作不到，挨批、挨骂是常事，人家望子成龙，他则是望学生成龙。有时我们在教研室画图时，常见童公气呼呼地走进来，其实早就知道他发了火，因为满走廊都是他的声音。尽管如此，对学生来说，他仍是一位良师，因为师从于他，总是学有所获的，不少毕业生长期和他保持来往，是友谊，也是师生的情谊，到晚年，他有困难就去找学生，学生们待他也是赤诚相助，直到他逝世。

老师资郑谦，读书时是位高材生，工作时总有股坚韧不拔的精神。性格内向，思考问题从来不随大流，总有自己的看法。在那个年代，"从众"是保险的，所以徐先生叫他"问题儿童"。和童公一样，他也是全身心地投入到教学中去。只是他不发脾气。如果看他的脸拉得长长的生闷气，那准是有学生没做好作业。1954年他作了一套建筑初步示范图，十分精彩。老师资冒着酷暑，带着白手套，大汗淋漓地完成了这套示范图，如果能保留到今天，那将是十分珍贵的。其中一张作业是构图题——木隔扇和一支琉璃走兽。木材与琉璃的质感表达，十分准确。作业难度大，学生如果能画下来，日后再遇着类似的难度较大的题目，操作起来会应付自如的。这倒叫我想起早期艺术门类的教育，在基本功训练上严格至极的作法不无道理。记得80年代初期有位硕士生查阅50年代学生的测绘实习作业，那是一张铜鼎的测绘图，其中很多纹样是徒手绘制的，

聂兰生（1930~   ），天津大学建筑系教授。

尤其是水墨渲染的铜鼎立面，铜的质感表达的十分到位。这位年轻人吃惊地说道："咱们的教学质量，怎么不如从前了"。我回答他："是时代不同了，教学内容和要求也在变化"。但当时的学生在把握形象，表达材料的基本功上确实要比现在的学生强些。一个中学生走进建筑系的大门，建筑初步是第一关，让学生亲手去绘制经典的建筑部件，通过手、眼、脑去认识建筑，严格的建筑初步训练，使学生们全身心地去投入，去感受建筑。这虽然不是一把万能的钥匙，至少在那时是行之有效的。津大建筑系对这一关，十分重视，强调学生的基本功训练，成为日后建筑系的传统。这两位老学长身体力行的作风为这个传统打下了个好基础。老师资把一年级的关，童公以二年级为主，再加上古建筑测绘实习，学生经过严格的训练后才能走进建筑学的大门。

难怪80年代，徐先生卧病在床时，还在说："他们两位是不错的、优秀的。"

关爱

建筑系的助教们都是1953、1954年的毕业生，在当时是不知愁的一群。有4位是本校的毕业生，另4位来自外校，绝大部分是单身汉，大家都住在"助教楼"，同一个食堂吃饭，同一个教师团支部。生活紧张而又欢快，这个群体叫人一进来就不感到陌生。50年代的天津大学建筑系，年轻又富有活力，当时所谓的"老教师"也不过30几岁，因为系主任徐中也只有40出头。青、老教师之间关系甚是融洽，因为大家都是外地人，节假日常被请到"老教师"家中去做客。这样也就冲淡了"每逢佳节倍思亲"的情绪。

教研室有个规定，各年级的课程设计作业都需由教师先做出示范图，待教研室主任甚至系主任过目之后，才能在教室张贴。这任务自然落在青年教师身上，大学里的教师虽然没有上下班制度，但从早到晚，谁都离不开教研室。大家对工作很投入，一张示范图画好又常常自鸣得意，徐先生也常过来看图，大家当然希望对自己的工作能给以肯定。徐先生要求高，总是能挑些毛病出来。所以他一走进教研室，大家便开玩笑地说："又打击情绪来了"。徐先生不苟言笑，所以我们也说："哪天找个机会大家也得打击打击系主任的情绪"，工作紧张，但气氛轻松。

随着形势的变化，政治运动一个接着一个。"反右"、"拔白旗"之后，教师之间的关系疏远了许多。"逢人只说三分话"成为不少人的处世守则，以往那种无拘无束的交往已不多见了，徐先生的幽默也少了许多。

"文革"之后，政治环境又宽松起来，记得是70年代末期清华大学的张守仪教授等一行4人来津，我陪他们去看望徐先生。解放前，徐先生在中央大学执教时，张先生师从于他，徐师母也和张先生很熟。那天徐先生很高兴，头一句话便问"你们住下来没有"？"没有呀，打算都住在您家里呢"。"真调皮，还和从前一样"，一位古稀老师和一位年过半百学生的对话，令大家捧腹，小客厅里洋溢着久违了的欢快。

也是70年代末期，徐先生又重新主持建筑系的工作。当时我在天津市建筑设计院，他建议我回学校教书。开始时我很踌躇，一场"文化大革命"，建筑系就有3位教师死于非命，而他们又是我凤日非常熟悉的朋友和同事。为此，我曾再三思索，征求家人和友人的意见。当我决定重回天津大学执教时，徐先生很高兴，他亲自与当时的规划局长商定调动，两周后我便重返天津大学了。徐先生已过世多年，这件事自然令我终生难忘。他对后辈的关爱，也令人永远铭记。

忆童老

齐　康

　　童寯先生是我的老师——好老师，永志不忘的恩师。他是一位思维深邃、沉默、心地善良的老师。

　　沉默是一种智慧、修养、气质和风度的表现，一种难以比较的魅力。对于一位学者，沉默更是一种拥有——知识的博大精深。他宁静、宽怀，是一位建筑界大智大识的学者。

　　1949年当我刚进大学时，他教过我"建筑设计"、"公共建筑原理"等课程。他改图严谨而洒脱，用粗粗的6B铅笔直接在学生的图上改，有的学生看了有点怕，见到他来，赶快拿张透明纸盖在图上让他改。他改的图总是从大原则上把握，组合大关系，其它的细节就让你去发挥了。那小商店的立面……，他改图的情景至今还历历在目。他话不多，慈祥和蔼。一次，交图时间快到了，一位女同学的渲染图画坏了，很焦急。童老看了说："别急"，并调了蔚蓝色的水，将画从天上渲染了一遍，这位学生看了更着急了。这时，童老慢慢地用咖啡色画建筑，再加上奶黄色的灯光，一幅美丽的夜景便展现出来了。这时那位女学生会心地笑了。1959年在南京长江大桥桥头堡方案竞赛时，时间很紧迫，请他画一张一号图纸大的渲染表现图，他不急不忙，将长江全留白色，淡淡地画出两岸的石砌块的桥头堡，高度浓缩的概括，表现出他水彩画深厚的功底。

　　记得那时我们做设计的题目都比较小，平均每四周一个题目。这样，短短几年，一般性的建筑类型都轮一遍。杨老、童老都主张在短短的时间内快速敏捷地了解建筑类型的概况。并认为，了解建筑类型对一位建筑师来说是很重要的。比如，他们说出一种类型的题目，让学生快速地在半小时内勾出草图，老师评图时指出不合理处。这样，学生就能很快了解这类建筑的大概。记得，在一次联欢会上童老讲了个笑话，要大家做观察者不要当观察家，要勤于观察，这对建筑设计很有用。这和杨老说的"处处留心皆学问"道理是一样的。老师们要我们多观察、多调查，要不断学习，学无止境。

　　学生时代的政治运动很多，一个接着一个，上课的时间少，但几位老师总是以最精炼的方式，最扼要的语言将知识尽可能地传授给我们，不管哪位老师都这样关心、爱护着我们。顺便说一下，徐中老师教我们"阴影透视"，也不过几个小时就上完了。看来，长期的实践和观察，最基本的是学习掌握基本的理论和设计原则。本体是多么地重要。

　　即使在那么多的政治运动中，童老还是清醒地认识到国家的发展、前途。那时他就说："我是过河的卒子，过河不回头"。表达了他对人民事业的热爱。

　　"文革"中建筑学一度被取消掉，"工宣队"问他办学的思路，他说："我爱建筑学，除非地球不转，只要还在转，我下世投胎也还要学建筑"。造反派对所有的老先生采取蛮横无理的手段对他们进行侮辱，要他们进系里的学习班（变相的牛棚）。每月领工资时都由造反派发，拿钱时都要在他们的头顶上打一下，大声说"你们是吸血鬼"。老师们都忍受了。一次反击右倾翻案风，老师们都长时间地跪在系的大门口，那一幕幕的残酷斗争场面，至今回忆起来还令人发指。

　　"文革"后可以有机会看书了，童老几乎天天在图书馆看书，他用纸条子记下需要的资料和自己的心得，回家整理。十年努力，勤奋地研究现代建筑理论，在他晚年曾先后发表了《新建筑流派》、《苏联建筑》、《日本近现代建筑》等专著，他还撰写了大百科全书中的"江南园林"条目。《新建筑流派》一书的书稿写好后，写了一张条子给我，

童寯，见本书第6页

齐康(1931~　　)，东南大学教授、建筑研究所所长、中国科学院院士。

上面写着"请齐康同志一阅"。在那个长期禁书，学习无用论盛行时期，我如饥似渴地学习，几乎我对全书的文字，系统地配上插图，写了笔记，应当说从那时开始了我对现代建筑理论的学习。

童老对学生要求很严格。一天晚上，我将收集的资料和钢笔画送请他指教。一张张地请他看并请他提意见，看的过程中他什么也不说，最后他只淡淡地说了一句："就这样下去"。他抱起他喜欢的猫，什么也不说了，我理解了他的意思。

老一辈之间的友谊是非常真诚、笃信的。回忆往事，杨老曾讲过，我们在各自的设计公司里任职（杨老在"基泰"，童老在"华盖"），星期天总在一起，或出去旅游。童老利用假日研究和测绘江南园林，他写成了中国第一本关于江南园林的书《江南园林志》。杨老曾对我说：我们在一起时从不谈事务所的业务，各为其主，但关系非常融洽。他们之间经常谈笑风生，童老的爽朗笑声，犹在耳边……。

和杨老一样，童老对建筑创作的态度是注重中国建设发展的现实。解放后，他虽未主持过重大建筑设计，但提出的观点至今仍具有非凡的现实意义。他在《新建筑流派》一书的序言中对关于中国的新建筑曾提到：为什么中国的秦砖汉瓦不可以做出现代建筑来？ 这句话既道出了要从中国的实际出发，又提出了现代建筑的理论可以在实际中加以运用的寓意。这是对一种新地方主义建筑的预见性的启示。

由于他有着现代建筑理论的修养，早在５０年代初，他做的中国科学院总体方案具有前所未有的超前性，是深深理解现代建筑真谛的表现。可惜，在那个时代没有人理解他设计的现实性和超前性。他解放前的建筑作品，是非常简练合乎逻辑的。当时留下的作品如南京的ＡＢ大楼、外交部大楼等等都注重了传统建筑的转化和利用当时建筑技术，具有时代的创新。

我想我们对前辈的劳动必须纳入时代的烙印来剖析。

童老的生活极其简朴，为了每天有运动的机会，他总是穿双厚底的大皮鞋，从家里走到学校，刮风下雨仍然坚持不懈。我们总可以在图书馆看到他坐在小圆桌边，看书、写作，孜孜不倦地学习、研究着。他不求名利，豁达大度，他努力探求着事物的本质，他书中的字字句句都带着他对时代建筑的观察和剖析。在那个时期，资料和图书都很有限，凭着他敏锐的观察，他总能做出自己的判断，为我们研究、观察这丰富的建筑世界提供了宝贵的经验。

老骥伏枥，志在千里。他那认真、刻苦的求学作风，是我们永志不会忘记的。

他写的最后一篇文章是大百科全书建筑卷中的《江南园林》条目，那时他已得了不治之症，在病床上，他仍伏案写作。医生给他打针，他对医生说，你打我的脚，别打我的手；打我的手，我就不能写字了。条目未完，他的一颗永恒工作着的心脏停止了跳动。

他和杨老是同一年谢世的，记得他要到北京去治病，临行前，他对我说要见见病中的杨老，我陪他到了医院，两位老人见面时长时间的握手，相互话别，互嘱保重。

在北京治病时，当他知道杨老去世后，他流着泪写了一封怀念杨老的信，泪水流满信纸，那生动、感人的言语催人泪下。这是老一辈永恒的友谊。

在纪念童老诞辰百年之际，我们的国家正处在一个兴盛发展的时期，一个跨世纪的时代。虽然童老离别我们已１８个年头了，但他的事业——建筑学的事业，留给了后来人。默默地、深沉地回想着老人的一生，他高尚的品质，他经历的路程，永远值得人们去怀念。

一些零星回忆

张钦楠

永生又出了题目,要写些回忆,我想写三位已故的在建筑设计管理机构担任过领导职务的人。

第一位是最近去世的阎子祥同志,我开始认识他是在1955年,哪时,他正担任建筑工程部设计总局首任局长。在1952年"三五反"运动后,许多私人设计事务所都关闭了,人员转入新成立的国营设计公司(不久后就改为设计院)。建工部领导了6个大区建筑设计院,规模都达数百人,这是中国历史上所从来没有过的。成立伊始,就面临101项重点工程的建设,任务十分繁重。从苏联来了成批的专家,子祥同志认为,应当配备一些中国的青年设计人员,作为专家助手,将来可以独立工作。我就是在这种情况下由上海华东建筑设计院调到北京。当时我24岁,4年前刚从美国麻省理工学院土木系毕业。

在此之前,我已听说子祥同志是个革命老干部,解放初期曾任长沙市市长。到北京后,初次见面,觉得他待人亲切,没有什么领导架子。他对我说,想把我安排在总局的计划处,准备成立一个生产调度科,负责了解各大区院承担的重点工程进展情况,帮助解决一些问题,并总结推广好的经验。他让我去请教建工部北京设计院院的苏联专家组的计划专家。

我抱了很大希望去拜会专家,他很热情地接见了我。但当我介绍来意后,他的脸却拉得很长,说苏联没有这样的机构,他无法在这方面给我什么帮助。他认为,当今中国设计单位的当务之急是建立设计价目表制度,除此之外都不重要。他的说法使我感到非常意外。他看到我的窘迫表情,就安慰我说,托瓦利希(俄语同志之意)张,我知道你很失望,我开始工作时也象你现在这样年轻,走过很多弯路,我会帮助你的。

我谢辞了专家后,回来向子祥同志汇报。他听了后只是苦笑了一下,然后决定我还是在生产调度科,但主要工作是协助专家建立价目表制度。后来我才知道,这是国家建委和各有关工业部的苏联专家的集体意见。当时,我们提出,中国的设计院成立不久,统计和定额资料非常匮乏,需要进行积累。但专家立即否定了这个意见,说用苏联的价目表,乘上一个系数就可以了。我们虽然对此感到怀疑,但在当时的情况下也只好照办了。于是几十本各行各业的价目表被印发到全国各设计院,作为统一计算产值,检查各院成绩的主要指标。

其实,今天来看,所谓"价目表"就是设计费标准。但当时中国的设计院都实行了"大锅饭"式的事业管理体制,收费制已取消,既没甲方讨价还价,也无同业压价竞争,只是一个统计标准。但是一旦实行,就出现许多弊端,有的院根据它下达产值指标,于是出现了挑肥捡瘦倾向,还出现了一批"查表能手"。专家说这并不奇怪,苏联也有,你们要比他们精明。为此,我还被派到一些设计院与"能手"对垒,胜败参半,弄得鬼哭神嚎。有的院长指着我们的鼻子说,你们把我们的生产搞乱了!

经过这段经历,我感到很苦闷,后悔到领导机关工作,觉得还是应当在基层工作中锻炼。否则,越来越没用,于是提出了调回设计院的要求,开始受到批评,说人有手心脚板,都要做手心,还能走

阎子祥(1911~2000),1927年加入中国共产党,曾任太原市委书记、延安鲁艺总支书记、晋绥十分区公署专员等,解放后,曾任长沙市长、专建工部设计总局局长、国家建工总局副局长、中国建筑学会第四届理事会理事长。

王挺(1925~1982),曾任中国建筑公司常务董事、国家建工总局设计局局长、中国建筑学会第四届常务董事。

戴念慈、见本书第10页。

张钦楠,(1931~),现任中国建筑学会副理事长。

路？我听了不服气，就去找子祥同志，他对我表示同情，开始想把我调到北京的一个新成立的设计院，后来由于计划变更，他又征求我意见是否愿意去西北设计院。我当时求"下"心切，加上大西北的引力，就实施了我的第二次"飞跃"。第一次是从美国跃回祖国，第二次是从北京跃到西安。我去西安后不久，就听说子祥同志因对"三面红旗"提出意见而被批判为"右倾机会主义分子"。以后在文化大革命中，他又是备受冲击的对象。直到80年代初，成立国家建工总局，在他和张哲民同志等的支持下，我从西安调回北京，才重新见到他。这时，从我离开北京，已经有20多年了。

我回到北京后不久，有一次，他把我叫到办公室，问我是否记得张庆云。我当然记得，与我在华东院是同事，比我晚一年调到设计总局，到后正是"大鸣大放"的时刻，被组织上任命为大字报编辑，鼓励"鸣放"，反而被打成右派，"流放"到大庆。子祥同志说，当时划他为右派，他不在北京，回来后又挽救不了，始终耿耿于怀，现在想把他调回北京，我当然表示赞同。经子祥同志安排，果然把张调来，并与分离20多年的未婚妻结了婚，后来还根据他本人意愿，调回华东设计院。

我了解子祥同志很少。应当说，在建国初期，他对我国建筑设计队伍的建立和核心力量的形成，立下过汗马功劳。但在我心目中，印象更深的是他为人正直坦率，讲求实际，又十分关心爱护部下的作风。

我要回忆的第二人是王挺同志。在50年代，他在设计总局担任过技术、标准等处的处长，后来与子祥同志同被批判为"右倾"。以后，他继续在部机关管援外设计，接触了国外的建筑业，体会到我们存在的差距，有一种强烈的迫切感。国家建工总局成立后，他授命领导设计局，我向他报到后，他第一句话就是："钦楠同志，现在的设计局比当年的总局小多了，但担子却不轻，我们当前的迫切任务，就是重新振兴建筑创作，发展建筑技术"。

"建筑创作"这个现在已几乎用滥的词，在当时还属于"禁区"范围，属于"单纯技术观点"，也是长期的批判对象。王挺同志当时提出这些观点，是很大胆的。他虽非科班出身，却经常能抓到事物的要害。我问他要怎么抓？他说，当前国内建筑创作最有成绩的是广州，所以要我组织国内一些"大院"（有的已下放地方）的"总师"们到广东去观摩，他要我去找佘畯南，我由此第一次认识了佘总。他在会上做了关于设计构思的发言，给我振动很大。同时，王挺还让我组织各院座谈，找出主要技术薄弱环节，明确主攻方向。于是，构思与技术，在我脑中，就形成了繁荣建筑创作的核心。

很多年以后，广州市设计院组织佘畯南创作座谈会，我在会上发言，认为中国的现代建筑虽然起始于30年代的上海等地，但是真正扎根在中国，则是从70年代的广州开始，而佘总等广州的建筑师在这方面起了带头作用，这实际上是王挺倡导的那次会议的学习心得。

在设计局初创时期，我有一次向王挺提出，我们过去一直强调降低造价，不注意节约能源，他很重视，要我在总局召开的大会上发言，受到哲民等同志的支持，后来王挺又让我参加国家能委赴日本的节能考察团。回来后我们从国家能委要到了一些经费，由专家们拟定了中国第一部建筑节能标准。

王挺通过自己抓过援外设计的体会，切实感到要克服多年来自我封锁的恶果，中国的建筑设计队伍要进入国际领域。他亲自策划，希望能先在香港设一个点，后来成立的华森设计公司，也有他的功劳。

王挺患有严重的糖尿病，又不肯休息，设计局建立不久，就突然去世。他年纪比我大不了很多，本来还可以多干许多年。他的强烈事业心和迫切感，他对振兴中国建筑设计的决心和观点，都给我留下了不可磨灭的印象。

国家建工总局不久就让位于城乡建设环境保护部，李锡铭为部长，据说万里同志点名，由戴念慈担任副部长，分管设计。部设计局局长是龚德顺，他后来去主持华森设计公司的工作，我继任为局长，与戴老接触较多，他是我这里要回忆的第三人。

这时，改革开放的政策已经深入人心，建筑设计也不例外，从改革来说，全国建筑设计单位在设计口首先实行了收费制的企业化经营；从开放来说，国外的许多建筑思潮不断输入，建筑创作处于"十字路口"。

念慈同志当时还当选为中国建筑学会理事长，他在改革方面，态度是坚决的，但他侧重的，则是在创作思想方面。我体会，他的基本观点可归总为两点：

一、继承和创新相结合。他坚决反对否定中国建筑传统，否定继承。他多次对我说，欧洲的现代建筑的出现和形成，是几个世纪的过程，所以他们始终没有抛弃自己的传统，而是继承发展。中国的现代建筑也要有一个长期的形成过程，在这个过程中，出现一些折衷主义是难免的。他把自己的创作视为这个过程的一部分，是为下一代铺路的阶段。

二、重视住宅设计。他始终把住宅视为一个社会问题。为此，他反复阅读了恩格斯的《论住宅问题》，多次引用文中的观点。他认为，住宅设计首先要解决社会住房问题，因此，他突出强调：(1)不能搞高标准；(2)不能在旧城改造中，把原来的住户都迁走。他的这些观点反映在他的一些设计中，受到过反对，甚至讥笑，但他始终不悔。

念慈同志的这些观点，在当时和今天，人们还是会有不同看法的，但我始终认为有值得我们深思的内涵。由于工作关系，我们接触较多，他的办公室往往成了谈心室，是他启发了我这个学工程的人去学习建筑理论。在他的鼓励下，我在设计局工作期间阅读(应当说是浏览)了一些国内外的建筑文献，虽然是浮光掠影，却把我引入了一个新的境地，开阔了我对建筑设计的性质、过程、方法、职业运行和国际动态等在理论上的理解。对此，我对他始终是感谢在心的。

1988年，政府机构再次改革，念慈同志问我是否愿意去中国建筑学会。他说，学会有不少"老人"，你去后，别的事可少管，着重抓两件事：一是建筑创作；二是国际交流。当时，部机关内存在着"大建筑"和"小建筑"之争。我觉得自己回到机关的时间也够长了，不如由此脱身，可以多做些对"小建筑"有利的事。于是，接受了他的建议。我还辅助他成立一个"小而精"的设计所(建学设计所)。他晚年在这间事务所作出了一批探索性的设计。可惜，疾病过早地夺去了他的生命。

俱往矣，当初由龚德顺设计的建工部大楼，现在已目睹了几代人的换替。我也从当年建工部"最年轻"的科级干部到现在白发秃顶，近古稀之年。进出这个大楼可能不少于万次了。现在，每当我进出时，就会想起诸多逝去的面容，也由此回忆起中国建筑业所走过的颠簸道路，和在这个道路上开垦过的人们。

2000年3月于北京

泰晤士河畔的故事

钟华楠

> 纵横八万里　上下五千年
> 史迹斑斑在　文章代代传
> ——敬录徐尚志诗(1987年作)

离情

泰晤士河畔孤立,夕阳在水面上洒下黄金片片,金波轻荡,浮现出香港维多利港深蓝海水别离的情景。50年代初放洋留学英国的学子,有钱人家子弟坐飞机,中、下人家乘船。甲板上除了父、母、兄、弟、姊、妹一家八口,还有叔、伯、中学同窗,相争与我拍照留念。泛着微红眼睛的她站在一角,默默地忍受着离情。我真想去吻她的浅涡,这是生离,不是死别。但50年代的人,不容许在人多的场面流露半点情感。还是我的二姊看在眼里,牵起她的手,很自然地走过我这边来说:"我要和我的三弟拍张照片留念",同时把她拉到我的左边,二姊便站在我的右边。这张照片便成为我和她最后的一张合影了。一群意大利神父站在一旁看热闹,相信他们是从大陆被赶了出来,路经香港回国的。

乘英国船可以30天便到泰晤士河伦敦东部的T小镇登岸;但比我乘意大利船28天到意国西岸的N港贵些。抵N港后还要乘火车往伦敦。那个年代火车票和船票都相当便宜。

突然,河上的汽笛把我从沉思带回伦敦的泰晤士河,一只载满煤的小货船慢吞吞地驶过。一群海鸥追随着小货船尾打起的白浪,寻觅在日落前最后的一尾小鱼充饥。

从维港到欧洲的N港,每日都有一群海鸥尾随;每天黄昏日落后,我在船尾东望一片无际的海洋,却看不见一只海鸥。夜晚,它们究竟到哪里去歇息? N港的那一群海鸥是不是从香港来的那一群?

沉重的汽笛声一短一长地拉了3次,这是告诉送船的人要离船了。我与每一位送船的握手,最后是与她握手,我们两人都勉强微笑,只能用眼睛说:"你保重"。乘飞机离别最快,乘火车较慢,乘船的离情是最长的。我到这时才尝到甚么是肝肠寸断的苦味。船是一寸一寸地离开码头,人却是一分一分地缩小。

回到房间往床位一躺,开亮床头灯,从胸袋里取出了她送我的近照一看,热泪夺眶而出。同房的3个神父最年青的一位走过来,坐在我的床边,以同情的眼光看着我,我看着他。

"她是谁?"他用纯正的普通话问我。

"我的女朋友",我给他看看全世界最漂亮、最纯洁、最善解人意的女孩子。他点一点头,笑一笑,用力握一握我的手,站起来回到他的床位去。

奇怪,这无言的一握,使我的悲伤渐渐退消,把照片小心地放回胸袋。这才听到轰隆轰隆的引擎声,才看到小小的房子是没有窗的,我住的是较低较近机房的三等舱房。

离国

我从衣服口袋里拿出大哥送给我长剑形的金领带夹,上面刻着"闻鸡起舞",二姊夫送给我的墨水笔,上面刻着"毋忘祖国"。掏出了纪念册,第一页父亲写"持其志无暴其气,敏於事而慎於言";第二页校长写梁朝锺劝学诗,"读书须识义务,本重耕田,无行卿与相,不值半文钱。少年初未知事,理相背驰,于今始明白,养子欲经师,内无明父兄,外无好师友,纵然办做人,终虞不长

钟华楠(1931~　),1959年毕业于英国伦敦大学建筑系,1964年在香港与英人贲齐合办贲钟建筑师事务所,1983年创办钟华楠建筑师事务所。

久。宁贫而礼义，毋富而纵淫，天道必不爽，长眼看时人"；国文老师书张华励志诗句，"高以下基，洪由织起"；一位还俗的和尚老师写"诸恶莫作，众善奉行，自净其意，是诸佛教"；古文老师写，"天生我才必有用"；教务主任写"学问贵细密，自修贵乎勇猛"；绘画老师画了一幅中国帆船，驶向光明的大海洋水彩；劳作老师写"三月风，四月雨，带来了五月花，一切的美丽成功，都是从风雨艰难中创造出来的"；同学们写"学成归国，共建中华"、"去中华糟粕，取西洋精粹"、"为国增光"、"智学与时间平衡，始不辱为中国人"、"撷外邦精华，摒西洋恶习"……这些教训、鼓励、共勉、寄望、期望使我透不过气来，念我读书不求甚解，中学历年成绩差极，怎能负起这么多的责任?怎能完成这么多的期望?50年代初很流行写纪念册，留下了这个年代的爱国心，尤其是在"抗美援朝"时，我同班的两位同窗回国参军去了。这反映香港的居民虽身居殖民地，但胸怀祖国。我当年离港，也是有离国的心情。但是老师亲友的教诲、鼓励、寄望却像系在心上的石头般沉重。此去正如大海茫茫，哪知何日是归期!更哪知何时有能力报国!

热潮

初抵伦敦，在友人家寄住了几天，便要乘火车往泰晤士河下游的S城上学，车程约一个钟头一刻。抵步时，正值初夏，树木花草繁盛。报载热潮袭英，温度为华氏83°。

生在香港，我性好水，乘船也游泳，来到S城亦极欲下水一试。于是与S城的新加坡同学，在公众泳场换了游泳衣；不游泳，却跑到海边沙滩游海水。

原来泰晤士河口不是沙滩，而是充满碎石、蚝壳、珊瑚、破玻璃瓶的"垃圾滩"。适逢退潮，要冒险赤足走一里多的垃圾滩，才踩到水。但见了水后，再往前走一里，水仍不及膝，河面冷风吹来，相当寒冷。原来是英伦海峡由北极带来的"冷潮"。陆上气温为华氏83°，膝下之水几近冰点!正要回程时，潮水突涨。潮水带来更冷的水，急急向岸上走，也顾不及垃圾滩的破瓶、蚝壳，弄得脚板伤痕累累!

但还幸运，如果小心慢步，或会遭至冰水灭顶之祸!自此，我才知到英国报载的"热潮"(Heat Wave)不是潮水，而是"热空气"!适合往公园走走，或郊外野餐。可能这些天然地理环境，"冷潮"影响了英国人的性格——表面上热，内里冷；上半节热，下半节冷!

中国之窗

什么是"窗"?全班无言。

"窗不单是透光、通风，而是立面构图之"虚"与"实"的布局；窗为虚，墙为实。虚实有实中之虚，虚中之实。"第一年班的主任积臣老师继续说："下一堂设计理论，我会再问你们。记不起的同学，再不用上我的课了。"

积臣老师不老，约40以下，说话很认真，很慢，很肯定，做人很不妥协，与其他老师不言不语。他是学生和老师中最不受欢迎的人，因他说话语带讥讽。他的太太是美籍犹太人，是一位雕刻家。

积臣老师在上学第二个月便请我到他家里吃饭。座上有一位瘦高黑发黑胡子的人，积臣老师介绍说，他是从希腊来英学科学的。现在，名字已忘记了，暂称他为"柏拉图"吧。当老师介绍我是从香港来的中国人，柏拉图便问我：

"你们中国历史上有什么哲学家? 他们主张什么? 与西方哲学有什么分别? 目前中国的政治路向与传统哲学有没有矛盾? 有没有冲突? 如果有，矛盾和冲突的原因是什么?……

当然我知道些少有关孔子、老子、庄子的学

说，但是要与西方哲学和新旧中国政治路向作比较是没有能力的。只有吱唔以对，这顿饭吃得很不舒服。积臣老师看出我有些尴尬，很不客气地说："一般人以为政治与他们无关，终有一天，政治会找上门来的。"

我的感受不单是对这些问题懂得不多而自觉惭愧，最难堪的是人家当你是中国人，代表中国，而我这个中国人对中国的事情是这么无知！晚上睡得不好，翻来覆去，我决心要下功夫研究中国文化。第一件事便是要找书店，就是伦敦的柯烈书店。这间小书店是我愚昧的救星，我的"中国之窗"！

每月一次坐火车到伦敦，直奔柯烈书店，首先是重阅我初中时期喜爱的书——巴金、鲁迅、茅盾的作品和古典小说以及《三国演义》、《西游记》、《水浒传》等。一些只有上册的如冯友兰的《中国哲学史》，范文澜的《中国近代史》；上、下册都有的俞剑华《中国绘画史》，单本的李浴《中国美术史纲》，陈稚常的《中国上古史演义》，及一些非常难懂的《易经》、《道德经》等。

柯烈小书店成为我的《中国之窗》，认识了在首层工作的中年中国女士玛丽和楼上30来岁的英国人查理士。他说一口流利普通话，终日埋头在推拉那架"经纬中文打字机"，介绍刚从中国运到的新书。他对中国的一般的情况很熟识，尤其是新书新作者，了如指掌。我坦白地向查理士说，《易经》我看不懂。他介绍我看英译本《道德经》和由德文再译为英文的《易经》，容易得多了。使我深深体会到中国古文化的深奥，更使我佩服研究中国古典文学的外国学者。他们不但帮助外国读者，也帮助了我这个"假洋鬼子"！

建筑学系第二年，积臣老师又请我到他家吃晚饭。依然有柏拉图，柏拉图仍然对中国非常有兴趣。他这次还带来了一个希腊吉他。一边弹，一边唱希腊民歌。我希望他不会问我关于中国古典音乐或民歌的问题，那样我又要出丑了！柏拉图唱完了一段民歌后，积臣太太说可以吃饭了。刚坐下来，柏拉图便问我：

"中国最古的艺术是什么？"

我不慌不忙地说："中国最古的文物要算是公元前6000年至3000年所谓'史前'的玉器、石器；公元前1500年至1000年左右的青铜器，那个时期已有文字，刻在甲骨和钟鼎上；公元前500年左右是玉器雕刻的高峰期；公元前200至100年的帛画，还有……"

"够了，够了，我根本不明白什么是玉石器、甲骨、钟鼎文字。总之，我约略知道中国是一个文明古国。看来不差于希腊呢！"

我很简单地解释甲骨文是卜辞，占算未来用的，青铜器最难的是懂得用合金，而钟鼎文是铸在铜皿上的最古文字之一，文字用以记录拥有者之姓名和事略。

积臣夫妇以诧异和骄傲的眼光望着我，好像很满意我的答案。积臣太太给我多添一个薯仔！我心想，总算没有白费她两顿饭的心血。读了一年欧洲建筑史，我知道希腊被视为欧洲文化之始祖。如今，中国文化好像在一晚之间变为古希腊的老大哥。可能这个讯息使积臣夫妇无缘无故的欢欣起来。

"请你介绍几本中国文化书籍给我看。"柏拉图诚恳地要求我。

"下一个周末我乐意带你到伦敦柯烈书店。"我也于一席话间变为柏拉图的"中国之窗"了！

那天晚上是我到英国一年多以后最称意、最自傲的时刻。我心里很仰慕中华民族的古文明，很以新中国成立的第五年而自豪！

晚上睡得很舒服，我意识到我这张黄色的脸，无论是从香港来、新加坡来，或是生于外国的华侨,甚至是从夏威夷、牙买加群岛等地来,你是中国人。中国来的学生一定会懂得中国历史、文化。而懂得中国历史文化便会马上会受到人家尊重!

第二天清早,我走到S城的海滨,望着泰晤士河口,东方的晨曦透过薄雾,显得微弱。海边的人家,还没有起来,只听得懒洋洋的马蹄声,老马拖着沉重的牛奶车,时走时停,送牛奶人逐户送奶。

我极目向东望河口,薄雾变浓,彷佛看见北京故宫和天安门,肯定是海市蜃楼在作怪!

世界之窗

"建筑设计不能离开历史,历史的发展包括文化;文化的发展不能没有理论,理论不能脱离实践;建筑艺术不能脱离其他艺术;建筑文化是大文化下的有形文化。

要了解希腊的建筑发展,必须要了解希腊的哲学、文学、绘画、雕塑、音乐……每一个时代有每一个时代的艺术。你这5年的锻炼就是要寻找历史中,什么时代产生什么建筑?或是什么建筑会产生在什么时代?更要锻炼你的意识,找出目前这个时代需要什么建筑?越能了解每一个时代的文化,便对目前这个时代的意识感越强。"

如果积臣老师没有请我到过他家里吃过两次饭,我真的会觉得他是一个冷血动物。他那对深深陷入的蓝眼睛,从来没有在校里、班里笑过的冷脸,讲课就像法官在宣读判词!全班中我和另一位退役军人年纪最大;第二次大战时他当兵,我逃难。我已是21岁,他大约是二十五、六岁,如果我们两个不明白,其他十六、七岁的同学根本不知他说什么!我相信全班我的英文程度最差,所以我只能埋头死记笔记。

"巴赫生长在巴洛克时期,巴赫靠教堂吃饭。那个时期宗教是文化主流,巴赫的音乐歌颂"上帝"。莫扎特的生计靠贵族维持。贵族的生活奢华歌舞,生活多姿多彩,莫扎特的音乐歌颂"生命"。贝多芬也靠贵族维持生计,但他有正义感。他赞美拿破仑,以为他是帮助被压迫的人民反抗贵族。后来才知道拿破仑是为了自己,还想做皇帝梦,非常失望。贝多芬的音乐歌颂"人"。德彪西是音乐的印象派,勋伯格的音乐是发掘音乐、乐器的潜质、潜能;沿用传统乐器,发明和发现很多新音声、新音阶、新对比、新节奏等,带出20世纪的新音乐,他是现代派。瓦格纳、李察·斯特劳斯是反古派、反结构、反旋律、反曲调派。巴托克也是现代派,利用很多匈牙利民歌乐曲。"

我当时听到示范,马上喜爱巴托克的民族现代音乐,后来自己更追寻发现芬兰的西贝柳斯(Sibelius),苏联的穆索尔斯基,法国的比才,德国的伯拉姆斯,匈牙利的李斯特(Liszt),波兰的萧邦(Chopin),西班牙现代派的法雅,捷克的雅那切克,苏联的肖斯塔科维奇等,民族派。这一些发现非同小可!悟出了把民族性现代化便可以被世界接受,而成为国际化了!要国际性,先要民族性。

积臣老师以后的"绘画"和"雕塑"课,与"音乐"课一样,举例说明了20世纪的建筑文化与艺术文化是根源于新社会、新发现、新材料、新概念、新需求,走出一条新的路。他是我的"世界之窗"。我觉得他这几课对我们以后的建筑师生涯非常重要,但是由上课时至下课后,我了解到全班同学不明白的居多,闷得要死。我和退役军人商量,既然这些课程是这么重要,我们好不好与积臣说项,要求他解释多一些,使我们更加明白,更加得益,"退役"点头赞成。好不容易鼓起了勇气,我们两个超龄跑到他房里,他说"请坐"。"退役"解释了来意,我加一句"我们是自动来的,不是同学让我们来的。"

"这里不是慈善机构,这儿是建筑学系。跑进来的学生是自己选择的。如果听不懂便不应占着学位，可以离开，让其他有能力的人进来，这简直是浪费！"

"退役"和我退了出来，无话可说，积臣非常冷酷，但是他是对的！

泰晤士河上游

我坐在火车上喘气，放下了两件行李，一块绘图板，绑在板上有一把丁字尺。一件行李非常重，都是书籍；另一件是衣服和日用品。汽笛拉了两声，嗅惯了煤烟气味，还要嗅一个多小时才到伦敦。

在我离开S城的一个傍晚，老柯和我走到海滨散步，这虽然是泰晤士河下游，本地人称它为"海"，因为对岸很远，而且河水是咸的。

老柯念大学预科，他在里斯本的父亲原本是国民党时代派往全国勘察矿藏的矿学工程师。花了多年的时间和心血，走遍大江南北，写成了一册册的矿藏报告书，欢天喜地地呈上矿务局局长，准备为国家干一番事业。由磨拳擦掌，等到垂头丧气，一等等了几年，失望之余溜到里斯本开中国餐馆去了！

海鸥成群结队飞来飞去，有些在海滩，在那个一两里宽的垃圾滩，忙于觅食。

"你打算念什么？"

老柯的头发比英国的"飞仔"还长！有一次我和他走在S城的热闹市中心，一群"飞仔"对他大声说"去剪掉你的头发吧！"当时"英飞"的长发是小心处理的，虽然长，但是整整有条。老柯的满江红式，怒发冲冠，使"英飞"也看不过眼。

老柯好像没有听到我的问题，反而问我，"你认为一个教授，比起一个露宿的乞丐，谁懂得多？"

我说："视乎懂什么？"

他说："你这个问题有份量"，然后他慢慢地说，"你要求乞丐在大学讲课，他什么都不懂，讲什么！但是如果你要求大学教授跟乞丐露宿一周，他可能第二个早上已经冻死了！我认为他们懂的东西是相等——是生存的知识相等"。

老柯大概只有十五六岁，他跟我同住，寄人篱下，晚饭前很喜欢跟我下棋。一面看书，一面下棋，我却全神贯注。当然，每一次都是我输。他饭后可以叙述《三国演义》、《水浒传》；或是希腊古典史诗盲诗人荷马的任何一部神话。他可以不上课，单靠从图书馆借来的书，考A级的数学、物理、微积分、化学、哲学、音乐(包括音节中的和谐理论)、油画、西洋史、中国史、文学，科科逢考必优！

这个奇人的父亲要他念工程科，他不愿意。所以，临离开S城前，我问他究竟想攻读什么科？他说唯一有意义的是"戏剧"！他要到加拿大去念戏剧。但他会对父亲说到加拿大念工程科，如果在欧洲读，父亲很容易来探他，加拿大比较远，可以安心念戏剧。

"什么时候去加拿大？"我问。

"就在这个夏天。先回里斯本，与父亲告别。"

我喜欢海滨，在香港晚饭后，也跑到海滨逛逛。我们坐下看海。我告诉他一个梦，在香港念中学时期的一个奇梦。

"我如常在秋冬季节饭后跑到湾仔的海滨散步，突然看到一大堆人，指着海里大嚷，"有人掉下海了！" "救人呀！"我走到前排住下看，一个人头的长长头发沉浮起落，看不到其他部分，只有双手乱抓。我马上脱下了外衣，是妈妈刚刚给我买的灯芯绒外套。往下一跃，把这个人拉到近岸的梯级。这个人抹了抹长满胡子的脸，擦擦眼睛，望着我，我听到岸上的人惊呼，"他救了耶稣了！他救了耶稣了！"

老柯哈哈大笑起来！他说"只听过耶稣救世人，从来没有听过世人救耶稣，这个梦我一定要记起来，可能是戏剧的好题材。"

"我们此去不知何时再见,我就赠你这一个梦,当作临别的礼物吧!"

20年后,他父亲带着老柯来港,找同时期留英的同学。当时有七八位相聚,全部结了婚。老柯以无神的、不能集中目标的双眼望着我,执着我的手说:"你是华培!"

"不,我是华楠。"

柯伯伯说他儿子在加拿大的一个冬天,洗热水澡,中了煤气毒,现在可以生活如常人,但脑子有点乱。

天妒奇才啊!或是古希腊的悲剧重演!

柯伯伯跟着说,这次回来希望给他娶一位华人小姐做老婆,最好是位看护,好好照顾他儿子的余年。

天妒奇才啊!天下有这样不公平的事,你告诉我,老柯做错了什么?要这样的惩罚他!要这样的折磨他!

火车到了伦敦,开始我在泰晤士河中游伦敦的生涯了。

我在S城3年,认识了两个奇人。一个是我在建筑学中到如今仍是唯一的一位老师;一个是比我年轻的老柯,不是英年早逝,而是戏剧性地失去了头脑。他和我一样,喜爱《三国演义》、《水浒传》、希腊《荷马史诗》、音乐、绘画、中外悲剧。假如他没有煤气中毒,假如他跟我到伦敦,进伦大戏剧学院,假如他父亲任由他选科,假如……。

伦敦岁月——地窖与顶层

我在伦敦租了全幢四层楼房中最便宜的地窖。

我记得我初搬到伦敦大学念第4年建筑系的那年,伦敦发生了一件不寻常的事——所有美术学院的学生在市中心举行大游行——"反对丑陋"。千多名长毛,不修篇幅的年青人,从各个伦敦美术学院举着黑布白字的标语,反对由某爵士建筑师设计美国蚬壳石油公司总部大厦,以复古"建筑风格"展现于泰晤士河北岸。队伍群情激昂走过滑铁卢大桥,聚于蚬壳大厦门前,高呼口号,"打倒丑陋!","打倒复古派!","打倒美国!"

敏感锐利的天才美术学生,由"美学"一下子跳到"政治"层面去!

为什么反对建筑物的设计由美术学生去干?建筑学系学生的校外课程必修科是人体写生,在艺术学院上课。艺术学院的学生也可到建筑学院上课;其实,任何学系的学生可以到任何学系上课。何况艺术史和艺术理论包涵一切视觉艺术。在那时,我已经体会到艺术系学生总比建筑系学生敏感,较有原则和有勇气!建筑系学生比较现实。所以反对丑陋便由艺术系学生担当了!

后来我才知道,我转入的建筑学院是由一位"在世希腊建筑史权威"当系教授。首3年学生要学习、绘出希腊古典建筑的三种柱础和柱头,每年绘一个,打好建筑"古典语言"的基础。第四年也没有现代建筑史!同学从没有听过"工业革命"为何物!从没有听过"包豪斯"是什么东西!从不知"格罗皮乌斯、勒·柯布西埃、密斯·凡·德·罗、赖特"是什么人!我后悔跑进这么一个建筑学坟墓!

其实,我也想过,来伦敦的一个主要目地是那个小小的柯烈书店嘛!何况某名人说过,"如果你的环境不好,你应该改造这个环境,使它变成好环境。"

我在第4、第5年级2年中,没有增加我对建筑学任何知识;但是由每月去一次柯烈改为每周一次,我认为这个近水楼台足以补偿我的损失了!

我带S城建筑学院的同学来伦大,介绍伦大的同学与他们相识;也带伦大的同学往S城去。有几位伦大的同学很气愤,他们认为他们白白荒费了3年的宝贵光阴,怎么办?我说向校长反映。第4、5年同学公选了两名优秀生,向校长说理。我们在课室等候佳音,终于优秀生回来了,样子沮丧。

"怎么样？"同学齐声问。

"校长说，他本人也是希腊教授的学生，他绝对不能干预他的老师的事业。等两、三年，希腊老师便退休，那时我会根据你们的建议，整顿教程。"

"这个不成，3年便多害了3年进来的新生！"，"怎么办？"

我看时机成熟了，便说"首先，我们好好地写一篇宣言，每一个四、五年级的同学都知道我们反的是什么？要的是什么？然后招待记者。然后请伦敦的现代派建筑师来演讲！"

80多位同学一齐鼓掌。我注意到一个男生，两位女生静悄悄的溜了出去，他们肯定是叛徒。

伦敦报纸刊登了可能是有史以来的"大学版变"。同学原先要推举我发言，我说我是外国人，不好说话，可能会遭到逮捕，押解出境！招待记者很奏效。跟着，著名的现代派建筑师也趁热闹来演讲。一位颇负盛名、50来岁的建筑师一开声便问："什么是现代建筑？可能讲几个钟头也说不明白，我可以马上告诉你们，什么不是现代建筑，你们这所学院的左边的新建筑物，就不是现代建筑！"同学马上鼓掌欢呼，大家都知道那座"复古风格"的建筑物是希腊佬的新作品！

第五年级的"课室"很特别，每3个学生使用一小室，称作ATELIER，法语是艺术家的工作室，教务长给我们每人一把锁匙，要签字才给你，毕业后便要交还给他。工作室是分布在学院左前翼的顶楼，我和一位高瘦的英国人和一位体格魁梧的苏格兰人，很合得来，我们三共处一室。我们在那里谈天、绘图、煮食、喝茶、喝酒、听音乐、唱歌、睡觉。出入工作室是通过一道楼梯，直达街外，从街外可直到工作室，不须经过"守卫亭"和大院子。这个权利当然对我来说是欢迎得很，自由自在，出入自如。后来才理解到这是训练我们将来离校到外面工作，如何与他人相处，因为我们朝夕见面。更有意义的是，在自由的环境里，学习如何自律！

我住的地窖，常常嗅到发霉的气味，是地下水透过墙基，沿着墙身往上渗。我的睡房的墙，常常有抹灰松了的沙粒剥落，墙纸早已霉烂不堪，我便把一个被单钉上去补壁，松了的沙，落在胶地板上沙沙有声。所以，我很乐意住在校里的顶楼工作室里，那里的暖气不用付钱！何况，高个子约翰是优秀生，善长油画；巨人米曹也是优秀生之一，曾派出到巴黎著名的巴黎美术学院读了一年。除了学得一手好素描和水彩画，也学了法国的烹饪。我和"长条"约翰，只用凑钱，巨人米曹便很有职业道德地穿起厨子的制服；黑白小格长裤，白上衣，白高帽子，亲自泡制很便宜的法国菜，我们三人享用！至今，我每年回伦敦与高条的约翰见一次面，巨人在70年代由新西兰来港向业主追讨设计费时同我见过一次面，至今不知下落。

有些时候我们工作达旦，一连几天，甚至一周的也有。至凌晨四时工作闷死人，到邻室约了些同学，跑到附近的火车站广场踢足球，大声喧哗，直至警察来，有礼貌地说"走开，走开，这里不能停留，更不能踢足球！"

英国大学传统，每年有一天是"恶作剧日"(RAG DAY)，直译是："衣衫褴褛，粗犷日"。旧生也利用这天"搞新生"，"玩新生"，有时候闹出人命！这天是学系与学系的"斗争"，男生抢他系的女生禁锢，威胁赎款。这一年工程系的学生晚上把老师的一辆小老爷车，用杠杆滑轮原理，把它扯上学院的标致的高半圆拱顶，拴在旗杆上！第二天早上学生指着老爷车呵呵大笑，校方要惊动两辆消防车来院子，才把它吊下来。

当工程系的学生拉老爷车时，我们深夜把公共汽车"停车站"牌子焊在货车铁轮上，把它们移来移去，又潜到附近地下铁的一个站，把所有的站名铁板牌，通通拆下来，拿回工作室作"战利品"。清早。我们装着上学，注意到每天惯例来到的乘客找不到他们熟悉的"停车站"牌，公共汽车司机也开开停停找停车牌！可以想像乘地下铁的乘客，到了应下车的车站，却看不到站名，不知下车与否的样子！

我记得离开S城前，系主任史葛先生请我去见他。"请坐"，他用右手食指拭着他那很高挺的鼻子，循例咳两声。

"你是我系的高才生，三年都是名列前茅。积臣先生给你很高的评价。我们学系的生存是靠多一些像你这样的学生。"

再咳两声，我偷看一眼，右手食指拭着高挺的鼻子"你是否对我们系有意见……你可不可以考虑留下来……"咳嗽，拭拭鼻子，"你对同学的影响很大，为他们着想一下，如你走了，他们便不知以谁为榜样？"

史葛主任也请我到过他家里吃过饭，他是一个很虔诚的基督徒。晚饭前闭目"多谢主赐我们这顿将可享用的晚餐。"我跟着他的太太和一子一女一道说："阿门。"

"但是如果你已经立下主意，我也不强留你"，咳咳。

我不敢再偷看他，肯定在拭鼻子！我的眼睛潮湿起来了。史葛老师是位典型的英国绅士，操牛津口音。他这番具有很大说服力的话，就像他带我和他家人一齐同往他的教堂那位牧师劝人信教的说服力一样，但比牧师真诚一百倍。我至今也不知道我在什么情况下能够铁石心肠地离开史葛老师！

现在我面对的是一位搽上强烈香油的、吸着粗大雪茄烟的，说满口希腊口音英语的希腊佬。他爬到顶楼我的工作室来，从楼梯传来一道臭香混杂的异味，我就知道是他来了，他坐在我的工作凳上，喘着气喷出他那极臭雪茄烟，猛烈的咳了很久。凝视着我的毕业论文设计，他不看我。"卢默博士告诉我你不肯改你的设计。我明年不想再看到你，你明年更不想看到我。请你改一改。"他说话时雪茄不离口，口气更臭，说完就走，不等我回答。

我也不答他，心里只想到那一个男同学，两个女同学，肯定是叛徒，告诉他我是"革命分子"，伦敦报纸也用"学院起革命"为题。我又想起S城的史葛老师，积臣老师，比起这里的老师，那里是天堂，这里是地狱。

巨人和高个子走过来，很关心的看着我，巨人说："就他妈的改一改嘛，毕业离开这个地狱！"他怎么也会说出我刚才想的形容词。

后来，我终于改了我的方案，毕业离开了这个深渊，把工作室的锁匙退还给教务主任！

三年后由巨人米曹和高个子约翰得知，因为我们的革命、臭希腊佬提早了一年半退休，总算不白费我们的革命行动吧！

伦敦岁月——专业工作

我加入第一个事务所是伦敦规模最大的事务所之一，不下几百名建筑师。工作了3个月便离开，加入了一所50~60人的事务所。不喜欢，3个月后离开。随后加入了5~6个人的事务所，在那里呆了3年。

两个老板之一是英国的共产党，中苏争论时，他站在中国这边。他的老婆是美国共产党员，在杜勒斯"惧红症"时代，被驱逐出国！他长年替中国领士馆装修、维修。有一次他带我去看孙中山"被困"的房子，"所有的家俱，都照孙中山住的那时一样，一点也没有移动过。"他很骄傲能以英国人身份作我的导游！当然，营救孙中山也是孙中山在伦敦的英国老师！

第一天他对我说："你称呼我做'果连'，我称你做'楠'，不要什么先生。"我第一天便喜欢果连，他是那么公平、那么社会主义、那么热爱中国文化、那么热爱生命!

"午间带三文治回来,快快吃了我们到VA博物馆,看中国文物去!"

我在VA看到了顾恺之的帛画真迹《女史箴图》长卷,那是60年代初。80年代已经把真迹收起来,展品说明是"仿制品"了。

记不起是1960年还是1961年,果连带我去参加中国建筑师访英团的招待会,访英团以杨廷宝为首。后来我在80年代初到南京拜访他时,他好像已记不起访问团这一件事。

访问团介绍人民大会堂、天安门广场。那个时候,我只觉得凡是从中国来的都是好的!

伦敦除了柯烈小书店,最受我欢迎的是国家艺术馆、现代派艺术馆、大不烈颠博物馆、VA博物馆、战争博物馆、自然历史博物馆、科学历史博物馆等,全部免费入场。皇家音乐大堂、刚云提利歌剧院、VA音乐堂,都可以用低价买到座位不太好的票,便能欣赏世界一流的交响乐团、室乐、芭蕾舞蹈团、歌剧。学生时代更可以买非常便宜的音乐节季票,爬上第五、六层的平台,没有座位,学生三、五成群,躺在地面,靠圆拱顶反下来的回音听音乐,其乐也融融。我觉得国家富强起来,一定要多些为人民着想,廉价或免费让人民增加知识。对国家来说,人民素质提高了,也是只有好处没有坏处。

由五个人组成的公司,有两个老板,一个秘书,一个听电话打字,便是四人;所以有时候我有一个助手,大部分时间是只我一人。公司由概念设计、施工图到地盘监工全由我一人担当,被迫做错了很多事情,被迫学了很多东西。两老板自己也一同和我一起设计、绘图、商讨,很合得来。

果连待我如同兄弟,非常亲切。后来我离开了伦敦,他夫妇于60年代中到北京去做翻译工作,住在他一生梦寐以求的四合院,工作两年后回到伦敦。我每次到伦敦都请他们到中国馆子去,他们很欣赏中国菜。80年代末,他夫人90岁去世了,他自己也不方便到外边去,我便买些他喜欢吃的东西去看他。中英为了香港的回归问题争论,他说:"英国当年用武力取香港。现在中国以谈判拿回,那不是已经很礼貌吗?"

有一次他写信给我,字迹已很难看,可能是患了帕金森综合症,手抖抖的,他写:"英国有人说,英人统治香港150多年,交还中国后,肯定一团糟!我对他们说,中国生存了5千年,英国只有1千年的历史。我相信,5千年后,中国一定会仍然健在,但我不敢想像5千年后英国还会存在吗?英国人还是担心自己吧!"

在伦大时,我甚欣赏罗素的思想,定购了他主编的月刊《理性人》,更成为月刊会员。但不敢参加"静坐"抗议和世界"百人专组"审判美国总统的大会,包括反美滥炸北越和反核。会员每人分发一个反核章,配带此章才能参加游行。到现在,我还有这个章!

在香港的60年代下半期,我常常写信往南华早报,指出当局有关城市规划的不是。我在伦敦工作时,在伦大读了两年夜校学城市规划,后来太辛苦不读了,班主任又留我,我说要回香港了,他后来把我的作业,包括研究分析意大利的威尼斯广场论文和模型"扣留"作示范。所以我对城规略懂一二。1967年我写信投报,建议当局应该搬启德机场往大屿山北部。这种理性的文章结果换来了香港政府的"恐吓",方法是透过一个高官(英国人)向我说:"如果不是必要,不要写信投报"。我说:"你看过我的信没有?同意不同意?"

"我全都看过,他们把你的信全部剪下来给我,这是当局高层会议的议程之一。主席问谁认识钟,我说我认识他,他便把你的信全部给我。然后请我警告你。如果你不听话,便会把你送回伦敦!"

"对不起，他们不能把我'送回伦敦'，因为我是在香港出生的。"

"他们的资料说你是罗素的信徒，派来香港造反!你是'百人专组'成员之一。"

"我真希望他们的资料是对的啊。你知道"百人专组"成员是由世界各国的最崇高的知识分子代表组成，全是反战的，美国有米勒(ARTHUR MILLER)、法国有郭徒(JEAN COCTEAU)、卡谬(CAMUS)等，现在已记不清楚了，只知道他们全是世界的文化名人。如果我是其中之一，那是我的光荣!但资料百分之一是对的，我当年是罗素主编的"理性人"月刊会员。"

"作为你的朋友，希望你少写一点。"

我当然是继续写我的信，可能这对我往后的事业也不大有帮助!

伦敦深秋，冷暖相交，带来浓雾，冬天家家户户烧煤御寒，弄成毒雾!每年冬季老人、病人、"冻死"不少。其实是吸入毒雾。一般肺不健全的患者或导至肺病发作而死的人很多。

隆冬下大雪的机会不大，下了大雪反而会空气好一些，可能雪把毒空气溶合。偶尔大雪后放晴一、两天，那是最好的日子，我便会到泰晤士河畔去晒太场。鸽子在雪地上追觅游客给它们的面包粒，在雪地上印上了爪印。

想起：人生到处知何似　应似飞鸿踏雪泥
　　　　泥上偶然留指爪　鸿飞那复计东西

我从市中心的泰晤士河回到靠近我住处的上游。乘公共汽车要花45分钟。夕阳已西下，下车走往泰晤士河畔，这里对岸人家稀少。河面比市区部分狭窄得多，已属市郊了。从S城的海，搬到伦敦西部，到对岸只用走过一条200英尺长的小桥。走到桥中央，只见河水急急流过。英语说往事过得很快，常说"很多水已流过桥下了"。

雪泥鸿爪如桥下流水!

闻鸡起舞，毋忘祖国，学成归国这就算是我的人生历程吧。从香港维港的水到泰晤士河水，会不会相会?无论如何，是时候了，不知此去会振兴中华与否?泰晤士河一片黑漆，今晚就算是我向你告别吧!再见!

故事暂告完毕。

钟华楠
2000年5月尾于香港

80年代初钟华楠与他的瑞士夫人和儿子摄于瑞士

《世界建筑》的早期岁月

吕增标

《世界建筑》创刊至今，足足20周年了。作为一个早期工作的参与者，不禁想起杂志创办的早期岁月。

《世界建筑》是在改革开放之风的吹拂下萌芽成长的。70年代中后期，我在清华大学建筑系。当时学生在多年闭塞后，急切想了解外国建筑状况，可是能看到的外文书刊不多，外语程度也不及现在。于是，我和陶德坚老师受命编译些资料，给学生参考。后来，这些资料又部分流传到外校和一些设计单位，受到欢迎。这一来，一方面是有些需要，一方面限于印刷条件等原因又无法给予满足，况且这些资料编编抄抄，水平毕竟有限。渐渐地，就萌发了办个杂志的想法。我设想，杂志既是窗口，让读者放眼瞧瞧外国建筑，也是个园地，请专家学者一起来分析研究外国建筑。当时模仿已有的一些杂志的命名，悄悄给设想中的杂志起了个刊名，世界建筑。

设想提出后，不乏异议。一是怕政策会变，到时像五六十年代一样，落得个宣扬资产阶级建筑文化的罪名。更多人认为办杂志是为人做嫁衣，不如自己写文章当实力派。

当然有支持者。当时在一起工作的陶老师，就是积极分子。特别要提到的是建筑系副系主任汪坦教授，系党委书记刘小石同志，以及清华大学校党委副书记宣传部长罗征启同志等人，都对这个想法给予鼓励和支持，这对我们下决心办这个杂志起了积极作用。

与此同时，我们也加紧筹划，准备花上一年左右的时间，编印出两期试刊，出实际样子，请大家鉴定品评一下，这样的刊物值不值得办；同时也考虑一下我们自己，这些从未办过杂志的外行人，能不能胜任这个任务。

想是这么想，做起来可不容易。办杂志要有文章、稿子、哪里来？因为是试刊，不公开发行，对撰稿人来说，将是既无名，也无利，对外征稿是办不到的。相识能够出稿子的，因已有不做嫁衣的表白，也就不好强人所难。办法只有一条，就是自己动笔。当时美籍华裔建筑师贝聿铭访华，而且要在国内搞设计，大家听了都很新鲜，也很关切，于是把第一期主题定为贝聿铭建筑设计所研究及作品介绍。第二期主题是国外图书馆建筑。选这个题目，是因为我过去写书时曾写过有关文字，收集了不少图片。交书稿时出版社心里不踏实，强调国内为主，把大部外国资料刷了下来。这次倒正好派上用场，救此一难。

真正作难的还是印刷。当时国内普遍采用的印刷方法是排铅字，铸铜版锌版印图片。成本高，不清晰，对工作健康也不利。我们在设想未来的刊物时，就打算摒弃这一套，采用更先进的照相排字制版和胶印的办法，出试刊正是个作准备的好时机。承当时系内负责财务的赵炳时副系主任同意，以系内的设备费，购置一台照相排字机和一台小型的台式胶印机，供我们使用。当时，这些机器都属新产品，紧俏得很，不是发张订单，打个电话就能谈妥的。于是南下上海、北上营口地跑起来，有时随身还带两条大中华(送礼)。碰到检修，没钱请来人去餐馆酒楼，就打酒牢鸡，请到家里热闹一番。

设备到来后，又请来两位年轻同志。办公室一下热闹起来。一头是撰写编排，一头是排字印刷。陶德坚老师是无师自通的巧手，一面搞编辑，同时领着两位小青年，研究琢磨，学会机器操作。顺便提一下，当时这两台设备，在校内也小有名气。印个研究报告、学术论文什么的，各系和实验室不时来求助。我们也是有求必应，既解人之急，也挣几个小钱，支付日常小额开销。

吕增标(1931~　)，《世界建筑》第一任主编，现旅居美国从事设计工作。

《世界建筑》的早期岁月

经过几个月努力，两期试刊终于问世，各方面质量当然比不上后来的正式刊物，却也差强人意，能让人略窥一斑。刊物大多数通过系资料室"交流"了出去，收入充当纸张油墨费用。试刊号一共出了3期只可惜胶印机太小，印量有限，连我也没留下一份完整的记录，今天大概已经很难找到了。

有了三期试刊，小心翼翼地写了份请办《世界建筑》的报告，副系主任汪坦教授豪爽地在上面签了名。这系领导的审签，说明我们的请求已获系里同意。我把报告和试刊送到学校，心里盘算着不知要多久才能过学校和市出版局这两关。不料事情却意外顺利，相隔不久就接到通知，要我们去出版局填一份出版登记表，领取登记证，也就是杂志的出版许可证了。社长姓名一栏我们毫不犹豫地填上了建筑学领导汪坦的名字，汪坦教授对我们的工作一直给予支持和鼓励。登记表上给了我们一个杂志社的名义，临行又问我们有多少工作人员，我和同去的陶德坚抢着回答有20多人，生怕说少了人数惹出麻烦。回到学校，来不及向上汇报，就走到办公室，向小青年们叙述经过。四、五个人开怀大笑，大概也是在庆贺，杂志社就这样"诞生了"。

《世界建筑》原计划在1981年初创刊，因为进展顺利，大家的情绪又好，决定将创刊日期提前到1980年国庆节。我们开了个会，讨论办刊物的宗旨和编辑方针。当时没有今天这么浩大的阵容，在社长汪坦教授领导下，只有陶德坚、加入不久的曾昭奋和我二人。讨论结果也简单，其中记忆最深的一条是不搞同人刊物，敞开门公开征稿，请校内外专家学者一起参与，办好杂志，服务读者。

至于具体工作，因为有了办试刊的经验，倒也不致于手忙脚乱，编辑人员负责从征稿、审稿到版面设计、文字校对等一应工作。排字仍是原来自己培训的人员和原置的设备。原置的小胶印机可是用不上了，经过不少周折，最后选了当时市内设备最新、成品质量最高的人民日报印刷厂和外文印刷厂，来承担刊物的制版印刷任务。

又经过一段时间紧张而兴奋的忙碌，工厂如期把刊物运来。当时杂志还没有和邮局谈妥发行事宜，尚需自行处理。于是，全杂志社的男女老幼一齐出动，把刊物搬到办公室，包装捆扎，再送到邮局寄发给读者。就这样，《世界建筑》在社内一组人的辛勤努力下，也在社外许多热心人士的鼓励、支持和赞助下，于20年前的今天正式诞生，和广大读者见面了。

杂志创刊之初，人员和经费一直最使人揪心，人手不足，有些事办不了；资金不足，向学校借的办刊流动资金，不知何时能偿还，等等。一次，和北京市建筑设计研究院的徐镇工程师一起开会（他和我都兼任《建筑师》杂志的编委，不幸他已英年早逝），谈起《世界建筑》的难处。是他建议让北京市建筑设计研究院也出点力，和清华大学一起主办这个杂志。这个建议经北京建筑设计研究院吴观张院长和清华建筑系领导同意后定了下来。这自然是件大好事。北京建筑设计研究院人多财旺。合作后，派遣了人员当编辑和经办广告业务，又支补了一部分经费，作了许多贡献。经此，杂志逐渐稳定下来，又向前发展了一步。

有人跟我说，我太冒失，不量力，应该再晚那么十几二十年来办这个杂志。我知道他是在开玩笑。创业的确伴随着很多艰辛，却也包含着无限欢愉喜悦，那是局外人理解不了的。至今，事隔20年，脑海里还会清晰地映现出许多画面，那是珍贵的回忆，也是深情的缅怀。我常怀念一起工作的人，如陶德坚老师。她在文化革命中走了段曲折的路，在与她共事中，她总是默默地做着许多无闻的工作。杂志创刊前夕，她已落实政策，正忙着为创刊号写《美国的摩天楼》的论文，却依然劳苦奔波，选印刷厂，跑印刷用纸张等等。不幸的是，她后来旅居加拿大患癌症逝世。我也很想念当年的一些"小青年"，如贾东东、冯金良等，她(他)们来到《世界建筑》，为了适应许多从没接触过的工作，拜老师，进修，虚心学习，提高自己，至今都已成为杂志社的骨干。很难想象，没有这些人，《世界建筑》又会是何面貌？

早期的岁月已过去了，《世界建筑》在前进。感谢后继者在接着为它付出辛勤的劳动。也祝贺《世界建筑》，会随着时代的步伐，不断以更新的面貌展示在读者面前。

怀念戴总

傅秀蓉

今天几十位领导、专家、学者集聚在这里，研讨戴念慈总建筑师的创作思想和成就，这是对戴总辛勤耕耘一生、奉献一生的承认和肯定。戴总以他继承、创新、扬我中华的执着追求；勤奋、严谨、精益求精的治学精神，廉洁奉公、谦虚好学、不图虚名的高尚品德，赢得了同行们的爱戴和尊敬，也给我国建筑百花园里留下一份丰厚遗产。我参加这个会，心情是沉重的，对我来说，戴总是一位仁厚长者和尊敬的老师，我从1952年参加工作，一直在他的指导和培育下成长，戴总对我们既严厉又循循善诱，他的一言一行，给我留下深刻影响，失去这样一位长者和老师，深感悲痛！

不少同志对戴总有误解，以为他只能设计有中国传统色彩的作品，甚至把他视为复古派的代表人物，这是不公正的！戴总早年接受现代建筑教育，他才华出众，深受赖特影响，对中国和西方建筑都有深厚功力。50年代初老一代的同志们都说："老戴一出手，赖特味十足！"后来受到苏联"社会主义内容、民族形式"思想的影响，他开始认真思考中国新建筑的道路。60年代，他设计的斯里兰卡大会堂，很洋，细部又有当地特色；70年代，他设计的和平饭店新楼方案也很洋，内部空间复杂多变，可惜中途下马；80年代他亲手修改的一批北也门别墅住宅及影剧院，既洋又有伊斯兰神韵，深受对方好评。遗憾的是，这些设计有的建在国外，我们难得有机会一睹丰采；有的没有实施，还停留在图纸上。戴总的作品相当丰富，其中很多属于特殊工程，国内同行熟知的几个作品又都有其特殊环境和要求，不得不使用传统形式。即使这样，他也反对完全照搬，而是加以革新。戴总反对把建筑搞得单调、枯燥、乏味，反对矫揉造作的求怪作风；追求结构简单，艺术效果丰富，有民族特色的新建筑。他的这些创作思想，是符合当代建筑发展潮流的。跟戴总工作几十年，我深刻体会到：戴总非常重视环境，重视深层文化内涵，例如：50年代中期，他设计马列学院，场地临近颐和园和圆明园遗址，他曾多次跑到现场观察揣摩，做了三四个方案进行比较，既考虑不破坏原有风貌，又考虑组群建筑的整体性。马列学院主楼，在当时是一座比较高又狭长的建筑，如果作成坡顶，比例就完全不对了，屋顶如何体现民族特色，他进行了深入思考。他研究了三座门，说"三座门的屋顶很狭很长，如不作处理，就象大高个儿戴个小帽子一样。但是，我们的祖先是有办法的，他们把屋顶的琉璃材料适当地垂挂在墙上，使屋顶和墙面连成一气，你就不觉得帽子太小了。"最后，他使用了平屋顶琉璃檐口和额枋作重点装饰，中部框架结构部分适当表现了框架外形，既去掉了大屋顶，又充分显示出中国传统建筑的特色，这在当时大屋顶成风的时代，是难能可贵的。

50年代末，他设计中国美术馆，处在故宫、景山附近，既要反映新中国美术馆丰富多彩的内涵，又不要给人以豪华浮夸之感。戴总几次跑到景山上观察思考，最后，他把大部分屋顶做成平顶，仅在中部使用了传统形式，再用连廊、庭院连成整体，既是传统的，又有新意。

80年代初，他设计山东曲阜阙里宾舍，紧靠孔庙、孔府，环境更为特殊，如何才能不破坏原有文化环境，是设计考虑的首要问题。戴总首先提出了两点设计原则：第一，要甘当配角，严格控制建筑的高度和体量，在高度上不能超过钟鼓楼；在体量上采取分割手法，化大为小；在形式上采用与孔府相协调的民居形式，与孔府打成一片；第二，要创造与曲阜这座文化名城相适应的文化气息，不要珠光宝气的商业气氛。最后的方案，决定采用小体

戴念慈，见本书第10页。

傅秀蓉(1931～　)，女，高级建筑师(教授、研究员待遇)，华森建筑与工程设计顾问有限公司副总建筑师。

量、小尺度、四合院形式，以突出孔庙和孔府。在宾舍内部，使用了鹿角鹤文物复制品、铜锣栏板、浅浮雕、书法、绘画、壁饰等，在白灰色墙壁、顶棚烘托下，显得端庄、宁静，具有浓厚的文化气息。国内同行对这个作品有截然不同的评价，这是很正常的。但是，我认为：在这样一个具体环境中，这个设计还是很得体的，可行的，虽然不能说是唯一的。很多同行评价戴总的作品：精雕细刻、有深度、耐看，这同他的创作思想、精心设计、深厚的文化素养和坚实的功力密切相关，同那些草率、肤浅的设计不可同日而语。

几十年来，戴总一生没离开过图板，总是不停地思索、勾画，当了副部长以后，依然如此，可以说：设计就是他的生命。他对任何工程不管是他主持设计的，还是帮助别人修改设计，总是那样认真地思索，亲自动手勾画，不断提出具有新意的草图，提供给别人；他对工程不分大小，总是反复推敲、精雕细刻、修改再修改，直到满意为止。戴总说过："设计就是修改，没有修改，哪来的好设计！"他还说过："小工程也可以搞好，只要下功夫，你看贝聿铭设计的大气研究中心，由于他精心设计，取得了非常好的效果。"

戴总始终以一个建筑师的高度社会责任感关注着广大人民群众的居住问题。他认为，我国人多、底子薄，不应该追求大面积，而应是小而精，以解决更多人的住房。他精心设计过几个小面积住宅，虽然遭到很多人的责难，他却始终坚持自己的观点，先后写过不少文章，宣传他的见解。

戴总非常注重比例尺度，不仅重要部位要反复推敲，连不太重要的部位，也是如此，有时连一公分也不肯放过，这种严谨、精益求精的治学态度，也教益了我们这一代。

1952年，我刚参加工作，戴总主持设计北京饭店西楼，当时，听说戴总身体不大好，经常吐血，很瘦弱，但依然忘我工作，每天加班到深夜，早晨经常来不及吃早饭，带个面包上班。戴总喜欢站着画图，40年过去了，他在灯光下佝偻着身子趴在图板上勤奋耕耘的瘦弱身影，至今历历在目，宛如昨天！

戴总为人正派、廉洁奉公，品德高尚。跟他工作几十年，没听他谈论过吃、喝、名利，也从不在背后议论人。戴总晚年搞了个建筑设计事务所，他说："不是为我个人赚钱，是想通过事务所做些理想工程，再就是收点设计费，给学会。"戴总一心扑在工作上，谈起设计滔滔不绝，眉飞色舞，生活上从不计较。他从1956年结婚，一直住在一套有三间斗室的房子里，开间只有2.7米，扣去墙身，净宽只有2.46米，男孩子住在小客厅里，到他家谈工作，去两个人摊开图纸就很紧张，一直住到1984年，从来没听他说过住房的事。他只有奉献，没有索取。

戴总谦虚好学，虚心听取各方面的意见。阙里宾舍方案先后单独请教过杨廷宝、郑孝燮、吴良镛、林乐义、罗哲文、吴作人等专家学者，还邀请了北京几十位专家学者讨论方案。这些活动，除找杨老是他单独去的，其他我都参加了，请教回来总要谈收获。外墙采用红砖砖缝就是杨老的意见；十字屋脊是请林总提过意见之后才定下来的，每有所获戴总就非常高兴。所以，阙里宾舍也凝聚着这些专家学者的智慧与心血。戴总每项作品都取得成功，和他能虚心听取他人意见，博采众长是分不开的，戴总对林乐义总建筑师一直很尊重，他的方案总要请林总提意见，有好的意见，马上修改。对甲方也如此，马列学院甲方曾多次提出意见，提了意见，他就改，反复修改直至甲方满意为止。

戴总对我们这一代非常爱护，耐心帮助，有时还征求我们的意见，偶然提个好意见，他就热情鼓励。1982~1984年我协助戴总主持阙里宾舍工程，方案通过以后，戴总当了副部长，戴总鼓励我："你一个人担任设总吧，我相信你能搞好。"我当时担心部长不好随便找，他说："部长也是普通人嘛，有问题你尽管去找我好了。"戴总当了副部长以后，工作很忙，白天没时间过问，找他还要事先经过秘书约定时间，我为了完全贯彻他的设计意图，每完成一部分，都拿去请他看，办公室找不到，就到他家里去。他依然象往常一样，仔细看图，仔细推敲，有时在办公室一谈起来，往往忘了下班，秘书只好在一旁陪着。阙里宾舍远离北京，戴总在百忙中还亲自跑过几趟工地。

戴总从不宣传自己，也不让别人宣传他，如推选他当设计大师，他就是不写材料，而且坚持到底，他对评选大师是有看法的。我尊重戴总的遗愿，在我的发言里回避大师这个称号，虽然他是当之无愧的。戴总不图虚名是一贯的，几十年来，他经常和大家一起作方案，有些工程是他的方案，让别人当设总，帮助别人修改方案就更多了，从不计较名利。斯里兰卡大会堂，是他作的方案，他担任设总，文化革命中，罢了他的设总，让他画详图，他画得非常认真，非常仔细，没听他报怨过。十几年后，他当了副部长，偶然提及这件事，他说："他们大概以为我不会画详图，故意给我出个难题，考考我！其实，他们不知道我是画详图出身的！"说罢，他摇晃身子开心地笑起来，笑得那么天真！这发自内心的笑声，充满了胜利后的喜悦，却没有丝毫怨恨之意！这就是戴总！

戴总不愧为我国继杨老之后又一位最杰出的建筑师。他所以受到同行们的爱戴和尊敬，不仅由于他才华出众、勤奋好学、功力深厚，更重要的是他廉洁奉公、待人真诚、一生奉献、不图虚名的高尚品德，比起那些不务实绩，争名夺利的人，戴总显得那么高尚，又多么令人怀念啊！在混沌无垠的宇宙之中，人只不过是一粒微小的尘埃，瞬息即逝，贵在给后人留下一些值得怀念的痕迹。在改革开放，振兴中华的今天，我们需要的正是这种可贵的民族之魂！

（原载《建筑师》第48期）

1983年9月在上海召开的《建筑年鉴》编委扩大会议上，从左至右：阎子祥、戴念慈、杨慎

中国建筑史学走向世界的里程碑
——20世纪末叶的香山会议

杨鸿勋

值此新世纪伊始,回首20世纪中国建筑史学所走过的历程,令人鼓舞地是它已迈开了走向世界的步伐,其主要标志是世界范围内的中国建筑史学家的代表们云集北京进行学术研讨并通过了《香山宣言》,成立了"国际中国建筑史学会筹备委员会"。

1998年8月18至21日,在北京香山饭店召开了"第一届中国建筑史学国际研讨会"。出席大会的有:中国(包括香港特区和台湾)、日本、新加坡、澳大利亚、美国、丹麦、法国、德国、意大利等国的96位代表和嘉宾;提交大会的学术论文有69篇。

这次大会缘起于1995年。当时,在笔者的倡导和支持下,由香港中文大学建筑学系具体运作召开了"中国建筑史国际会议"。与会者一致认为应当尽快在中国首都北京召开中国建筑史学国际研讨会,并呼吁建立一个中国建筑史学研究的国际组织。笔者接受国际同仁们的要求,于1996年于日本京都发出《创立国际中国建筑史学会倡议书》,征得国际前卫学者们的签名响应,向全世界发出呼吁。1997年召开了筹备会,经国家主管部门批准,由中国建筑学会建筑史学分会和清华大学建筑历史与文物建筑保护研究所联合举办、由国际中国建筑史学会筹备委员会赞助召开了这次"第一届中国建筑史学国际研讨会"。

大会组织委员会的成员是:
主席: 杨鸿勋教授(中国社会科学院)
副主席: 吕舟教授(清华大学)
委员: 刘叙杰教授(东南大学)
夏铸九教授(台湾大学)
田中淡(Tan Tanaka)教授(日本京都大学)

顾迩素(Else Glahn)教授(丹麦哥本哈根大学)
夏南希(Nancy Shatzman Steinhardt)教授(美国宾夕法尼亚大学)
雷德侯(Lothar Ledderose)教授(德国海德堡大学)
尹弘泽(Hong-taek Yun)教授(韩国建国大学)
葛路吉(Luiggi Gazzola)教授(意大利罗马大学)
龙炳颐(David Lung)教授(香港大学)
大会的特邀嘉宾有:
吴良镛、汪坦、侯仁之、郑孝燮、张开济、张镈、罗哲文、杜仙洲、余鸣谦、于倬云、王世襄、朱家溍等。

这次国际会议作为中国"营造"(广义建筑学)走向世界的标志,被国内外专家们公认作建筑史学史上的一座里程碑。在此世纪之交全球"环境危机"的一片惊叹声中,人们开始认真思考可持续发展人居环境的建设问题。一些学者开始意识到在东方文明中去寻求出路——中国尊重自然、与自然相和谐的营造哲理,是解决当代环境污染问题的指导思

第一届中国建筑史学国际研讨会主席团

杨鸿勋(1931~),中国科学院考古研究所研究员。

想,同时也是解救地球众生脱离污秽苦海、建设未来清洁、健康乐土的方舟。至此,中国传统建筑终于为世界所瞩目,中国的"营造"成为一个世界性的研究课题。

在历史上,中国建筑对于世界建筑的发展是做出过重要贡献的,辉煌的现代建筑中凝结着中国人的智慧。人类文明可概括为东、西方两大文明体系,它们相辅相成,恰成互补,轮流领导着世界发展的潮流。作为东方文明主要渊源的中国,在古代物质文明方面曾奉献给全体人类以指南针、造纸、火药和印刷术四大发明;精神文明方面则有以"仁"为核心的儒家思想和崇尚自然的道家思想,从而极大地推动了人类历史的进程。近代以来,欧美作为西方文明的传承,在汇合东方成就的基础上,极大地提高了人类社会生产力,把人类文明拥向了一个辉煌的高潮。

源于幼发拉底、底格里斯两河流域的西方文明,作为它的载体——从亚述、巴比伦的神殿到埃及"金"字塔,从希腊帕特农神庙到罗马斗兽场,从欧洲中世纪的城堡到文艺复兴的大教堂,是遗存至今的一本本厚重的"石头书",无时不在默默地倾诉着西方文明的历史。在东方,源于黄河、长江流域的中国文明以及环"东亚地中海"(俄霍茨克海、日本海、渤海、黄海、东中国海、南中国海等海域)文化圈所生成的历史载体——建筑,从日本考古学材料所证明的史前时期的"黄帝时明堂"[1]到红山文化的坛、庙、冢,从二里头的"夏后氏世室"到秦始皇的万里长城,从汉、唐宫苑到明、清北京紫禁城,一本本灵活的"土木的书",也无时不在诉说着东方文明的历史。近代蒸汽机的发明,便利了交通,缩小了世界。资本主义大发展促进了世界性的建筑革命,这中间有中国的贡献。可以说,近代建筑的飞跃正是东、西方建筑文化融合的结果。然而,这一明显的史实却遭到了近代以来"欧洲本位"思想的极大歪曲,它便是有名的弗莱彻尔的大树图表。

英国人班尼斯特·弗莱彻尔(Banister Flecher)于1919年出版了一本叫做《比较法建筑史》(A History of Architecture,on the Comparative Method)的讲世界建筑的

弗莱彻尔的"建筑树",载《比较法建筑史》

书,直至20世纪60年代的半个世纪中多次再版,在全世界有很大的影响。该书开卷便有一张表示世界建筑发展谱系的"建筑树"(THE TREE OF ARCHITECTURE)。图中大树主干——从树根到树梢,所结的果实是古代巴比伦、埃及、希腊、罗马直至近代欧洲文艺复兴的建筑和现代美国摩天楼,

而其他国家和地区的建筑成果都是与人类现代建筑主流成就无关的旁门左道;尤其是中国建筑(还有与中国建筑同一体系的日本建筑),仅仅是最底下的一个枝杈上所结的"非历史传统式样"的小果子。

所谓"非历史传统",即不是弗莱彻尔所熟悉的西方传统。弗莱彻尔是在殖民主义哺育下成长的,他怀有当时西方强权主义的优越感。在他的心目中,唯有西方文化才是人类社会的正统。弗莱彻尔向全世界宣称:中国建筑既是"非历史传统"的,又是很低级的,因此它对世界现代建筑成就是毫无贡献的。弗莱彻尔被西方本位主义蒙蔽了眼睛,无论是基于中国哲理的"有机建筑论",还是芝加哥摩天楼的出现,都是他健在时的事实,他却视而不见。也是由于历史的局限性,我们的建筑学先辈,没有向世界公开批评纠正这一谬误,以至弗莱彻尔的"建筑树"迟至20世纪60年代仍然再版,风行世界。

1998年8月18日,笔者在"第一届中国建筑史学国际研讨会"上致开幕辞,首次公开向全世界以史实正式批驳了弗莱彻尔的谬论:

"中国在历史上曾对人类社会的进步作出过贡献,决不像班尼斯特·弗莱彻尔所认为的那样:中国建筑是对世界建筑发展毫无作用的非正统的旁门左道。请看事实:近代第一座摩天楼就是由于借鉴了中国"墙倒屋不塌"建筑体系的原理才打破西方古典主义承重墙传统而在芝加哥拔地而起,从而为商业建筑的极限升高架设了阶梯。20世纪初叶,现代建筑革命的先驱者美国建筑家弗兰克·劳埃德·赖特(Frank Llyod Wright)更是自觉地在中国两千余年前崇尚自然的先哲老子关于体形与空间辨证学说的基础上,结合"墙倒屋不塌"灵活机动地与环境相配合的原理,提出了"有机建筑论",从而奠定了现代建筑的理论基础。中国不但在建筑学和结构学上对世界现代建筑的发展作出了重大的贡献,而且在建筑材料的发展方面也起到了积极的作用。20世纪70年代,日本为解决新干线铁道轨枕的抗酸碱难题,曾受到公元3世纪中国三国时期所发明的陶制材料用植物油处理以提高其物理与化学性能的启示,而创造出混凝土轨枕用环氧树脂养护的做法。这使得在世界范围内出现了混凝土材料用高分子材料处理——"有、无机材料相结合"的新建材理论,从而引起世界性的建材革命。中国建筑遗产中最为宝贵的科学核心——人为环境与自然环境相统一的思想,对于环境危机的今天来说,更是亟待我们发掘的重要宝藏。高度文化内涵与高度生态内涵相融合,物质与精神统一功能场的中国环境设计原理,正是未来生态建筑、生态城市以及钱学森博士所提倡的更高层次的人文与自然相结合的可持续发展的"山水城市"的指导方针。"

这一批驳得到与会各国学者的一致赞同,肯定中国历史功绩的共识,被纳入了全体一致通过的《香山宣言》[2]之中。

《香山宣言》被认为是中国建筑史学研究的纲领性文件。一些外国学者说,过去在回答"为什么研究中国建筑史?"时,往往只能说是出于兴趣,经过这次研讨会,特别是讨论并通过了《香山宣言》,明确了钻研中国营造的现实意义,这对于自己研究工作的选题以及认识都打开了思路。一些台湾学者在会后来函中,特别强调《香山宣言》对于现实研究工作的指导意义和它在建筑史学发展上的历史意义。

关于国际组织的正式名称,多数代表主张采用国际学者所熟知的中国广义建筑的术语"营造"命名。日本学者认为,"营造"不只是古老的术语,而且更是一个超前的、科学的时髦名词。有的学者提出,像中国武术一样,只需说"功夫"而无需冠以"中国"即被人们所理解;英文不必意译,可直接音译为"YINGZAO"。为表达继承中国第一个本学科的学术团体——"中国营造学社"，可将新建的国际组织的中文名称去掉"中国"二字而直称"营造学社"；英文为THE SOCIETY FOR YINGZAO STUDIES。

"第一届中国建筑史学国际研讨会"（香山会议）的召开，《香山宣言》的通过以及中国建筑史学国际组织筹备委员会的成立，是建筑史学史上20世纪末叶的重大事件。中国建筑学会机关刊物《建筑学报》、《建筑报》以及诸多报刊作了专门的报道；国家两家科学院联合创办的《科学时报》，在其创刊伊始就以署名文章《香山宣言》宣示："弗莱彻尔大树"倒下》[3]记载了这一里程碑事件。

注释：

[1] 杨鸿勋：《明堂泛论——明堂的考古学研究》，日本《东方学报》京都第七十册，第3～16页，1998年。

[2]《香山宣言》（1998年8月21日通过）全文如下：

值此辞旧迎新的世纪之交，我们以当代的目光重新审视中国建筑遗产，可以发现它包含着对于今天和未来都有价值的宝贵内容。

20世纪，以工业化和城市化为特征的现代文明在全球先进地区已达高峰。人们在享受伟大物质成就的同时，已开始为付出沉重代价而深感忧虑。环境的破坏、能源的过度消耗、人口膨胀，迫使人们作出深刻的反省：人类需要认真思考可持续发展人居环境的合理化建设问题。

中国古代的建筑文明表达了一种人与自然完美结合的建筑理念，它包涵了中国古典哲学丰富而深刻的对人类社会与自然环境关系的理解。人与自然的和谐关系是中国建筑理念的核心。无论是聚落和都市的选址、建筑群的规划还是个体建筑的设计以及结构与装饰的处理，都体现了人与自然之间有机融合的关系。对于中国古代建筑的研究，正是希望揭示这种关系的真谛，以及探讨在新的历史条件下建立这种关系的方式和手段。

中国是一个历史悠久、幅员辽阔、民族众多的国家，它的建筑表现出了鲜明的民族文化与乡土地理的个性，从而成为人类建筑文化宝库中的一份珍贵财富。对于它的认识，虽然经过近百年来人们不懈的努力，但仍未能达到对其总体面貌及内涵的深刻理解。在全球化过程日趋明显的今天，保护民族与地方文化的多样性已成为人类的共识；保护的基础，则是对这种文化深入的科学研究。因此对中国建筑历史的研究本身，便成为人类对这种文化遗产再认识和保护工作的基本内容。

文化遗产的保护工作是十分重要的。现存建筑文化遗产的实物，无论是史前以来各时代的遗迹还是遗构，作为不可再生的文物，都是全人类的文化财富，我们要尽可能长久地把它们原样地保存下来，留给后人。这些，不仅作为社会历史的见证和科学研究的依据以及古物鉴赏的对象，而且更是当代与未来精神文明与物质文明建设的重要藉鉴。

现代建筑的实践，一再证实了中国古代建筑文化所具有的生命力。中国古代建筑文化中所表达的人为环境与自然环境统一的空间观念、"墙倒屋不塌"的构架结构观念乃至有机与无机相结合的建材加工观念，都曾对现代建筑的发展提供过可贵的藉鉴。温故而知新，丰厚的中国建筑遗产不但已在现代建筑的变革中显示出它的价值，而且对它更加深入地研究也必将在未来生存空间的建设中发挥更大的作用。

在新世纪中，中国传统建筑的经验与理论将通过国际化的研究、交流与协作，不仅是作为人类文化遗产的保存工作；而且更进一步发扬光大，使它与当代建筑就相结合，为当代与未来的建筑师们充实以历史的智慧源泉，而通过他们为人类社会创造出优美、健康的高科技、生态化、信息化、人文化的幸福家园。

一个新的时代即将来临，肩负历史使命，"国际中国建筑史学会"应运而生，她将以研究中国传统建筑文化为己任；联合各国学者共同挖掘、整理、研究并发扬中国建筑遗产的精粹，积极促进世界建筑文化的相互交流，为人类美好的未来而奋斗！

[3] 载《科学时报》"社会科学"版，1998年10月8日。

忆三位建筑先师

刘先觉

在我一生中，最令我难以忘怀的就是曾接受过三位著名建筑先师的亲身教诲，他们是杨廷宝先生、梁思成先生和刘敦桢先生。三位先生不仅是我专业的启蒙者，而且也是我长期工作的典范。

记得在1950年我刚进入国立南京大学建筑系时，杨廷宝先生是系主任。全系学生总共才30多人，我们一年级就几乎占了一半。杨先生当时还不满50岁，正是事业的巅峰期。他不仅要管理全系的教学工作，而且经常有全国性的大型建筑设计任务要他主持，这也许是由于解放初期人才奇缺的缘故。杨先生并不因为工作忙就不担任教学工作，相反，他从四年级直到一年级的建筑设计教学都进行指导，尤其是对一年级更是倍加关心。在经过杨先生几年的教育后，我们普遍都感到在他身上学到了难能可贵的三种观点，那就是基本技能观、辩证思维观、谦虚谨慎观。这些观点既是治学之道，也可说是为人之本。

基本技能主要指的是，让学生知道要学好专业就要打好基础，它象造房子打基础一样，否则上层建筑就不稳固。杨先生对一年级的教学可谓是细致入微，他教学生如何削铅笔，说明头上斜面和铅芯都不能太短；教学生画各种设计图要选择不同软硬的铅笔；教学生如何使用丁字尺、三角板；教学生如何画线条，尤其要注意线条结束时要回头，这样才有劲不虚；教学生对建筑的各种细部都要量一量它的尺寸，以便掌握它的真实尺度，包括楼梯的踏步、扶手、门窗高度、宽度等等。杨先生随身携带的三件宝：钢笔、卷尺和速写本，这已成为众人皆知的秘密。在他的这种传、帮、带的精神鼓舞下，多少个学子也都学到了杨先生的基本功精神。

辩证思维是杨先生最突出的个性。他经常在改设计图时爱说："这样可以，那样也可以，只要处理得好都是可以的。"起初，同学们很不习惯这种说法，总希望要有一个明确的答案，认为这样才能学到东西。后来，慢慢接触事物多了，看到处理问题的方法的确并非千篇一律。杨先生的说法正是辩证思维的体现，是符合客观规律的。建筑设计方案可以千变万化，如果固定某种模式，那才是教条和僵化的反映。我们做设计也要讲究辩证法，在不同的环境，不同的国情与不同的时期就应该有不同的方法，这样才能促使我们不断进步，才能适应我国社会主义建设的需要。有些人认为掌握了一套手法，就固步自封，不思改革与进取，那是很不高明的。天长日久，越感到杨先生这种辩证思维的可贵。

谦虚谨慎也是杨先生的美德。解放后，他曾先后担任过许多重要职务，包括建筑系主任、南京工学院副院长、江苏省副省长、中国科学院学部委员(院士)、中国建筑学会副理事长、理事长、国际建筑师协会副主席等等，但是他却始终为人随和，从没有大专家的架子，和大家讨论问题，总是先倾听别人意见，然后提出建议，也是以商量的口吻，决不以势压人，一般都能使人心悦诚服。他的这种谦逊态度不仅没有降低他的威望，相反更衬托出他的高贵品质与修养。这种精神正是今天值得提倡的，也许借此可以抵制一些争名夺利之风。

1953年夏季我在南京工学院(现东南大学)毕业后被保送到清华大学建筑系读研究生，由于我原来的建筑史课成绩较好，被梁思成先生收为门生。当时，梁先生共收了2名研究生，这是新中国成立后第一批正

杨廷宝，见本书第6页。
梁思成，见本书第10页。
刘敦桢(1897~1968)，1913年留学日本，1921年毕业于东京高等工业学校建筑科。1925后任教于苏州工专和中央大学。1931年加入中国营造学社，长期担任文献部主任。1943年起又任中央大学建筑系教授，并先后担任建筑系主任、工学院院长。1955年当选为中国科学院技术科学部学部委员。
刘先觉(1931~   )，东南大学建筑系教授。

规的研究生。梁先生当时是系主任，中国科学院学部委员(院士)，而且一直社会活动频繁。尽管如此，每周他总要抽一个单位时间来和研究生见面，有时上课，有时答疑，或听取我们的学习报告。在师从梁先生的3年时间里，使我感受较深的是他的三个论点：创作翻译论、思维表达论和不断开拓论。

梁先生的创作翻译论是他的独到见解。他认为，古今中外的杰出建筑都存在着一定的规律。如果我们能细心找到这些规律，在创作中加以应用，并且把细部改变成我们所要创作的要求，那么一座崭新的建筑形象就会诞生。他以北京民族文化宫的外观创作为例，说明民族形式与西方形式是可以互换的，这对我们确实有不少启发。诚然，学习历史上的建筑经验与手法是不能照抄照搬的，必须经过翻译与改编才能符合新的创作要求。因为，应用翻译论就要重在寻找优秀建筑的规律，而不应该流于模仿的套路。

思维表达是梁先生很注重的一个方面。他认为作为一名教师或建筑师，应该能把自己的意见有效地传达给别人，以便起到说服与宣传的作用。有些人虽然能画出一幅很漂亮的设计图，但是说不出道理，或是不能把自己的构思用语言表达出来，这是很可惜的。因此，他主张既要训练学生的设计能力，也要训练口才的表达能力。只有这样，建筑师的创造性思维才能为别人所共识。在我们研究生的学习过程中，他经常要我们作读书报告也是这个道理。这一点在日后的工作中大家的体会尤深，因为建筑师应该为业主或使用者当好参谋，甚至为各级领导当好参谋。如果不能取得他们的共识，只是我行我素，必然会碰得头破血流。梁先生的主张在他自己的身上就起到了示范作用，他的报告生动丰富，说服力极强，往往使人听后久久不能忘怀。

不断开拓的思想是梁先生的过人之处。正是因为他在研究中不断开拓新领域，使他取得了一个又一个新成就。在建筑界几乎无人不知"北梁南杨"，这充分反映了社会上对梁、杨二公的敬意。

梁先生擅长中国古建，但他并不墨守陈规，尤其在晚年，他却极力主张要进一步研究近现代建筑史，因为这是历史过程中不可缺的一部分，而且近现代更贴近我们今天的创作实践，研究的意义更显重要。因此，在我们选择研究生论文题目时，他便为我选择了《中国近百年的建筑》进行研究，为另一名研究生梁友松选择了《资本主义建筑发展概况》的题目。这说明他要继续开拓新领域的思想是多么地坚定，确实也因此而引导了下一辈人为他的遗愿而奋斗。

1956年夏，我在清华大学研究生毕业后回到了南京工学院工作。此后我一直跟随以治学严谨闻名的刘敦桢先生当助手。刘先生虽是古建筑专家，但他却长期担任中、外建筑史二门课程的教学任务。这时他已年届六旬，又身兼系主任与中国科学院学部委员(院士)，而且还是中国建筑研究室主任，工作确实很忙。因此，他先是把中国建筑史的教学任务交给了别人，这一年又决定把外国建筑史的教学任务交给我，同时又安排我协助他进行苏州古典园林的研究，就这样一直延续到他离开这个世界。在跟随刘先生的日日夜夜里，使我体会较深的就是他的实证研究法、分类比较法和园林分析法。这些方法也为我以后的科研奠定了基础。

说起实证研究法，它的起源可追溯到资本主义早期的科学实践精神，这是要用实物来证明的一种研究方法。刘先生青年时代曾留学日本，这种研究方法可能就是从东洋带回来的。他在研究中国古建筑时，决不轻易判断年代，而是先查周围的碑刻，再查当地志书，然后再搭架子细看脊檩或大梁上的题记，接着再细细对照各部分的构件及形式和法式的异同，最后才作出考证的判断。因此，他的断代是严谨的，是经得起时间考验的。

分类比较是科学研究的重要手段之一，只有比较才能鉴别，才能知道是进步或是退化。刘先生很强调进行实例比较的方法，目的就是为了找出发展的线索及其特征，找出建筑的经验与成就，从而达到启发今天创作的目的。刘先生经常以弗莱切尔的《比较建筑史》为例，说明其进行实例比较的重要性，同时也要求插图的精致性应达到该书的水平。众所周知，《比较建筑史》是一部传世之作，目前已出到第20版，前后经过了一百多年，由许多代的学者进行研究完善后才做成的。刘先生的研究标准就是这种世界级的最高标准。他在许多专著中就是大量应用这种比较法进行研究的，例如院落平面比较，曲廊平面比较，殿堂平面比较，厅堂剖面比较，屋角构造比较等等，都说明他对比较研究法的灵活应用，同时也为今天的研究作出了榜样。

对古典园林的分析，尤其是对苏州古典园林的研究，是刘先生晚年的重要课题之一。他认为古典园林是建筑群中最复杂的一种类型，其中不仅涉及到建筑物的总体布置与建筑单体选型，而且还要考虑叠山、理水和花木配置问题。园林的道路布置也是重要一环，它成为曲径通幽和豁然开朗意境的关键。因此，他认为中国古典园林的经验很值得建筑师学习，它能开阔建筑师的视野，启发建筑师的思维。他为了研究苏州古典园林，曾专门组织了一班人马，进行了长期的实测、拍照与调研。由于苏州园林建筑种类繁多，花木也很有特色，因此他就要我们认真地向当地专家学习。后来《苏州古典园林》一书中建筑部分的有些说法是根据当地元老汪星伯先生(汪坦先生之父)提供的，花木部分的一些资料是由方正老先生提供的，当时如果没有他们的指教，我们将不知要多走多少弯路，二位苏州元老的功绩理应在此得到说明。

以上三位老师虽然早已离开我们，但是他们严谨的治学态度、园丁般的精神、不断开拓的思想却始终在激励着我们进步。今天，中国建筑界正处在空前繁荣的时代，回忆三位先师的教诲，无疑可以促使我们更增加前进的动力。

杨廷宝晚年仍在给学生上课

苍凉的回忆
——记刘致平

杨永生

从《中国建设报》上得知,我国老一代建筑学家刘致平先生于1995年11月14日病逝北京。

20多年前,我经常看见他下班后到开水房打两暖瓶开水,夹着几个面包回家。原以为,这是他第二天的早点,他却说,这是晚餐加早点。那时,他独身一人生活,嫌做饭麻烦,经常是开水加面包果腹,我还几次奉劝他,长此下去,身体要拖垮。他告诉我,已经得了胃病。前几年,又听郭湖生教授说,刘老已卧床不起,口齿不清,听力也差。郭先生每次到北京,都到刘老病榻前探视。看了报上的讣告,实在按捺不住,想写些我所知道的刘致平先生的事迹,来弥补讣告之不足于一二。因为讣告里尽写了些解放以后刘老在哪些单位担任什么职务,而对于他在学术上的贡献却只字未提。

另外,从60年代初与刘老结识,到"文革"后期,刘老的一些轶事,我也深感有必要写出来。

一

刘致平,字果道,辽宁铁岭人,终年86岁。1928年考入东北大学,是建筑系第一班学生。那时,东北大学建筑系主任是梁思成,教授有童寯、陈植、林徽因、谭垣、蔡方荫等。"九·一八"事变时,他是三年级学生,随校逃亡关内,经童寯等人帮助转入中央大学插班念建筑系,1932年毕业。1933年流亡到上海,被陈植、童寯老师收留在华盖建筑设计事务所。当时,因为是流亡学生,工资仅只20银元。应该说,这还是有陈、童二位老师的照顾。否则,连栖身之处也找不到。20银元显然只够糊口。据我所知,"九·一八"以前在沈阳,小学教师的最低工资是35银元。这么对比,即可知20银元,确实是少得可怜。1934年,经刘福泰(中央大学建筑系主任)介绍,到浙江省风景整理委员会任建筑师。1935年,经梁思成先生推荐,到北京中国营造学社为社员,并始任法式助理,直到1943年。从1943年到1945年,中国营造学社只有两名研究员,一是梁思成,另一名即是刘致平。1946年以后,就像讣告里所说的,任清华大学教授。建筑科学研究院研究员等职。不再赘述。

从1934年到1945年,刘致平在建筑学研究方面的主要业绩有:

测绘杭州六和塔并做修复设计;

协助梁思成绘制《清工部工程做法》补图并撰写文字说明;

协助梁思成编辑《中国建筑设计参考图辑》共10辑;

调查研究河北沧州古建筑;

做河北正定隆兴寺及赵州大石桥修复设计;

调查研究北京北海静心斋和恭王府;

调查研究云南、四川民居;

撰写四川广汉县志中城市建设和建筑篇章的志稿等等。

刘致平先生的主要著作有:《中国建筑设计参考图集》、《云南一颗印》、《中国建筑类型及结构》、《中国居住建筑简史——城市、住宅、园林》、《中国伊斯兰教建筑》等等。

刘致平先生的科研工作有许多是开创性的,如对于云南、四川民居的研究,广汉县志的编撰;有些是用尽了毕生的精力,如对伊斯兰教建筑的研究是从抗战前到70年代,不辞辛劳跑遍了有关地区做了大量的调查并潜心研究数十年。

刘致平(1909~1995),1928年入东北大学建筑系,1932年毕业于中央大学建筑系,1935年加入中国营造学社,1943年起任该社研究员。1946年后任清华大学教授、建筑科学研究院研究员。

杨永生(1931~),中国建筑工业出版社编审、《建筑师》杂志编委会主任。

二

　　刘致平治学严谨、执着、清刚耿直，不慕荣利。他所依赖的是学问、能力和人格。他的一生既没有权势关系可依赖，也没有什么显赫的社会地位可依存，更无阿谀奉承。所有这些，从下面这些事实中可以看出。

　　初识刘老是60年代初，恰是"阶级斗争，一抓就灵"的年代。刚刚组建的中国工业出版社建筑图书编辑室迎头碰上一件棘手的工作——审处50年代积压下来的稿件，其中包知刘致平的著作《四川民居》一稿。其实，这部书稿早已打出二校样，只是因为1957年在校对过程中发现书中照片上还残留着抗战时期的标语和国民党党徽，才被扣住未付印。据说，主管编辑还为此检讨不休最后导致下放。记得，我在审处这部清样时，此稿经历了两次大的运动（反右派和反右倾）和两次干部下放，有关人员下放，不知去向。原稿已经遗失。经过反复讨论，还是没有胆量出版。于是，我同刘老谈此书不能出版、原稿已散失，只能退去清样，并反复讲，若出版，大家都会挨批，何苦呢?放一放再说吧!刘老没说什么，只是点首笑笑，也没追究原稿。好在后来在王其明教授帮助下，此稿编入刘致平著《中国居住建筑简史——城市、住宅、园林（附：四川住宅建筑）》一书，于1990年由中国建筑工业出版社出版，了却我一桩心事，挽救于万一，值得庆幸，也多少减轻了我的内疚。

三

　　"文革"期间，我们又都被弄到建筑科学研究院参加运动，对刘老知道的就更多一些。

　　"文革"期间，拆除西直门城楼时，恰是刘老每天挨批的时候。记得，是冬天，几乎每天下午都轮到他在小会上挨批。被批判了一下午，有时还是站在办公室中间接受批判，他仍坚持去西直门拆城现场观察个把小时再回家。严冬，一位热爱古建筑、研究古建筑的老专家，孤零零一个人伫立在彩旗飘扬的"破四旧"的工地上，他想的是什么，他心底的苦楚、他受到的折磨，可想而知。当我请教他，报上说西直门城楼里挖出的是元代和义门瓮城城门，您看根据是什么，是否可能是别的朝代的。他肯定地说，是元代遗物，没错，根据是砖的尺寸和发碱的做法等等。我又问他，北京城门楼都拆光了，在拆其他城门楼时是否也曾发现过类似的小城门。他说，这也难说，工人不懂，没准儿一股脑儿地都给拆了，谁也不知道。这时我警觉起来，告诉他这话只能咱俩在这里说说，千万不要对别人讲，不然又要批你诬蔑工人阶级了。他用手捂着嘴，莞尔一笑了之。

　　当时，造反派批他顽固不化，政治思想落后。我倒是见过他读过的马列著作和毛著。他读过恩格斯的《自然辩证法》，且有眉批。我还看过他读过的毛选，那上边眉批更多。他读政治书籍，也像做学问一样，确实是认认真真的。造反派抓住他眉批的一句话"我以为放下屠刀可以立地成佛"，没完没了地批，他始终未认错。有一次，他站在办公室中间说："容我想一想好不好？"想了一阵子，他依然说："我以为，我是对的！"弄得造反派也无可奈何，纠缠到5点半下班，不得不收兵。

　　我还看过他的笔记本，写的不少，但都字迹潦草，而且在一页纸上有的横写，有的竖写，翻过一页，还把笔记本倒转过来写。为什么这样写笔记，他直爽地告诉我，经常下班时忘记收笔记本，放在桌子上，这样写是怕别人偷我的学问，用手捂着嘴，莞尔一笑。

　　1970年初冬，去干校前夕，我到他住处看他。我真真地没料到，中国少有的古建专家，竟一个人住在又低又矮又暗又潮的一间不足15平方米的小屋子里（据说，在他搬进以前是一间公用厨房）。三面墙上挂有白霜，一面墙上开了一个小门，还有一扇小窗子、各挂了一块透明的塑料布。屋子里只有一张床、一个三屉桌、一个书架，可能还有一个装衣服的柜子，只有书桌上方墙上贴着一幅他早年画的北海静心斋钢笔画熠熠发光，使这间小黑屋有些生气。据说，梁思成十分欣赏刘老的徒手画，并说过，刘致平比我画得好。写到这儿，忽然又想起，梁刘之间解放后还有些芥蒂，主要是关于是否恢复中国营造学社的争执。他也同我谈过应该恢复学社。我当时劝他，别再提营造学社的事了，就连建筑学会都停止活动了，还谈什么恢复学社，现在，又过了20多年，由梁思成夫人林洙编著的《叩开鲁班的大门——中国营造学社史略》出版了，令人惋惜的是晚出了半个月，刘老未能见到这书，似也可告慰刘老于九泉之下。

在他家，还顺手翻阅了他的一些书，未料，有好几本书里还夹着10元一张的人民币若干张。我同他开玩笑，刘老的钱真多，到处都是，他还是那样用手捂着嘴，莞尔一笑说："不是钱多，是怕放在一处，被人偷了去，这样散着放，不会全丢。"

在刚到河南修武干校的那年冬天，每到大礼拜（两周休息一天，故称大礼拜），他都步行几十里去县里亲睹过去只在文献上看过的文物建筑。据说，有一次警卫还因为他穿一身破棉衣，把他当作坏人盘问了一阵子。有一次在街上碰见与刘老同一连队的一位青年同志又是买烧鸡，又是买酒。他说这钱是刘致平给的。在地里干活，发现一方古代石碑，刘老只能看见正面，背面的字看不到。求"五七战友"帮忙把碑翻过来，大家说，十几个人使把劲，倒是可以翻过来，但你要请客。刘老答应了。他们把石碑硬是给翻了个身，刘老当即付了10元请客。

还有人告诉我，有一年在干校过春节，大家都各奔西东探亲，唯独刘致平一个人乘火车硬座赶夜车从修武到西安，然后转车去临潼看刚出土的秦代兵马俑，待返回西安时，已无车回河南干校，只好在火车站候车室里忍冻蹲了一夜，第二天夜里才赶回干校。

上面记述刘致平先生的这些轶事，从许多层面告诉我们一些什么呢？我相信，每一位读者都会有所领悟，不必再罗嗦什么？

（原载《华中建筑》1990年第2期）

1972年刘致平摄于河南百泉

一次难忘的蹲点调查

杨永生

在一个人的一生中，有许多大大小小的事情终生难忘；当然，也有许多亲身经历的事情却随着时间的流逝而渐渐淡化，甚至在记忆中消失。在那些终生难忘的事情中，30多年前的一次蹲点调查，直到现在仍象录像带一样真实地、一个镜头接着一个镜头在我面前闪现出来，而且还那么栩栩如生。

那是1965年的夏天，"四清"后建工部党组刚刚改组后不久，新上任的部长刘裕民带领我们10多人去兰州、西安的一次蹲点调查。

为了搞好这次到生产建设第一线的蹲点调查，刘裕民从各局抽调了一批行政、政工和技术干部，大多是三四十岁的中青年科处级干部，局级干部只有一人。

临行前，他召集随行全体人员宣布，这次下去是到生产建设第一线，吃住都在第一线，适当参加工地劳动，要了解真实的具体的情况。他说，时间短了不行，要一两个月，要一头扎在工人中间，扎在基层干部中间，不能浮在上面听汇报，要取得第一手材料。

以往，下去调查常是先住饭店或招待所，听取汇报，然后到工地上转几圈，回到北京后写个报告，交差了事。可这次却不然，到兰州下了火车，大轿车径直开往河西一个工程处工地。住在刚刚竣工尚未抹灰粉刷的宿舍楼里，可以说是住在"楼壳"里，三四个人住一间屋。吃饭同工人一样在大席棚里排队买饭，坐在用水泥构件搭起的长条"桌椅"上吃饭。刘裕民也不特殊，同大家一起吃住在这座"楼壳"里。

到住地后，又召集全体人员宣布分组，有支部工作组、干部组、科技组、管理组。谁在哪个组基本上同原来担负的工作对口，但也不尽然，我就分配在支部工作组。刘裕民在会上说，我们这次蹲点工程处。到最基层来，就是为了从下边看上边，下边存在的问题，根子在上头。我们要根据从下边了解的情况来考虑今后部里的工作安排，确定抓什么？怎么抓？

把我们派下施工队以后，刘裕民自己不停地找工程处、公司、工程局三级干部轮番谈话，开座谈会。白天谈不完，晚上接着干。就这样，他掌握了第一手调查材料。

我们根据大家议定的调查提纲（当然，这个提纲是经刘裕民亲自阅批的）下到支部里，找干部、工人、党员，或个别谈，或开座谈会，中心是如何做政治思想工作。每个星期向部长做一次汇报。他边听边提问。我们有时答不上来，他也不追问，而是让你继续谈。比如，有的工人说，自从1948年参军以来，总是忆苦思甜，说来说去还是那么些。而且每说一次伤心难过好些天，说的人不愿说了，听的人也腻歪了。政治思想工作能不能充实些新的内容。这里附带说明一句，这支三线建设队伍，是50年代初期从抗美援朝志愿军转业，整建制地兵改工的部队，20多年转战南北，风餐露宿。等我们汇报到上面一段话时，刘裕民问，这是谁说的，叫什么名字，是老工人还是新工人，是否党员，多大年纪。我们对这些问题，一时答不上来，他并不批评。而是，当汇报完以后，他提出许多新的更深的问题，让我们再下去摸。他再三嘱咐我们，要原话，要分析研究，要提出看法。就这样，我们再下去一周，再汇报。如此周而复始，做了三周的调查研究。到第四周，刘裕民同我们一起讨论，归纳几个问题，明确了观点，要我们写出有骨有肉的调查报告。他还说，写不出这样的报告，咱们谁也不能离开工

刘裕民(1915～1970)，1934年加入共产党，抗战时期历任山西夏县县长、太岳行署副主任。解放后，曾任福建省实业厅厅长、建工部直属公司（长春第一汽车制造厂施工单位）经理、建工部部长助理、副部长、部长。

杨永生，见本书第144页。

地，虽然那时还提不出什么政治思想工作新格局，但问题是发现了，而且得出了政治思想工作要注入新内容的结论。

那时，"老三篇"天天学，工人们对这种学习方式也提出了中肯的意见。我们把工人同志的原话向他汇报后，后来他在部里的干部大会上转述了。谁能料到，没过多久，"文革"开始了，这些话竟成了他的一条"罪状"——反对学习"老三篇"，作为政府的部长刘裕民竟在"文革"中被诬陷迫害，家破人亡[1] 1970年7月9日含冤逝世。直到今天(1990年7月10日)，我有时还在遐想，如果当时不向他汇报这些话，他的"罪状"岂不可以少一条？

对于别的组的工作，知道不多。只记得，考察干部，刘部长除了派干部组的同志深入群众，了解每一名干部，他自己还亲自反复地找干部谈话。记得，回到部里后，经部党组研究讨论，提拔了一批年轻有为的干部，技术组经过调查，了解到前些年搞的一些技术革新，成果没能巩固发展，肩挑人抬又恢复了，繁重手工操作的比重还很大，而且影响到工程质量。大家一致认为，技术革新活动，还要认真地抓起来，回到部里以后，刘部长安排工作，有许多就是根据这次蹲点调查摸到的一些情况，我想，这也可以说是从群众中来，到群众中去的领导方法的一次具体实践。

从那以后，30多个年头，这样下功夫调查研究的机会，确实不多了。

(原载1992年7月20日《建设报》，编入本书时又作了增改)

---

[1] 文革初期，刘裕民部长夫人中组部处长被逼自杀身亡，岳母遂之也自杀身亡，其子串连途经狼牙山时堕山身亡。

忆恩师徐中

彭一刚

尽管"外因是变化的条件,内因是变化的根据",但是没有适当的温度,鸡蛋是不会孵化成为鸡仔的。在学术和人才的成长上也是这样。虽然有个别天才无师自成,但无可否认的事实是,大多数学有所成的人还是离不开名师指点。我虽说不上"学有所成",但徐中先生给我的教诲和影响,还是一直铭刻于心的。

我是1950年考入唐山交大建筑系的,自然是慕名而来,因为当时的唐山交大确实是享誉于国内外的工科大学,著名的桥梁专家茅以升先生不仅毕业于该校,而且还是当时的校长。入学之后方才知道交大的强项在于土木工程,建筑系不仅历史不长,而且师资阵容也不算很强,当时的系主任是建筑界的老前辈刘福泰先生,一位和善的老人,对学生鼓励有嘉,但很少动手给学生改图。印象最深的一次是在看到我所画的建筑初步作业后,用浓厚的广东官话说:"老弟,画得好啊,将来前程无量!"但他却是一位慧眼识才的长者,正是他,才把刚从中央大学(现在的东南大学)来到北京工作的徐中先生请到了唐山交大,并于不久之后接替了系主任职务,从而名符其实地成今天天津大学建筑系(1952年院系调整,唐山交大建筑系并入天津大学)的创办人。

但不巧的是在短暂的大学生活中,我读低年级的时候徐先生教高班,而我升入高班时他又转教低班,以至无缘直接聆听徐中先生的教诲。好在当时学生人数很少,我们作为解放后入学的第一届只不过30人,上几班每班也只有几名学生,全系加在一起也不过50人左右,而评图给分是不分年级的,在全系的大评图中,徐中先生由于他的学术造诣和地位,便无可分辩地成为主评人。记得我的第一个设计是"解放战士纪念碑",徐中先生走到图前凝视良久,连称proportion很好!很好!其他教师(自然也包括指导老师孙恩华先生)也频频点头,结果便给了一个最高分。还有一次大约是二年级下学期所作的一个快速设计,题目是为临时决定召开的一个群众大会设计舞台,自然要求用简单可行的办法来搭建,我的设计是用一组呈辐射形状的圆木作为骨架,并于其上张拉布幕,由于时间仅两节课,只能用徒手绘制并施以淡彩渲染,没有料到在大评图中又受到了徐中先生的赏识,说是idea很好,很切题,建议在全年设计的总成绩中加两分。这样,尽管徐中先生没有直接给我上课,但我自信还是给他留下了一个比较好的印象。由于当时国家急需建设人才,我们这一届便提前一年毕业,尚未等到正式毕业我便被提前留校担任教学工作,这之中有几分是出于徐中先生的推荐抑或组织的安排,我虽不得而知,但据我猜测,徐中先生作为系领导,肯定起到了决定性的作用。

当时土木、建筑是合系的,论规模土木远大于建筑,按当时的情况,凡有党员教授者,非党员教授无论有多高学术地位也不可能担任系领导的正职。徐中先生只能屈居副系主任兼建筑设计教研室主任。对此,他自然不无怨言,私下里曾对我说:"唱戏唱到了天桥",我也无言相劝,以当时的情况来看只能如此。不过分系之后,他便一直担任建筑系的主任。我留校任教不久便担任了建筑设计教研室秘书,于是便有更多的机会向他请教。徐先生对教学是相当认真的,从给学生改图到上板直至画渲染,他都一抓到底,而手头功夫更是让人钦佩不已,所以凡是他来上课,便被学生围个水泄不通,有时甚至会使其他老师显得尴尬。他的这种作风自然成为"身教"的样板,于是我们一批年轻的助教也夜以继日地在教研室作试作和画示范图,凡画得好的便连连赞许,画得不好时还亲自动手示范。久

徐中,见本书第20页。

彭一刚(1932~   ),1953年毕业于天津大学,中国科学院院士,天津大学建筑学院教授。

而久之，便培养了一大批功力过硬的青年教师。如果说天津大学建筑系多少还有一点特色的话，这种优良学风便是由徐中先生亲手培植起来的，我个人更是得益匪浅。

徐中先生不仅善于形象思维，而且逻辑思维的能力也非常缜密。他讲话不仅十分幽默，而且还极具说服力。学生们都非常愿意聆听他对设计作业的总结和评述，当时由于片面强调经济而批判浪费，在设计中凡多余的东西都被指责为虚假装饰。徐先生在总结中风趣地说："请大家低头看看自己的上衣（当时盛行的中山装），领子为什么还要翻过来？口袋上为什么还要一块盖布，并且做成曲线形式，试想全国有几亿人口，如果加起来该浪费多少布料！"话音刚落便引起学生哄堂大笑。但是他又极力反对画蛇添足，把方案搞得曲折、繁锁，他常用一句"英语中说"的方法告诫我们，还是 S i m . S i m — ple.ple(简简单单)为好。

他对学习苏联也有自己的看法。第一次来系讲学的苏联专家是阿谢甫可夫，此人既谦虚又有学者风度，徐先生对他很赏识。第二次来的一位是卜列霍契克，原来在哈工大带研究生，这个人有点傲慢，似乎是一位转业军人，到校后便指手划脚，以大国沙文主义的态度指责这也不是那也不是，最后又拿出了他在哈工大指导的研究生毕业设计，在我们看来水平实在一般，特别是有份设计图，在一个穹窿顶上放了一个中国式的小亭子，实在有点贻笑大方，徐先生看后便向我低声耳语："我看只能给个ТРОЙКУ(俄语3分!)"

有一次我问他对苏联建筑有何评价，他直言不讳："我看也就是蹩脚的西方古典建筑"。当然，这种评价也未必公正客观，不过从当时的心情看，他对强制推行学习苏联，认为凡是苏联专家的话都只能点头称是的做法，确实很反感，说话中自然不免带有情绪化的色彩。

即使在当时"左"的思想压力下，徐先生还是想了解西方国家建筑发展的动向。由于他平易近人，我们一批年轻教师都乐意到他家中求教，他提出希望大家能够阅读一些西方建筑理论著作，然后相互交流心得体会。当时有两位同事翻译了一本由美国建筑师布鲁依尔所著的《阳光与阴影》(Sun and Shadow)，所阐述的是他本人的建筑设计哲理，大家饶有兴趣地谈了体会，最后他在总结性谈论中着重强调："人家也懂得辩证法"。就在这次会上有位同事说了一句多余的话："我们不妨把这种讨论称之为'沙龙'"。万万没有想到几年之后"文化大革命"中却引来了天大的灾难，不仅成为全系批判的重点，甚至也震惊了全校。"沙龙"一词源于法文Salon的译音，意为客厅，含有在客厅中作文艺交流的意思，无知的学生，自然也包括后来的工宣队和军宣队则望文生意，竟然误认为是一种张牙舞爪、面目可狰的怪兽，这还了得！于是便无限上纲，直至被说成是匈亚利事件中的裴多菲俱乐部，不仅徐中先生被扣上"反动学术权威"的帽子，提出沙龙的那位同事受到巨大压力而被迫自杀，就是我们这些青年教师也都在劫难逃，逼着我们去揭发徐中先生所谓"反党反社会主义"的罪行。徐先生为此尽管吃尽了苦头，但事后仍然豁达大度，对于批判他的人只不过置之一笑，认为当时的形势使然，即使有人说了一些过头的话，却并不因此有所抱怨和忌恨。

其实早在"文化大革命"之前的各种政治运动中，如"拔白旗、插红旗"、教学思想大辩论……等，就把矛头对准了徐中先生，所着重批判的则是他的唯美主义建筑观，并且每当批判他的时候也总要把我捎上，作为唯美主义建筑思想的忠实追随者，所贩卖的便是"构图万能"论。会下他曾悄悄地问我："批判你的构图万能论，能心悦诚服吗？"我说："我从来也没有说过什么构图万能，那是他们强加给我的，但我确实认为构图能力对于搞好建筑设计是至关重要的，不过迫于压力我又怎能和他们申辩呢？"听后他只是付之一笑，其实对他唯美主义建筑思想的批判，他也是想不通的，因为这种批判实在是简单粗暴、强词夺理！

徐先生作为德高望众的前辈，却丝毫没有大学者的架子，当年每周都要做一次大扫除，由于他身高瘦削，每当手持长杆扫帚扫天花板时，大家便联想到唐·吉诃德，一次有位年轻同事便说："我看徐先生很像唐·吉诃德"，他则立即摆出一副持枪刺杀的架势，从而引起教研室全体成员捧腹大笑。这虽是小事一桩，但却越发可以看到正是由于他平易近人，方才更加赢得大家的亲近和尊重。

天津大学建筑系的教师队伍，除本校毕业外，还有来自清华、南工(今东南大学)和东北工学院(今西安建筑大学)等诸多院校，徐先生对大家都一视同仁，从来没有亲疏之分，由此，便留下了一个好的传统，即没有派系之分，大家都能以整体利益为重，顾全大局，团结一致搞好教学、科研工作。

徐中先生是长于设计创新的，由于在学校教书，创作实践机会不多，没有留下很多作品，但仅从对外贸易部这一项工程中却可窥见一斑。这是他解放初期的作品，由于解放之初百废待兴，在经济、技术条件极端困难条件下，能够做出那样的设计，实在是难能可贵。就是事隔近半个世纪回头来看，也不能不令人折服。我们总是高唱既要传统又要创新，但认真地讲有几件作品真正地做到这点？要么仿古，要么从洋，而徐中先生在外贸部所作的探索，我认为还是一件不可多得的佳作。可惜由于城市的发展，就连这件作品似乎也难于长期保留，这实在是令人惋惜兴叹！

徐中先生对于理论研究所持的态度也是极其严肃认真的。其学术论文"建筑与美"及"建筑的艺术性究竟在哪里？"集中体现了他的建筑观。写作时不仅查阅了大量文献，而且字斟句酌，反复推敲。他曾说："搞理论、写文章不是一件容易的事，对于提出的每一个论点都要慎重审视，首先自己就要从各个角度来反驳它，直到驳不倒时才能够站得住脚，所以我写文章总是很慢"。事实也是如此，直到他离开这个世界也未曾留下太多的文章，以至想为他编一本文集都感到十分困难，这不能不说是一件憾事。

徐中先生对我个人的成长也是关怀备至的，只是由于当时极左思潮盛行，常使他感到无能为力。例如1959年为建国十周年在北京拟建的十大建筑，徐中先生是以专家的身分应邀参加人民大会堂的方案设计，下榻于和平宾馆，我出差去北京时曾顺便去看望他，他对我说："我是点名要你来北京作为助手的，但他们不同意"，这"他们"指的是谁，我当然不便去问，不过也用不着问，彼此都能心领神会。好在我对此事也并不十分计较，能作为他的助手自然可以更多地向他学习，失去这次机会虽不免有点可惜，但来日方长，在日后的日子中凡是有人请他做方案，几乎无一例外地让我去给他当助手，天长日久，真不知道从他那里学到多少东西！

与徐中先生相处长达30多年，要说的事实在太多，因限于篇幅，这里只能一鳞半爪地述及一二，作对恩师的怀念。

难忘的1965

侯幼彬

1965年是个不寻常的年份，它夹在1964年的"设计革命"和1966年的"文化大革命"之间。"设计革命"一开始，建筑史学科就首先受到冲击，当时中国建筑史学科的大本营——由梁思成先生、刘敦桢先生任室主任的建筑科学研究院"建筑理论与历史研究室"就被撤销。刘敦桢先生主持的"南京分室"也随之解散。各校建筑系都紧锣密鼓地闹起"教育革命"，大批教师下乡参加"四清"，到第一线去接受"阶级斗争教育"。我也下到黑龙江省庆安县，吃百家饭，睡老乡炕，当了一名四清工作队的材料员。这使我很着急，因为当时刘敦桢先生受建筑史教学大纲修订会议的委托，主编《中国建筑史》参考教材。刘先生让同济大学的喻维国、华南工学院的陆元鼎和哈尔滨建工学院的我当助手，分别参编古代部分、现代部分和近代部分。我们的编写工作因为"四清"和"教育革命"而一拖再拖。这样的年头，这样的氛围，怎能写史、编教材呢？刘先生交给的任务该如何完成呢？真真是心急如焚。

没有想到，在刘敦桢先生的运筹下，1965年的秋季，分散在各校的《中国建筑史》教材编写组成员，居然奇迹般地从各自的"革命前线"脱出身来，聚集到南京，在刘先生身边展开了五个月的写史活动。

这是我第三次跟随刘先生学步写史。前两次是在北京的建研院历史室，参编《中国近代建筑史》和《中国建筑简史》。那时参加的人很多，没有机会多接触刘先生。这回可好了，几乎天天都在刘先生身旁。刘敦桢先生和梁思成先生一样，是我们这一代建筑史学子心目中最灿烂的星。能有这么好的机会跟刘先生学史，我们都感到特别特别幸运。

应该说，赶巧在1965年秋冬写史是件苦差事，

当时的大环境是十分严峻的。要跟上形势，就得绷紧"阶级斗争"的弦。刘先生为此不得不领着我们一次又一次地"务虚"，一次又一次地修改编写大纲。我们对书稿的立论行文都格外小心翼翼，大家都提心吊胆，生怕写出来的东西被当作"毒草"挨批。当时刘先生所承受的压力是可想而知的。但是刘先生为我们创造的写史小环境却是非常非常的优越。南京工学院建筑系有一间面积很大的"建筑历史资料室"，刘先生给我们配了钥匙，让我们晚上可以自由出入。资料室的图书也允许我们带回宿舍阅读，只要在"借书卡"上自行登记即可。这里有关中国建筑的藏书可以说是应有尽有，我们每天晚上都美美地扑在书堆中，如饥似渴地阅读。

让我们大喜过望的是，有一天刘先生突然宣布要给我们这几个人讲一些专题。这样，每隔十天左右，我们就能听刘先生讲一次课。刘先生主要讲他对中国建筑史学科方方面面的思索。刘先生说他讲这些也是要花时间备课的，但备课的过程就是对零散的思索进行梳理的过程，是值得做也应该做的。我当时的感觉，是刘先生牵着我们这些建筑学子稚嫩的手，不仅把我们引进学科的大门，而且尽力让我们触及学科的深层。站在学科顶峰的刘先生，居然把自己顶尖级的学术见解和最新思路，在未正式发表的情况下，都毫无保留地端给年轻的后辈，这样的襟怀是何等的广阔、坦荡！

刘先生对后辈的爱心、呵护是非常感人的。他有一部亲自校勘的《营造法式》，是1933年用石印丁本校故宫钞本所做的标点、订误、批注。这是他付出很大心血的研究成果。为便于我们以后查用和研究，刘先生竟主动把这部校勘本交给喻维国转录，而且也同意我转录。我当即从上海购买了一部

刘敦桢，见本书第141页。
侯幼彬(1932~   )，哈尔滨建筑大学教授。

"万有文库"重印本的《营造法式》，和喻维国一起抄录。刘先生看着我们转录，高兴地说："这样很好，这不仅便于你们研究，也有利于校勘本的保存。有了几套校勘本，就不至于丢失淹没了"。现在，转录的《营造法式》校勘本还珍藏在我的书柜中，刘先生的校勘本至今尚未刊行，多么希望刘先生的校勘本能够早日出版啊！

至今，刘先生多次带领我们实地参观的情景还时时浮现在眼前。在北京编史时，刘先生曾经带我们到北京故宫，参观当时尚未对外开放的"乾隆花园"；也曾带我们到文物学家王世襄先生家，王先生满满三间住屋所用的床、桌、几、椅，全部都是他自己收藏的极珍贵的明清家具，使我们大为惊讶，也大开了眼界。在南京，我从笔记本上查出，刘先生曾在1965年12月29日领着我们全组去瞻园实地讲解。瞻园是明代功臣徐达后代的花园，刘先生从１９５８年开始，花了几年时间陆续做了精心的修复。我们津津有味地听刘先生讲述山石、水洞、亭廊、花木的创意构思和具体的施工做法。有一点印象很深的是，刘先生说过去对于园林中的沿墙廊子，为何隔不远就离墙斜出，并不理解。这次设计瞻园，才恍然大悟，这是廊子自身屋顶排水的需要。因私家园林空间小，廊子尽量不做单坡顶以免显得尺度过大，但双坡的廊顶，靠墙的一面不便排水，就必须频频离墙斜出。而廊子斜出后，既形成曲廊，延伸了廊子长度，又围出一个个生动有趣的小角落空间。这种设计看似寻常，实际上是了不起的大手笔。刘先生诸如此类的点点滴滴的提示，都给了我们深深的启迪。

因为我分工编近代建筑部分，刘先生特地安排我访问杨廷宝、童寯、赵深、陈植、董大酉等诸位近代有影响的前辈建筑师。这一位位显赫的大师都很热心地给我讲说。可惜的是，我当时还提不出深层的问题进行有深度的采访，采访的许多内容现在也已淡忘了。

倒是董大酉先生谈设计大屋顶遇到的麻烦时，说的一席趣话还记忆犹新。董先生说他设计当时的上海市政府大厦是带大屋顶的。为了不露出烟囱，只好把烟囱隐藏在正脊两端的正吻内。设计时觉得这样做很巧妙，颇为得意；没想到建成后，烟从正吻咀中冒出来，显得不伦不类，而且黑烟很快就染脏了正吻，弄得很狼狈。后来，在设计上海江湾体育场时，就把烟囱安置在正面墩台的顶部。为了适于冒烟，特地把墩顶饰物做成香炉状，让烟从香炉中冒出，而且把香炉做成古铜色，也不怕黑烟熏脏了。这也算是一种无奈的探索吧。这个有趣的细节很生动地透露出近代新建筑套用旧形式的矛盾。当我把这件趣事告诉刘先生时，刘先生也哈哈大笑起来。

我们还记得编史中的一次难忘的"会餐"。1965年的南京，市面上猪肉货源过剩，政府动员市民多买肉，大家戏称为"吃爱国肉"。有一天，刘敦桢先生家也买了很多猪肉。刘先生和师母陈敬先生就商定了请我们大家吃肉。我记得很清楚，刘师母烧了一大锅肉，还加上鸡蛋、冬笋等一起煮，味道非常鲜美。当喻维国从刘先生家把一大锅肉端到研究室时，大家都分外欢快。用喻维国的话说，"那兴高采烈的样子真像是一群天真活泼的小孩"。这句话是喻维国撰文怀念刘敦桢先生时写的，已收入《东南大学建筑系成立七十周年纪念专集》一书中。喻维国先生难忘这件事，我也难忘这件事，我想当时在场的华南工学院的陆元鼎先生(2000年3月24日陆元鼎先生与本书编者杨永生在广州共餐时，陆先生还提起这件事，刘业、陶郅也在场——杨永生注)、天津大学的杨道明先生和南京工学院的杜顺宝先生，大概都不会忘怀。它让我们深深地怀念那段特殊的日子。

可以说，这半年的写史，我们是在凛冽的大环境和温馨的小环境的极度反差中度过的。刘先生和我们都没有意识到即将到临的"文化大革命"。在那段"山雨欲来风满楼"的日子里,刘先生并没有因为"研究室"被解散而松懈,一直是兢兢业业地、极认真负责地带领着我们编写教材。我们万万没有想到,在"文化大革命"的冲击下,刘先生忧懑卧床不起,竟于1968年4月30日离开了人世。

如今,一晃35年过去了。当年编写组这帮年轻人,都已是60开外的人了。刘先生的高尚品德、渊深学问和一丝不苟的严谨治学,刘先生对青年后辈不遗余力、谆谆善诱的教书育人精神,都时时鞭策着我们。在我提笔写这篇回忆时,恰好正忙着参编东南大学潘谷西先生主编的、新一轮的《中国建筑史》教学参考书。抚今思昔,不胜感慨系之。

难忘的1965!
难忘的刘敦桢先生师恩山高水长!!

2000年3月于哈尔滨

1957年刘敦桢与夫人陈敬于北京

途中故事

喻维国

这是1963年的事。那年我在南京工学院(今东南大学)进修中国建筑史。有机会赴中原地区考察古建筑。先后到山东、河北、北京、山西、陕西等省市。从6月20日至9月3日，历时75天，共支出人民币200元。回校后，根据笔记整理成报告《访古随笔》，约四万余字。同行的有刘兄叙杰先生，因他另有任务，我们在北京分手。当时还年轻，走上工作岗位不久，有着强烈的求知欲和青年人的朝气。现在回想起这段经历，还久久不能平静。

6月20日上午，从南京浦口出发。先到山东曲阜，河北赵县。29日，由石家庄抵正定。30日整天在正定隆兴寺。傍晚，人已感疲惫，脑子一片空白。6时许，见城内还有两座塔，便信步走了过去。天宁寺塔已残破不堪，一枝刹干倒挂在塔顶上，四周用墙围着，禁止入内。一座方型砖塔在西街，造型上也无特殊之处。但在塔下兜了一圈，猛然抬起头来，眼前出现一座楼阁。雄健古朴的斗栱，放在带有裂纹的柱子上。柱子有侧脚、有卷杀，比例粗壮，古味盎然。我和叙杰高兴得跳了起来。看它在荒寺中一身污垢、饱经风霜的样子，像是还没有被人发现似的，更不用说受到应有的保护了。我们走进室内，登上楼层。只见中间悬挂着一只大钟。以钟的造型来看，也非一般。庞大的斗栱，可以用手摸到。楼板也剥落得很厉害。加上室内光线暗淡，更显得它的神秘与苍老。当我们从黑暗中走出来时，想起梁思成先生在《正定古建筑调查记略》中提到的开元寺。回到旅店，打开《营造汇刊》，才确认，它正是开元寺钟楼。

开元是唐玄宗年号(713～741)。开元年间在全国广建佛教寺院。依钟的造型，建筑构件的特征，以及古朴的风貌，开元寺钟楼说不定就是开元年间的原物。如果真是这样，那它就是全国现存木构建筑的冠军了。不知今天有定论了没有。

7月26日中午，我和叙杰兄告别了，独自乘车自北京去雁北古城大同。30日，到应县瞻仰驰名中外的佛宫寺释伽塔。清晨6时离大同。卡车在原野上奔驰，我半站半蹲在卡车的后尾，整个身子随着车子起伏摇晃，令人难以忍受。车子经过不少河道，但河床都很高，也很少有水。车子总是摇摇摆摆地开下去，再慢慢悠悠地爬上来。就这样，在9时许，车子在桑乾河畔停了下来。

桑乾河是一条大河，水面很宽。河上既没有桥，也没有船。旅客和行李都是由渡河工人背过去的。此时，河对面已有一辆大卡车在等着我们。这里离应县县城还有七、八十里，但木塔已可见到。当我的目光从木塔回到河面上时，只见一位身材魁梧的工人向我走了过来。他笑着对我说："整一下衣服吧！"这时我才发现，一身兰色的中山装已变成黄色，连眉毛上都是一层厚厚的黄土。

到应县已近中午。我抓紧时间去办好手续，顺道先仰观净土寺天宫楼阁。午后由管理人员引我进木塔，他再把塔门锁了起来。我一个人在木塔里自上而下，一层层仔细观察、摹写、记录、思考。直到太阳下山，才被释放出来。

31日清晨5时，我在塔的四周仰视外观。只见群燕绕塔飞翔，东方的朝霞，把塔身映得通红，神采奕奕。我怀着留恋的心情向木塔告别，祝它健康长寿。

天龙山在太原西南，距晋祠30余里。8月7日晨5时，我从晋祠出发，沿小路登天龙山。起初还见到两个村子，三两个行人。但走不远，前面连路也找不到了。自己被围困在群山中，一会儿走近水边，哗哗的流水，仿佛演奏着交响乐章。一会儿走到半山腰，静悄悄的山林，不时出现几只松鼠、野兔和小蛇。真是走得又累又紧张。我坐在石头上休息一会，振作振作精神，然后背起了背包，把雨伞当步枪，扛在肩膀上，一、二、三、四，继续前进。

喻维国(1932～　)，1957年毕业于同济大学，1983年升任副教授，1990年移居美国。

在经过几次无路可走的情况下，看到远处有一个黑点在移动，显然是人。我放开嗓子呼唤，对方慢慢地走了过来。但我们之间还是隔了一条溪流，他在溪流的对面指点我，一会儿向上爬，一会向下，一会儿后退，如此反反复复。直到发现一棵横在水面上的树干，我从树干上爬了过去，来到了这位素不相识的人前。这时，我才真的感到自己被困在深山老林中了。我不知道他是好人还是坏人，但别无选择，只好跟着他走。他穿了一身黑色的衣服，手提了一盏用铁皮敲打出来的小灯，很像是一名矿工。幸好，他果真是一位好人。当我们在一个叉道口分手的时候，他指着前方说，不远了。

当我走到一个转弯处，突然看到前方有一只卧虎的身影，那鲜艳夺目的虎皮纹路，命令我立即停止脚步。就在受惊的一刹那，大脑给我第一个指令是"镇静"。这时，我已经到了进退唯谷的地步。前进有虎，后退无路。我身边唯一的武器是一把雨伞。我拿起雨伞看了看，睁大眼睛注视卧虎的动静。等了片刻，弯下身子轻轻地跨上一步观察，再上一步观察。渐渐地，我看出了蹊跷。原来是一片枯黄的松枝，覆盖在斑驳的石头上。深一条、浅一条，酷似一张虎皮。但当我壮大胆子从"卧虎"旁边通过时，还不免心跳加快，就怕它真的跳了起来。雨渐渐地下大了，再一转弯，在朦胧中见到残墙断壁，圣寿寺就在眼前。

在圣寿寺小坐片刻，继续冒雨攀登，不远处就是石窟群。

这里海拔1700米。登山眺望周围景色，雄伟壮丽。虽然是下雨，倒也是难得的机会，一会儿云雾越过山头，群山在云雾中变幻莫测。当云雾过去，又呈现出锦绣山川。在倾盆大雨时，则一片迷漫。我站在窟洞里，周围是飞天、侍女，面前是青山深谷，仿佛成了天上神仙。

我一个洞一个洞看了过来，渐渐地听到洞外有雨打芭蕉的声音，我探头一看，果真是有人打着雨伞上来了。我不动声色，继续在洞内摹写、记录，内心在思考着应对办法。此人走过来问了几句，便走出洞外，大声呼叫，真是山鸣谷应啊！转瞬间，不见影踪了。这时，石窟也看得差不多了，便趁机下山，回圣寿寺去。下山时，见路右侧不远处有一座石建筑，舍不得不看。我连走带滑走了过去。前脚刚跨进门槛，只见地面上一片鲜血，我抬起还没落地的前脚，调头就跑，直奔圣寿寺。

圣寿寺是宋代建筑，毁于战火。住持和尚本修师傅仁慈好客，招呼月方师傅接待。月方师傅原籍山西，从小在上海静安寺出家，1958年干部下放时来天龙山的。得知我来自同济大学，当然十分高兴。我深知山上的物资供应不足，婉拒了他们的招待，拿起随身带着的行军水壶和自备的馒头、酱菜吃了起来。月方师傅告诉我，那石头建筑是龙王庙。天龙山地区长期干旱，这两天下起了雨，公社社员上山祭神，那鲜血是祭神时当场宰羊留下的。我所见到的那个人，师傅说，应该就是上山祭神的社员了。我又问，山上有没有老虎？师傅很肯定地说，没有老虎。这时他停顿了一下，看了我一眼，接着说："有狼的山没有虎，有虎的山没有狼，天龙山有狼。假如遇上了狼群，那就麻烦了。"我听了这话，一方面幸运自己能平安地上山，另一方面，倒也真不知如何下山了。月方师傅二话没说，"派人送下山。"

送我下山的是年轻的坛如师傅。坛如师傅家境贫寒，年幼时由母亲送上山出家的。我们一边走，一边谈，一路采摘野果尝鲜。夜色茫茫，方抵达山麓。我以主人的身分安排师傅食宿。第二天清晨共进早餐后，我给他一斤全国粮票，一元人民币，由他自己方便。另外，买了些盐、酱油、菜蔬等，请他带上山去。分手时，二人相对作揖，互道珍重，真有些依依不舍。

8月9日，怀着喜悦的心情去五台。那里有我国最古老的木构建筑——南禅寺、佛光寺。下午4时许到东冶镇，距南禅寺的李家庄还有12里。一路上可以看到大片的黄土断层，几乎垂直地屹立着。河床上大大小小的卵石露出水面，或堆积着，有的就成为车马大道。远处的青山重叠，有如披上轻纱似的。老乡告诉我，那里就是五台山，现在正在下雨哩！

在离南禅寺不到一里的地方，暴雨来临了。就在这无处藏身的旷野，我蹲下身子，撑起雨伞，眼前出现的景色，就像一幅幅水墨画，任你慢慢地看个够。稍顷，雨过去了，我踏着泥浆，伴着石块继续前进。前面南禅寺的红墙已可清楚地看到，但横在前面的洪水阻挡了前进的脚步。山上的洪水源源而来，水势汹涌。在河旁等了约半小时，水小了些，这时有二、三人涉水过河。我观察片刻，看河水似乎已很平静，也就跟了上去。到了河中央，才感受到洪水的汹涌犹如猛兽了。河床高一块，低一块。洪水夹着大量的砂子、石块直冲过来。我在洪水中抗争，在奔腾流泻的洪水中摸着石头过河，每向前跨出一步都感到十分艰难。水的激流冲得我快支持不住了，多次出现险情，迫得我不时地改变路线。水深的地方，要经过多次试探才能过去。更使我胆寒的，是自己不会游泳，但即使会游泳，在洪水中也是难以招架的。在河的对岸，就是黄土断壁，上面结集了不少人，而且愈聚愈多。他们在欣赏着奔流的洪水，在水中搏斗的我，更是他们注视的目标。

渡过河，沿着乱石的斜坡，扭曲着身子爬上土原。观看的人群带着喜悦好客的心情迎了过来。他们说，不远处就是水库，如被洪水冲垮，只有葬身鱼腹了。有人说，你南方人还怕水？大家哄然笑了起来。这个村子名郭家寨，老乡们招待我休息一会，再继续向李家庄南禅寺走去。

在南禅寺受到隆义法师的热情接待。寺里有一位少年和尚，白天上学，晚上念经，更引起我的注意。夜宿阎王殿。

8月11日下午，由蒋村乘大卡车经5个小时到豆村。道路上下曲折，非常惊险。入夜投宿豆村旅店。旅店的床就是当地的土炕，沿着墙一长排，可以睡六、七人。院子里系着骡马牲口，不时发出吼声。我把照相机藏在怀里睡觉。当人们都睡得香甜打鼾的时候，我却怎样也睡不着，小虫子咬得我全身都是疙瘩。12日清晨向距豆村8里的佛光寺前进。

佛光寺在五台山群山西麓。以建于唐大中11年（857年）的东大殿最为出名。此时正值东大殿屋面翻修，有机会上屋顶看个仔细。东大殿现存瓦片大部分为清代的，但都以唐代瓦片为蓝本制作。唐代瓦片尺度大，长52cm、厚3.5cm，大头弧长36cm。二瓦交搭，露出30～35cm。表面经打磨成光亮的黑色，承继了龙山黑陶文化的制陶技术。在佛光寺停留了两天，14日清晨4时，和省文管会的同志一起下山回太原。佛光寺文管会姚尚杰先生和清晨师傅三点半就起床，准备送行。对他们的热情接待，深表感谢。

月光如水，万籁无声。我们走过了崎岖曲折的小路，又回到平原。这时我注视了周围的环境，正是寒月当空，群山层叠，两旁是无边际的高粱谷子，脚下是乱石遍地的河床。目的地豆村已在迷漫中显示出了轮廓。这时我背上背着行装和文管会送我的二块大唐瓦片，心中怀着对祖国古老文化的热爱，对祖国辽阔土地的深厚感情，迎接着朝霞和黎明。

下山到太原已是晚上。时值盛夏，所以下山后的首要任务是沐浴。但浴室没有淋浴设备，一位女服务员叮嘱我不要发出声音，我跟着她悄悄地走了进去。这里是用木板围成的一个个小间，靠墙处是一只白瓷浴缸，关上小门就是一流天下，在湿润的空气里，还不时飘过来柔情的歌声。

二块大唐瓦片是我的最爱。捆扎瓦片的草绳是临走前一天佛光寺和尚亲手搓起来的。这一片情我从不敢忘怀。可是我前面要走的路还很长，带着它是走不动的。我用报纸包上，用草绳扎紧，安放在旅店睡铺下墙角处，和店主讲好，尽快托人来领取。但一直没有等到方便的人。

一年后，我随老师陈从周先生出差太原。没想到这二块瓦片，竟原封不动地在小旅店的床铺下。我高高兴兴地把它取回，由山西省文管会孟繁星先生代为托运到上海。

离太原南下，在平遥去双林寺途中正值中午，饥肠辘辘，无处饮食，路过西瓜田，与看青的社员协商，狠狠地吃了一餐西瓜。16日傍晚抵洪善镇国寺。寺内万佛殿是当时排列木构建筑第三名。建于北汉天会十年(963年)。由生产大队长安排我睡在配殿的供桌上。然后领我去一位社员家用晚餐。一位山东籍的老乡递给我一根水淋淋的大葱。我们一起蹲在大门前的场地上，吃着夹有大葱的薄饼，喝着爽口的小米稀饭，真是天下第一美食。晚饭后，在郝村小学遇上几位老师，相见甚欢，承他们好意，用课桌并起一张木板床，睡了一夜好觉。

离平遥继续南下，过洪洞，到春秋时期晋国的都城侯马。20日晚，离侯马，过运城，直下风陵渡，由风陵渡去芮城。

铁路与中条山平行南走，我注视着山脊的起伏，倾听着抗日战争时期游击队员的动人故事。列车飞快地行驶，在列车的西面，出现一片金黄色的波涛。阳光打在水面上闪烁耀眼，近处的夯士茅舍，远处的蓝天绿原，组合成一幅生动的画面。顿时，列车上播送出《黄河大合唱》组曲。

永乐官原在永济县永乐镇，1952年发现。1957年由于三门峡水利工程移来芮城的卫国故城中心。当时移建工程已基本完成，壁画正在安装。在卫故城内西北角，是当时新发现的唐代建筑五龙庙。卫故城的城池，生长着一片好庄稼。附近住着勤劳纯朴的农家。在满天彩霞的衬托下，农家炊烟袅袅，大地平和安祥，好一派故城田园风光。

8月22日，由芮城来到风陵渡渡口。我站在黄河之滨，身后是数十米高的黄土壁。黄河水冲击在卵石上呼呼的响。我弯下身子，用手去亲黄河的水，在冲击动荡的水中，挑选着各种美丽的石块，决心把它们从黄河带往长江。

渡过黄河，凭吊形势险要的潼关城头。架子车爬上一重重土原，向新潼关前进。我再回头俯视汹涌澎湃、万里奔流的黄河，向它挥手告别。迈开脚步，前面出现的是秀丽的华山。

作为历史名城的西安，虽然古代建筑遗存不多，但遗址则非常丰富。从半坡村到明代的钟鼓楼，都先后一一造访。8月29日，由西安市文化局刘炎先生陪同去汉长安城。我们骑了自行车，由复盘门进，见城墙夯土历历在目，西安门木构城楼的柱础，还整齐地排列着，未央宫前殿土台上石础犹存，汉瓦的残片随处可见。我在前殿遗址漫步，远眺终南山，北望汉家陵阙，气象万千，感慨不已。这里是中华民族的主体——大汉民族的发祥地、大汉王朝的统治中心。想当年，为了营建未央宫，萧何与刘邦的一段对答，"天子以四海为家，非令壮丽，无以重威"的宏论，如今犹在未央宫的上空回荡。

8月31日下午去唐乾陵。雨大一阵小一阵，敞篷车用油布覆盖着。从破洞中看到车外的景色，一片模糊。由乾县车站步行去乾陵途中，我冒着细雨，踏着泥泞，在混沌中步行了一个多小时，路上没有遇到一个行人。仿佛在这个世界上只有我一个人似的，真是前无古人，后无来者。天色已渐渐暗了下来，也不知道前途会是怎么样子。待到伸手难见五指时，突然看到远处有一线灯光。我向希望的灯光走过去，哇！这里就是永泰公主墓。墓旁的小屋里，有二位年轻的文物工作者。假如记录没有出错的话，应该就是杨正兴，孙坛俭先生。因我的到来，打破了他们平静的夜生活。他们立即为我和面做饭，我在炉堂口烘衣服，拉风箱。年轻人相遇，有着说不完的话，谈历史、谈文物、谈建筑，共同渡过了一个欢乐的夜晚。

开学在即，该回学校了。我所要讲的途中故事，也就到此搁尾。祝读到这个故事的朋友们，在人生的旅途中，一帆风顺、一路平安。

2000年5月于美国拉斯维加斯

中国举办国际建筑师大会的前前后后

张祖刚

1999年在北京召开的国际建筑师协会第20届大会已过去一年了。中国承办这次大会是历经14年由集体完成的一项具有历史意义的任务。自始至终参加全过程的人员，只有吴良镛先生和我，由于本人担任具体工作，了解的情况比较详细，所以有责任将这段历史过程写出来，以使人们知道发展的情况、集体的力量和有贡献的人士。

吃水不忘掘井人，最早大力支持承办此次大会的是时任中国建筑学会副理事长的阎子祥老前辈。具体过程是，自1985年1月起，建设部提出报告，经国家科委、外交部会签报请国务院批准，中国建筑学会先后向国际建筑师协会（以下简称国际建协）第16届、17届、18届、18届代表会议申请由中国主办一届国际建协大会，经过4次8年多的努力，终于在1993年芝加哥国际建协第19届代表会上赢得了成功。

1985年1月，中国建筑学会派出以何广乾为团长、有吴良镛、张祖刚、王天锡参加的4人代表团，出席在埃及开罗举办的国际建协第15届大会和第16届代表会，在第16届代表会上要选出1990年国际建协第17届大会、第18届代表会的会址。国际建协自1945年6月在瑞士洛桑成立以来，每隔3年举办一届大会暨代表会。在选定第17届大会会址之前，国际建协大会从未在国际建协亚洲、澳洲第四区召开过，为此，新加坡建筑师学会代表团团长谢国梁先生主动找到我们，经协商我们两国联合首次共同申办，王天锡代表中国在会上发表介绍演说。票选的结果是，仅以几票之差，名列第二。加拿大蒙特利尔市获得举办权，他们准备的介绍材料很充分，且该市的会议设施齐备，城市与建筑也是出色的。

1987年7月，国际建协第16届大会在英国布赖顿、第17届代表会在爱尔兰都柏林举办。由于前次争办所差票数不多，对这次竞选充满了信心，中国建筑学会组织了一个以吴良镛为团长，严星华、张祖刚、王天锡、程泰宁、彭培根、唐仪清、周畅等8人组成的较大代表团前往参加会议，仍由王天锡代表在竞选时宣传介绍中国情况。但此次美国建筑师学会代表团提出申办，而且摆出了必得之势，派出了百余人组成的竞选团，竞选前举办了大型的招待会，在竞选会上放映了介绍芝加哥城市与建筑的精美录像，主讲人的演说十分动人，此举以绝对优势取得了国际建协第18届大会、第19届代表会在美国芝加哥的举办权。

1990年5月，国际建协第17届大会、第18届代表会在加拿大蒙特利尔召开。中国建筑学会派周干峙（团长）、许溶烈、吴良镛、张钦楠、陈占祥、张祖刚等6人前往参加会议，两个会议在同一时间、地点交叉进行。在第18届代表会上我们继续申办，陈占祥代表中国发表竞选演说。鉴于当时社会大形势的影响，且西班牙建筑师协会代表团宣传的格外有特色，结果他们获得了国际建协第19届大会暨第20届代表会在西班牙巴塞罗那的举办权。

我们总结前三次申办的经验，需要加大宣传力度，筹集经费，准备好介绍中国的宣传材料、竞选时放映的录像片、竞选演说词以及大型招待会等。1992年叶如棠当选为中国建筑学会理事长，在他了解情况后，十分重视已取得的经验，支持并主动着手做好如下几项准备工作，这使我们又充满了取胜的信心。

首先向国际建协执行局上层人士作好宣传工作。1993年2月，中国建筑学会邀请国际建协执行局会议一行10人在我国深圳召开，会后叶如棠理事长会见到会全体成员，向他们表达了中国申办1999年北京国际建协大会的愿望，以求得他们的支持。参加这次活动的还有周干峙、吴良镛、张钦楠、张祖

张祖刚(1933~   )，1956年毕业于清华大学建筑系，现任中国建筑学会副理事长、《建筑学报》主编。

刚、邵华郁等。这次活动的经费得到了深圳市政府以及华艺公司陈世民的支持。

出版宣传中国的精美书册。这项工作是由深圳大学建筑学院承担,他们自筹经费,在许安之院长的亲自组织下,搜集资料,创新编排,少而精、简而明地反映了中国的传统建筑文化和新建筑成就。同时,该院还提出以长城为标志的1999年大会会标方案,具有中国特点,意义多重,后被采用。

准备好竞选演说词及录像片。这项工作十分重要,历次竞选每位代表仅有10~15分钟的发言,包括放映幻灯或录像。这次的演说词是由刘开济先生撰写,有关应允条件、学术主题等内容由理事长叶如棠、张钦楠等多次研究确定。录像片的制作是在叶耀先院长支持下由原中国建筑技术发展中心音像部承担,脚本由我编写,后邀刘开济、王国泉等审阅。在竞选时,刘开济先生的演说,抑扬顿挫,重点突出,6分钟的录像,画面宏伟丰富,录像配合演说,整体紧凑,生动精彩,取得了好的效果。

筹备召开一次盛大的招待会。在美国,举办一晚几百人的招待会需要4~5万美元,费用可观,但又非常需要召开,我们得助于我会副理事长严星华先生,他时任中京建筑事务所董事长兼总经理,慷慨拿出15万元人民币,使这一困难得以顺利解决。在我国驻美芝加哥领事馆的大力帮助下,以半价优惠选在一家五星级宾馆大厅举办,邀请各国代表团重要人士参加,司仪由孙骅声先生担任,他英语流畅,异常活跃,会上叶如棠理事长作了宣传介绍,曾担任过国际建协领导职务的几位专家学者和一些知名人士也先后发言,支持1999年国际建协大会在中国举办,会场气氛格外热烈,许多外国朋友进一步了解了中国情况,并称赞招待会的成功。

1993年6月,在社会大好形势的背景下,我们作了上述比较周密的舆论与宣传介绍工作后,在有6国参加的激烈竞争中,得票数高居榜首,获得了1999年国际建协大会的举办权。提出申办的6个国家的得票数是:中国94、韩国27、土耳其22、菲律宾22、德国21、以色列9。为什么说这次竞选激烈,是由于争办的这届大会处在世纪与千年转换期召开,具有特殊意义。

为了作好充分的准备,会前中国建筑学会办事机构唐仪清、张百平、王平原等全体职工全力以赴,完成了大量的后勤工作;中国建筑学会派理事长叶如棠为首的、周干峙、吴良镛、张钦楠、张祖刚、呼忠平、唐仪清等7位组成的代表团前往芝加哥参加两个会议,另外以副理事长严星华为团长的中国建筑师代表团一行36人参加大会,这次是自我国加入国际建协以来参加国际建协大会人数最多的一次,他们都为此次竞选成功作出了贡献。

中国建筑学会申办国际建协大会取得成功,这仅仅是第一步。在后来的6年中,为集资和筹备大会又完成了一件件艰巨的任务。

1994年9月29日建设部常务副部长兼中国建筑学会理事长叶如棠和国际建协主席杜罗分别代表双方在马德里的西班牙建筑师协会总部签订了《1999年北京国际建筑师协会大会和代表会议协议》。中方参加签字仪式的有张瑞岩、聂梅生、傅雯娟、唐仪清。

1994年12月2日在北京成立了国际建协第20届大会组委会,全国政协主席李瑞环担任名誉主席,建设部部长侯捷任主席,常务副部长叶如棠任执行主席,还有18个部、委、北京市主要领导任副主席和委员,得到国家领导和各有关部门的支持。

在叶如棠理事长的领导下,建设部设计司司长吴奕良等负责筹资,每年向国际建协总部交付专款和支付其他一些筹备费用。

1995年,为了将大会学术主题"21世纪的建筑学"具体化,我们提出下列5个分题(即建筑与环境、建筑与文化、建筑与技术、建筑与城市、建筑学与职业精神)及30多个分题子题和以住宅为题目的国际学生设计竞赛,以及大会4天学术活动安排的初步方案,我们征求了张钦楠、刘开济、邵华郁等的意见,同时由唐仪清向100多个国际建协会员国学会和60多位世界知名建筑师发函征求对这一初步方案的意见,后将各方面的意见与建议调整补充在此方案中。

1995年5月14日~19日在中国武汉至重庆的仙娜号客轮举办了国际建协第82次理事会,承办此次会议实际上是国际建协对我国主办1999年北京国际建协大会的一次检验。中国建筑学会理事长叶如棠、顾问周干峙、副理事长吴良镛等出席了这次会议。会议结束后国际建协主席杜罗向叶如棠理事长表示满意和感谢。鉴于此次会议的重要性,在建设部的直接领导下,学会办事机构唐仪清、张百平、王平原等大量工作人员对接待工作作了充分的准备,从而圆满地完成了任务。

1995年11月下旬,筹备1999年北京国际建协大会组委会副主席万嗣铨和张祖刚、袁斌、唐仪清等4人在马德里西班牙建筑师协会总部向国际建协主席杜罗汇报了筹备1999年北京国际建协大会学术内容和活动安排的方案,并参观、听取了巴塞罗那筹备1996年国际建协大会的会场和准备情况。随后,于12月上旬在巴黎国际建协总部向国际建协秘书长史戈泰斯、司库梅隆等汇报了筹备情况,听取了他们对学术内容与活动安排的补充意见,这就为1996年在巴塞罗那国际建协代表会上作关于筹备1999年北京国际建协第20届大会情况报告奠定了基础。

1996年7月2~6日,以中国建筑学会理事长叶如棠为团长的中国建筑师代表团一行50人参加在西班牙巴塞罗那召开的国际建协第19届大会。这个代表团的主要成员有万嗣铨、许溶烈、吴良镛、张钦楠、严星华等,其他为国内重要建筑设计院和高等建筑院校的总建筑师与教授。另外,北京市、四川省、深圳市还分别组织了建筑师代表团约50人参加了此次大会。为了宣传1999年北京国际建协第20届大会,北奥公司的代表,在巴塞罗那大会报到处设置了宣传台,直接散发了2000多份宣传中国的材料和吉祥物熊猫,受到各国代表的欢迎。7月7~9日在国际建协第20届代表会上,刘开济先生作了筹备1999年北京国际建协第20届大会情况的汇报,获得了大会主席团和代表的一致肯定。一些代表还提出了建议与希望,后增加一个"建筑教育与青年建筑师"学术分题,将原大会学术主题下的5个分题改为6个分题。

1997年3月,在叶如棠理事长主持下,按照马德里《1999年北京国际建筑师协会大会和代表会议协议》,组建起国际建协筹备1999年北京大会的4个委员会,包括有协调委员会、组织委员会、科学委员会和经济委员会。1997年4月在北京召开了有国际建协执行局主要成员参加的第1次协调委员会。为了深入搞好大会各项学术活动的准备工作,1997年7月,科学委员会在北京召开了有清华大学、天津大学、重庆建筑大学、同济大学、东南大学、华南理工大学、西安建筑科技大学、哈尔滨建筑大学等8所建筑院校代表参加的第1次扩大的科委会工作会议,会议安排了各校所承担的撰写分题论文、编辑出版大会论文集、组织国际学生设计竞赛、筹备大会学术主题展等任务,并初步组成了科委会的工作班子。

从1997年3月至1999年6月23日大会开幕前的两年多的时间里,各个委员会的成员和工作班子都兢兢业业地工作,克服各种困难,完成了各项准备工作(这些委员会和工作班子,写有总结资料,这里从略),使1999年北京国际建协大会取得了圆满成功,达到了预期目的。

留苏生涯片断

张耀曾

在悉尼女儿家中，凝望着墙上挂的两幅我于38年前在塔林（前苏联爱沙尼亚加盟共和国首都）及里加（拉脱维亚共和国首都）所作的水彩写生画，我的思绪慢慢地又回到几十年前在苏联的4年留学生生活。4年在当时曾感到相当漫长和难捱，但现在回忆起来仿佛又只是一瞬。在这一瞬中又有什么深深地刻在我的印记中呢？似乎一切都在朦胧中。在经历了1963年返国后所遭遇和感受到的以阶级斗争为纲的四清运动、史无前例的"无产阶级文化大革命"以及"四人帮"粉碎后的逐步深入发展的解放思想和改革开放，不禁觉得前后犹如隔世。"文革"前的虔诚和单纯都带有一丝受愚弄的色彩。

那时，苏联在普通中国人心中就是中国的明天，是我们阵营的盟主。那里的一切富足繁荣，文化发达，似乎被宣传得完美无缺。青年学生被选拔去苏联留学在几十年前是千里挑一或万里挑一的机遇。我带着这样的一种憧憬来到了北京石附马大街北京俄语学院留苏预备部接受留苏前的语言和各方面的适应训练。记得进预备部听到的迎新报告中除了强调党和人民对我们的培育和特殊的殷切期望外，第一次听到要去苏联必须让我们知道的一些情况，并嘱咐要注意内外有别，只能记在心中，不致到了那边会不适应或丧失免疫抵抗力。我们去的苏联，就民族和风土人情而言与我们十分不同，即使在斯大林领导下的苏联，那时已有不少负面的东西。诸如苏联的党及党内生活与我们就不同，我们留学生不能接受苏联党的影响，他们社会上有黑市、暗娼，男女生活作风也随便，学生中考试舞弊、男女同居，滥交也不是少数，现在西方堕落文化在那里已有影响。一句话，对苏联脑子中要有一根筋，我们被派去那里主要是学他们的科学技术，不是学他们的那一套政治和生活方式。这样一种预防针式的教导，对我们这一些刚刚大学毕业，长期只接受正面教育的学子的确产生了预期不到的震动。仿佛在去苏联前为大家配了一副校正视力的偏光眼镜。在一段时期内看出来的景象或许都不完全是真实的实象。当然过了38年后的回忆，这景象或许就更偏了。好在这只是每一个人的回忆，偏多偏少都无关紧要。

我的母校——莫斯科建筑学院(The Architectural Institute of Moscow)

莫斯科建筑学院是一所培育建筑师（广义建筑学）的或许也是世界上唯一的一所专门的建筑学院。

我们的学院完全不象大家熟悉的列宁山上的莫斯科大学，甚至也不如我们中国的大学校园。它坐落在莫斯科市中心著名的莫斯科大剧院附近，由剧院走路去大约10分钟。学院在一条高低不平的小街上，那一带基本上都还保留下了沙俄时代的建筑。我的学院也是一处达官贵人的旧宅邸，作为校舍还嫌不够大，于是又兼并了相邻的两处旧房舍。因此，校园内还杂住一些市民，也包括少数单身的教职工。学校的大门朝着那条名叫铁匠桥街的小街，主楼前有一个不大的前庭，一棵树也没有。在上下课期间教师学生进进出出，不时还伫立着一堆堆的人群在那里闲聊，前庭也就成了一处社交论坛了。

进了大楼门是一个门厅，右首是衣帽间，有好几位苏联大妈在这里做工，存衣、取衣都由她们经手。苏联的冬季又长又寒冷，室内又热得灸人，御寒的外套必须寄存。早上上课时间集中，存衣处前经常要排起长队。在建筑学院的中国留学生仅有几个人，那些老大妈看到我们十分热情，老是说，你们中国穷，中国小伙子都是好样的，不结交女朋

张耀曾(1934～)，1956年毕业于南京工学院，1959年赴苏留学，1963年获苏联莫斯科建筑学院博士学位，曾任华东建筑设计研究院副总建筑师。

友。当时中国留学生在苏联学生中有"热水瓶"的浑名，这浑名的由来其一，是当时的中国以农产品及轻工业品以货易货，中国热水瓶即是其中一种产品；另一层意思是中国小伙子外表冷冰冰，不善表达爱恨感情，但内心还是热乎乎的，犹如热水瓶一般。她们最恨那些阿拉伯人和黑人，因为他们都是那些国家首领或家长显赫地位的子弟，衣着豪华，手头阔绰，有不少苏联姑娘贪图享乐去巴结他们。我毕业回国后直到1990年才有机会再去莫斯科，顺便去母校，居然30年后在衣帽间还遇到一位当年的存衣大妈，还健在，还工作着。我上前招呼，自我介绍，大家都十分感慨。她说现在你们中国富了，苏联穷了，真正想不通……

除了衣帽间，底层还有一些行政管理部门，上了二楼才是学校的核心部分。这里有各个系的办公室。我们学校只有建筑这单一专业，学院下设居住和公共建筑系、工业建筑系、建筑构造和技术系及城市规划系。我的选题归属居住和公共建筑系。该系是有名教授最集中的一个系，系下再分居住建筑教研室、中小型公共建筑及大型公共建筑教研室。一个系的规模也只有4个房间，各教研室各有一间，系主任一间，共围着一个大房间，这里是会议室、学生作业展览室及接待室。我们研究生如要会见导师必须来这里向系秘书预约。我们的系秘书是一位阿尔美尼亚的犹太女子，一头黑发，抽着卷烟，脸上的沧桑映射出她经历过的磨难。后来才知道她的丈夫曾在红军中任高职，在斯大林时代遭整肃。事情发生在黑夜一次突然的搜捕行动中，从此再也没有丈夫的生死音讯。在苏共22大后才知道丈夫死于西伯利亚某处劳改营，是莫须有的罪名。因此她和我们中国留学生交谈时始终带着又同情又嫌恶的复杂表情，谈到政治和中苏的分歧总是耸耸肩，不屑一顾。这个谜经过"文化大革命"后，我才有点悟到了当时她为什么会这样。

其他系差不多也是这样，3、4、5层就是教室。由于是旧宅邸，因此教室大小形状都不一样，有些班的学生不能都有自己专用的教室，学生上下课都要带着图板来来去去，不便带的大作业图板就留在教室一角。这样的上课条件不是我们在国内时想象得出的。但考进来的学生都经过严格的筛选，进来的学生都十分自爱，希望毕业后成为一名抢手的建筑师。我们学院的毕业生确是苏联著名设计院中的佼佼者。设计北京苏联展览馆的设计师安得列夫也是该校的校友，他在苏联仅属二、三流。陈列在学院的学生作业水平极高，当时我国学生的作业根本不能与之相比，初来时，使我大开眼界。首先他们的作业不是一张张裁下来的图稿，他们的作业都象油画一样绷裱在定制的木框里，图幅的尺寸和比例由每个学生自己的表现意愿定。表现图的构图也十分自由。为配合不同尺寸的图板，他们自制各种长度的一字尺来绘图。图面精工绘制，平面都表现出立体感。四个立面都画全的。基本上都是水墨单色渲染，画面不画天空等背景，大部分留白，仅点缀一些显示尺度比例的人或树木，重点突出设计本身。若干年后我到了西欧后才知道他们也是受了现代主义建筑的影响，放弃了古典学院派的那一套。教学过程中还十分强调学生要制作模型。有的作业最后要附模型，模型基本用单色的硬卡纸。学生的绘画功底和动手能力都很强，也十分有个性，决不相互模仿和抄袭。学院教学很注意学生的独立工作能力，以讨论启发为主，教师从不动手画方案给学生。学生创作的营养也来自多方面，学院有藏书众多的参考阅览室，订有欧美最新的杂志和书籍。教师还鼓励学生参观各种造型艺术展和各种学术会。逐渐我感到学院的校舍虽不壮观气派，但鸡窝中是能培养凤凰的。

我的导师——米哈依尔·奥西巴维契·巴尔希
他个子矮小，小脸盘，有一双细小而深沉的眼睛，朝你看时仿佛能看透你。不算太老但已满头白发，后来才知道他是苏联犹太人。据先我而来的中国同学介绍，他是苏联20~30年代先锋派构成主义成员之一，跟随鼻祖金斯帕格闯天下。在苏联创建阶段各种文艺思想十分活跃，他们提倡一切都要摆脱旧社会和西方的影响，要开创无产阶级自己的世界，反映在建筑上也是如此。他们鄙视资产阶级建筑艺术中的一切多余装饰，强调空间构成。城市规划方面主要提出了不少新思路，线型和生长的城市即其一种。限于苏联当时经济实力很脆弱，理论上的鼓吹多于实践，按那一套建成的建筑物不多，如莫斯科真理报社、公社大厦和里哈乔夫汽车厂俱乐部等。苏联在那一个阶段的建筑理论和探索对西欧后来现代建筑的诞生有着很重要的影响。列宁死后，斯大林掌权，初创期的文艺和建筑理论都被贬为异说邪见。斯大林推崇俄罗斯民族传统和社会主义相结合的那一套，古典学院派很符合表达当权者权欲的虚荣。沉寂多时的学院派成了主流建筑，我导师也就随着初期的新建筑一起隐出了建筑舞台，在此后不少年是默默无闻的。1956年赫鲁晓夫掀起批判建筑上的形式主义和浪费的浪潮，苏联建筑开始转向，重新转向西方，但已经不再能赶上领导潮流的那种机遇了。我的导师也随着大潮的转向而恢复了昔日光辉，但他已错过了他的旺盛岁月。他被聘回莫斯科建筑学院，希望用他的后半生培养年青的苏联建筑师。他复出后的一件较有影响的作品是位于苏联农展馆附近的苏联第一颗人造卫星纪念碑。

我和导师在四年的学习中，平均一个月左右见一次面，基本上是例行公事式的，他询问你的工作进展，每次会介绍你看一些杂志和书籍上的文章。在交谈中他始终回避中苏之间的政治，也从不问及中国的情况，似乎我不是从中国来的，因为有几次我想谈谈我在中国的情况，他不接话题。这个谜直到我论文答辩获得校方的重视后才解开。我配合论文所作的不少图板十分醒目，也明显带有中国的特色。苏联电台还派人来采访。他在那次答辩会上很兴奋，居然他的中国研究生为他争了光，他知道我有些图板要带回中国，他征求我是否可留二幅我的作业给学院，我当然同意了。他邀请我返国前上他家作客见见他的家人。这是一次破例的行动。那天，我如约前往，带去了我在苏联画的一些水彩写生画，他看了后甚加赞赏，我主动送了二幅给他。他一家三口，夫人很贤淑漂亮，生有一子，也在我们学院就读。他们很希望有机会通过他们在法国的亲戚送儿子去法国深造。席间或许是在家中或许喝了些酒，他终于提到了中国，他说他很注意中国和苏联之间意识形态之事，他说，"这些都是政治家的事，我一生的经历使我十分不愿意卷入这种事务中，但建筑师只能依附于社会，是脱离不开现实的。现在我已年迈，已不能再有所作为了，希望你回中国后能有个好的前程"。当天我返回宿舍终于明白，我导师在4年学习中为什么有意回避谈一些问题了。1990年我重回苏联，在学院得知我导师已故世，他的家人已举家去以色列了。

（附：40年前在莫斯科所作印象画，当时附在家信中寄回国内。）

2000年5月于悉尼

留苏生涯片断

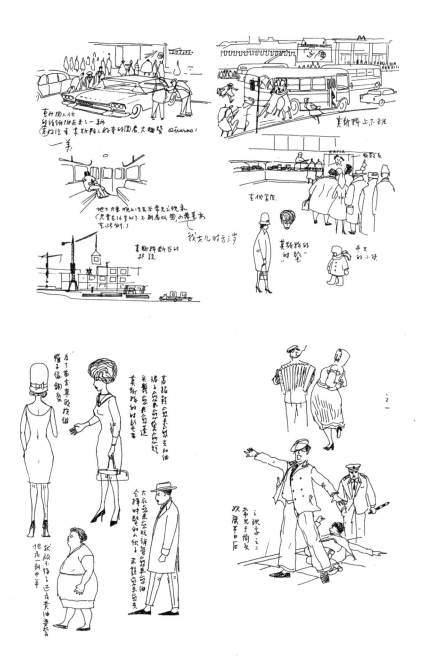

抹不去的记忆
——与汪季琦交往的几件小事

王世仁

时间过得真快，汪季琦先生离开我们已经１６年了。1984年2月那个阴冷的早晨，我在八宝山公墓向先生遗容告别后曾想到：这位长者、学者，我们建筑界同仁的良师挚友，应当有不少值得纪念的事迹。然而，除了一篇干巴巴的讣文和《中国建筑年鉴》一个词条外，１６年来还没有见过关于他的片言只字。可也是，"冠盖满京华，斯人独憔悴"时下哀哀诸公，或忙于包装自我，或刻意炒作权威，谁又屑于顾及一位没有了"使用价值"的故人呢？包括他一手创办的中国建筑学会和《建筑学报》。

我生也晚，我学也浅，尽管和他的资历、职位、学识都差着好几个档次，但，也算是机缘吧，却有过一些交往。事不大，又琐碎，可在记忆中就是不能抹去。朝花夕拾，心香一瓣，写下来，聊寄怀念景仰之意。

我们来作个文字游戏吧

1961年，由于政治上莫须有的罪名"阶级异己分子"，汪季琦连降三级，贬到建筑科学研究院历史室当副主任。当时，我是历史室古代组的副组长，照例每年春季要带一个组外出调查。1962年4月上旬，我们在太行山上调查了一段长城后转赴太原，准备沿铁路北上，"跑点"。没想到他先到了太原，要和我们这个组一同工作。在料峭的寒风中，我们挤坐在同蒲铁路的慢车硬席里，辚辚的火车外一片黄土山峦，时而掠过残城废堡，孤树断崖，车中人的心境也颇为褒落。一时，他突发兴致，对我们说："我们来做个文字游戏吧，我先念一首诗，你们看对不对？"清明时节雨纷纷，路上行人欲断魂。借问酒家何处有，牧童遥指杏花村。"我们都说，这首连小学生都会背的诗有什么不对呢？他说："就有人说不对，这原是一首词，应该这样

读："清明时节雨，纷纷路上行人。欲断魂。借问酒家何处？有牧童，遥指杏花村"。说罢，哈哈大笑。接着又说："有个皇帝命一书生写一幅唐人王之涣的七言绝句《出塞》。原诗是：黄河远上白云间，一片孤城万仞山。羌笛何须怨杨柳，春风不度玉门关。书生一时大意，丢掉了一个'间'字。皇帝大怒，要治他罪。书生急中生智，说，现在流行的是伪作，原作是一首词，本没有这个间字。圣上请看：黄河远上，白云一片，孤城万仞山。羌笛何须怨，杨柳、春风不度玉门关。"说罢大家一阵欢笑。

过了一会，他对我说："这当然是文字游戏了，但说明中国没有标点的古文容易产生误读，有些有名的古文很难准确断句。比如你准备去调查的唐代绛州的衙署园林，唐代大文豪樊宗师在那里当刺史时，写过一篇《绛守居园池记》。这篇文章至今就没有人能准确断句。又如，明末竟陵派文人写的游记散文，文字很美，也很难句读"。后来我去新绛(即唐绛州)县考察这个园子遗址，夜间在灯下读樊宗师的原文和宋、明许多著名文人的断句考证，终于不得要领。但此后我在读古书古碑时，总要反复揣摸一下词语，不敢轻易断句，更不敢望文生义。这次车中的文字游戏，也算是"寓教于乐"了。

我看你还是很有前途的

1962年10月，建工部部长刘秀峰主持召开中国建筑史审稿会，实际上是一次迄今为止最高层次的建筑史研讨会。汪季琦先生在这次会上起着秘书长的作用。当时他命我一定要把会议发言详细记录下来，会后又命我把刘秀峰的总结讲话整理成文，加上会议其它内容写一份报告。因为记得详细，所以写起来并不难。他对我这次工作比较满意，对报告只作了少量文字修饰，但却有两处重要订正。一处

汪季琦，见本书第8页。

王世仁(1934~)，曾任北京市文物建筑保护研究所所长兼总工程师。

是刘秀峰对古建筑的分类，把古塔单列一类，我以为可能是口误，应当把塔归入宗教建筑类中，整理文字时也就改变了原话，汪根据记录原文改过来，再一处是参加会议的和成立编委会的名单，我写的次序比较随意，汪先生则按每人的职位作了调整。他说："整理首长讲话是很严肃的事，要负政治责任，绝不能有任何改动"。我想这是他多年当"副职"和秘书长的经验之谈了。至于排列名单座次，后来我才领悟，其"政治责任"尤为敏感，这大概更是他的职业习惯了。

这次会议以后至1964年，《中国古代建筑史》又编写了六、七、八三稿。实在说，六稿以前的各稿，几乎都是在领导的指示下，在所谓观点、立场、方法上作空对空的文章，真正的内容大都是炒冷饭。从1963年开始编七稿，才算有了转机，关键因素是领导者的兴趣转到了民居调查，编史由刘敦桢、汪季琦二位负责。记得当时有三项重要决定，一是要集中人力突击调查一批新材料写入书中；二是要充实宋以前的内容；三是要绘制高质量的图版，特别要绘一批综合性的分析图。为此，从北京、南京两个研究室集中了一批骨干突击这三项工作。其间，我除担任图片组长，组织绘图外，还突击外出调查，收集到一批重要资料。他们还指定傅熹年作唐长安麟德殿、玄武门、重玄门复原研究；指定我作汉长安明堂辟雍复原研究，并命我将我在山西发现的金刻汾阴后土祠图碑写成文章。这些成果都经过他们和梁思成先生审阅，交《考古》杂志发表，作为学术文献引入到建筑史中。我在写《记汾阴后土祠庙貌碑》的文章时，查阅了一些史料，考证出此碑的准确年代，并认定金碑中绘刻的后土祠就是北宋大祀礼等级祠庙的典型格局。文章发表以前，汪先生很严肃地对我说："你的文章，梁、刘先生都看了。认为写得不错。我也看了，我们都认为你搞建筑史研究是很有前途的"。我知道他

文史学识有家学渊源，又熟悉中外建筑，这个"有前途"的评语使我受到很大鼓舞。

正当八稿通过学术鉴定，准备出版之际，"四清"运动席卷建工部。建工部革刘秀峰的命，建研院就革建筑史的命，革编建筑史人的命。大概因为汪秀琦已是被彻底革过命的"死老虎"，只是"靠边站"，我却是被内定为"反党"性质成了批判的重点。面对无知又无聊的"批判"，我认定建筑史是不会有前途了，这个建研院再无留恋的必要。于是我提出，不挑地方，不挑专业，只求尽快调离。于是在两天内便办妥了调到广西的手续。行前我给刘、汪各写一信告别。没想到刘敦桢先生在处境已很困难的情况下回了我一封长信，大意是说我现在去基层搞新建筑，将来再回来搞建筑史更有益处，总之认为前几年合作愉快，今后还是大有前途。而汪季琦先生则托另一位同事带给我一封短信，我只记得一句话："我认为你还是很有前途的"。

你又要给我递一张门生帖子啦

我于1951年考入清华大学建筑系，（当时叫营建系），由于院系调整、参加建校工程，我们这个四年制的班，延长半年到1956年春季毕业。我上学时正是"一边倒"，大学苏联的时期。学苏联的教育制度，系下分专业，专业下又分专门化。建筑系只有一个"建筑学"专业，下面分城市规划、工业建筑和民用建筑专门化，其实只是在最后半年作毕业设计时分配的题目不同而已。毕业设计的题目都要结合实际，我分到民用建筑专门化，设计题目是洛阳涧西区住宅小区规划设计，要求从小区规划作到建筑设计，包括结构、设备，还要施工组织设计。

学习苏联，毕业设计要答辩。答辩由委员会主持，委员、主任必须校外聘请，我们那个专门化的主任就是汪季琦。记得他那时兼着好几个职务，常来建筑系作报告，大家都习惯称他汪院长。

毕业答辩在建筑系馆(即"清华学堂")二楼,会场布置很正规,委员们正襟危坐,前面桌子上还铺了白色台布。我们每个学生都把图纸挂在身后屏板上,面向委员会讲述,每人只讲15分钟,另留5分钟提问。我哪里见过这个阵势,啰啰嗦嗦刚说了一半,就听得一声铃响,汪很严肃地说:"再给你5分钟",吓得我只好草草收场。接下来是提问,因为这类设计都是套用苏联模式,既无创新,也不可能出错,所以没人提问。这时又是他提出:"根据你施工组织设计的工程进度表,一、二月和三月上旬是冬季,你有什么冬季施工措施?"我这才想起,我们作施工组织设计,全是照书本纸上谈兵,工程进度都是从一月开始往后排,没人去想是冬季还是雨季。只好按常识回答说,灰浆用热水,混凝土加防冻剂,重要部分搭暖棚。他未置可否。答辩完毕后,委员会开秘密会议,然后5人一组上台,由汪季琦宣布成绩:"某某人通过答辩,成绩优"。在我的印象中,我们那一组同学中几乎全是优。若干年后我想,个个都优,大概就证明了学习苏联的伟大成绩。60年代他到历史室工作,我和他谈起5年前的这一幕时,他笑着说:"从过去的科考来说,你这也是进士及第了,按规矩,我这个主考官是你的座师,你得给我递个门生帖子呀"。

　　事有凑巧,1979年末,经中央批准,中国社会科学院向全国公开招考研究人员。那时我在承德从事古建筑修复工作已5年了,想换个环境,便报考哲学研究所的副研究员,专业是建筑美学。经过论文、外语初审后只我一人入围,社科院于1980年7月为我这唯一的入围者组织了一个答辩委员会进行面试。委员会的主任是朱光潜老先生,另有二位美学专家和二位建筑专家,后者是吴良镛和汪季琦。答辩前几天我去看他,见他正在看我的论文(已发表在《文艺研究》杂志),手边还放着朱光潜、蔡仪、王朝闻等人的著作。他对我说:"我这叫临时抱佛脚。我是学土木工程的,后来叫我管建筑,搞建筑史,现在又叫我考人家美学,我还真的要好好学习一下。"我当时就认为,社科院究竟是有眼光,聘他当考官确实当之无愧。我知道,他家是苏州书香望族,他大哥汪荣宝是国学大师章太炎的大弟子,著名的古文字专家,还带他去拜访过章太炎。他的亲人中,汪星伯是园林叠山专家,汪坦是清华大学名教授。他本人中外古今,文史工艺等诸多学识,在建筑界有口皆碑。不过这次面试,各位考官并没有怎么"考"我,只是大家探讨了一些问题。汪先生当时曾问我,"你认为北京应该怎样保护古都特色"?我记得,答得比较悲观,我说:"北京人口急剧膨胀,社会发展很快,原来的古都要素很难容纳,已不可能保持原有风貌。应当转变保护观念,更新审美标准,凡古必保,越古越好,只会走进死胡同"。听了我的话他没有表态,只是若有所思,沉吟不语。到80年底,我终于得到了录取通知,次年调入社科院哲学所美学研究室任副研究员。当我拿着录取通知书去看他,笑谈起25年前他也是我的考官时,他哈哈大笑起来,说:"那你又得给我递一张门生帖子啦!"。

　　这是我与他交往中见过的唯一一次开心大笑。

2000年3月于北京

回忆总设计师邓小平

郑国英

1986年春节，小平同志在金牛宾馆接见我们的情景不禁浮现在我的眼前。这天，刚好是正月初三，大家正处于节日欢乐之中，省府传来喜讯，小平同志来成都过年，要接见我们，听取北京"四川大厦"工程的汇报。我院顾问总建筑师徐尚志、李承鳌院长和我六人怀着无比兴奋激动的心情早早来到了金牛宾馆。

10时正，小平同志精神矍铄、脸上显出温馨的笑容向我们走来。我们争着向老人家问好和握手。稍等片刻，他在"四川大厦"模型前聚精会神地观看。由我简单向他介绍工程情况后，当谈到我们采用"蜀城"的设计构思来体现四川建筑文化时，他点头微笑，并询问了工程规模和投资情况。当得知四川投资额大于北京时，他高兴地说："这才对罗！否则咋个叫四川大厦呢？"当得知我们是设计人员时，他很快转过脸来，亲切地鼓励我们说："你们知识分子，要搞好这个工程哦，为四川争光……"从他质朴的谈吐中隐现着伟人对知识分子炽热的情怀和亲切的期望。同时，又体现出他作为我国改革开发的总设计师对每一项具体建设的重视和无比的关怀。长期来，他老人家的一句一词都铭记在我的心中，激励我在本职岗位上努力学习，脚踏实地，勤奋工作，为早日实现我国"四化"事业而奋斗终生。

当前，北京"四川大厦"已建成投入使用，我们多么盼望小平同志能与我们一起共享奋斗11年才获得胜利果实。可惜，他老人家走得太早了。

敬爱的小平同志，我们怀念您。

小平同志参观北京四川大厦模型，郑国英同志(左一)向他汇报设计方案

郑国英(1935~　)，中国建筑西南设计院副总建筑师。

一位难以忘却的总建筑师——林乐义

陈世民

仙逝多年的林乐义先生是新中国老一辈著名建筑师。

认识林总是在1954年8月,我刚从重庆建筑工程学院毕业,分配到北京工业建筑设计院(今建设部设计院前身)。当时,林总是民用建筑设计室副主任建筑师,正主持作北京使馆区的外国使领馆建筑方案,我被分配参加小型使馆设计。后来,设计院改组,他担任副总建筑师,大家都称他林总。我有幸多年跟随林总学习工作,经历的项目有北京长安街规划,1959年国家歌剧院和电影官的方案竞赛。"文革"期间,我们一起被下放河南劳动,1971年在林总率领下又回到北京参与钓鱼台国宾馆以及天安门纪念馆的方案设计工作,并成为他的主要助手。林总在从事建筑创作上脚踏实地、勇于创新、诲人不倦的精神,至今仍深深地留在记忆里并影响着我的建筑师生涯。

不断思索、不断创新,尽建筑师的历史职责。

林总是福建人,大学毕业后时值抗战,在大后方从事建筑设计。抗战胜利后,赴美研究建筑,并在大学里执教。新中国成立后,他毅然放弃了国外优厚的工作生活条件,怀着一颗报国之心回到祖国参加社会主义建设。最难能可贵的是他将这种爱国热情融于日后的建筑设计工作中,始终勇于创新。他常常讲,外国确实有不少好的建筑作品和意念,但我们不能一味地照搬抄袭。林总是最早把现代建筑设计理念带入中国建筑界的领头人之一。50年代初他设计的北京西长安街电报大楼,是一幢功能实用经济,造型简洁明快的现代建筑。与当时强调大屋顶、追求铺张豪华的设计复古之风形成强烈对比,别开生面,带有逆突破性。因此,也得到了建筑界不少好评。1958年,为迎接建国十周年,北京通过修建十大工程曾把建筑界创作活动带向了一个前所未有的高潮。林总带领我们参加人大会堂西侧国家歌剧院的设计竞赛,尽管我们夜以继日,绞尽脑汁,但在剧院设计方面,仍然无法与参加竞赛的清华大学相比,他们有专门的剧院音质设计小组,画透视图还有美术教研组的教授上阵,国外资料信息也多,而且开讨论会时,许多教师、学生参与辩论,我们简直无法招架。就在这种被动情形下,林总设想文化部规定剧院要保持自然声演出效果,观众只能考虑3千多人,但根据我国地大物博、人口众多的特点,何妨不搞个拥有更多座位的剧院呢?他说服大家,还以美国无线电城、波兰华沙剧院等著名大剧院为例论证此设想的可行性。他带领我们搞了一个有6313个座位的方案,同时制作了一个1:10的大模型,在建研院声学家的协助下进行声学的测试,以求达到良好的演出效果。这一设想方案得到了周恩来总理的重视,得到了部分表演艺术家的支持,这一创新构想使设计院在竞赛过程中的被动地位得到很大改善。据说,周恩来总理后来曾向建工部和清华大学的领导允诺:由设计院与清华大学合作承担国家歌剧院的设计重任。后来,该项目由于资金短缺、时间紧迫等原因中途停了下来。这是国家大剧院早期的创作活动(近年又有新一轮国家大剧院的设计竞赛,最后由法国著名建筑师安德鲁中标)。接着我们投入了北京电影官的方案竞赛。林总又提出,我们搞电影官,就不要搞成像博物馆、歌剧院那样,因为电影是个新技术,要反映新内容和新时代的特色。林总带领大家依照宽银幕立体电影

林乐义,见本书第96页。

陈世民(1935~),1954年毕业于重庆建工学院,1994年被授予勘察设计大师称号,现任深圳华艺设计顾问公司总经理、总建筑师,1996年创办陈世民建筑师事务所。

的新特点，总体布局仍立求简洁、适用，在建筑造型上作了大量推敲，最后选定了正面具有三个连续拱型的很具新意的造型。电影官的方案竞赛最后以我们方案布局合理、造型新颖、风格独特而中选。在建筑创作上，林总要求"要做就要做得与别人有所不同"，他总是不断思索、不断创新，这种勇于创新的精神是建筑师得以前进的不可缺少的推动力，也是建筑师对时代应尽的一种历史职责。

孜孜不倦的学习，始终保持新鲜思维的源泉。

他常说："你不看别人的东西，不看新的东西，你就不知道该怎样做。"那时候新的资料、书籍不多，为了获取新知识、新技术，他阅读了大量国外有关书籍。他的办公桌上总是放着新的资料，一有新的杂志，新的书籍，他会很快就去图书馆借来看，并且将读过的东西写成笔记。记笔记是他的一大特点，一本本的笔记记录着他的阅读心得和摘要，而且多年从不间断。通过眼看、手写，经过大脑的消化、归纳，他不断地吸收新知识，不断地有所发现，阅读成为他在实践中不断创新的源泉。他晚年时，我从香港回去看他，他的桌上仍是一大堆一大堆的笔记。1970年周恩来总理提出要求在北京钓鱼台修建国宾馆，建设部设计局组织我们参加方案设计。时逢"文化大革命"后期，形而上学的意识仍很强烈，设计思想十分禁锢。为此，外交部行政司组织我们到上海参观外滩的老建筑，特别是到广州考察了新建的矿泉别墅、白云宾馆。这一次的学习经历，让我们大开眼界，受益甚深。林总同我们一样如饥似渴地参观、了解。那时我们尚未调回北京，林总带领我和三位年青建筑师张孚沛、胡寅元等，住在前门外的一个小旅馆内搞方案，有数月之久。林总说："总建筑师不是总会、总懂，而是要善于学习别人，要能把好的、合理的总结在一起。"他常常戴着老花镜，伏在图板上帮我改图。现在看来，钓鱼台国宾馆设计方案一定程度上体现了林总当时善于学习，善于总结大家智慧的高尚品德。

一个好的建筑师在不断自我更新、自我完善的同时是不会忽略对青年人的关怀和培养的。

设计院里许多思想较活跃、愿意在建筑创作上有所进取的年轻设计师们都愿意和林总一起工作、聊天，向他请教。林总也很乐意同年轻人一起。逢年过节，他常把同事们请到家里吃饭、聊天，把他收集的资料和画的手稿拿给大家看，讲述外国建筑的一些特点。他回国时途经欧洲看了不少建筑，拍下的不少照片也拿给我们看，那个年代这些都是很珍贵的资料。搞国家歌剧院设计竞赛时，看到清华大学的青年教师与学生往往站在建筑辩论的最前线，此后林总也让我们设计院的年轻建筑师去介绍方案，参加辩论。出去讲之前，他帮助准备提纲，还让我们闭门先讲给他听，然后提出改进意见。后来我们作为年青建筑师敢于在第一线去讨论，为设计构想辩护，跟他在后台导演、悉心帮助指导是分不开的。其实，林总是在训练大家，归纳和总结设计构思，提高对建筑的理解与追求。林总草图画得很漂亮，有的设计在开始前他会先画出透视草图来指导设计。我刚毕业时，常常节假日把他画的草图拿回宿舍，慢慢欣赏，照着临摹。他知道后，就不时送我一些画笔，甚至后来把他当年从美国带回的自己都舍不得用的粗铅笔和铅芯送给了我，那个年代对爱好建筑绘画的人是非常珍贵的，给了我莫大的鼓励和支持。1979年改革开放前夕，兴起一股出国热潮，大家都憧憬着去国外学习、工作。谈起此事，他曾跟我讲："要说出国，出去看看可以，真正有所作为还是在中国。"事实证明了这一点，今天的神州大地吸引了全世界的建筑师，建筑业成长发展速度之快、空间之大是任何其他国家不可比拟的。

1975年摄于北京八达岭长城。杨廷宝（中），林乐义（左），陈世民（右）

1972年由河南返回北京参加钓鱼台国宾馆方案设计时绘制的高层方案透视图

林总对工作严格认真，脚踏实地，从不言满足。

我们跟林总工作时，他喜欢让大家发表意见，热烈争论，以丰富创意，把握设计关键点，并主持我们讨论。讨论结束后，通常是我主动要求把讨论意见集中归纳起来，反映在图纸上，然后林总进行修改。实际是我们在画图，他在认真想图；我们在设计，他在不停地思索设计。只要他脑子里有新的构思涌现，就要求修改设计。有时刚刚画好的图纸或者他刚改过的草图，转一轮回来他又改了。记得跟林总工作之初，我们一方面很怕改图，刚画好，他又改，简直受不了，尤其是快要出图前，甚至要求他在改图后签个字，写下日期，表示不再改了，有的他也照办。但另一方面，又喜欢他改图，因为每一次修改都比上次的更有发展，更为完善，更有新意，自己也感到又有提高。很长一段时间我就是在既不想他改，又想他改的矛盾心情中渡过。后来自觉与不自觉间，自己也学会了并养成了这种不断地自我否定、不断地创新精神。1959年我们搞国家歌剧院、电影宫的时候，我们经常通宵达旦加班加点，林总每天都坚持和我们一起，他对每一个细节都过问，从没有一种总建筑师的架子。每一个项目，他都力求把模型、图纸、透视图尽可能做得规范，做得有所不同。对设计认真严格，脚踏实地，尽力尽心，不仅反映了建筑师应有的工作作风，更主要的体现了建筑师的创作精神。千里之行始于足下，千里之行亦勤于足下。没有长年累月，身心与共的投入工作，任何美好的空间幻想，任何建筑风格的追求都只能是空中楼阁。

华艺公司成长始末

陈世民

华艺设计顾问有限公司成立至今已15年了。

华艺公司首先在香港注册成立,已由最初在港的两、三个人发展到目前拥有香港、深圳、南京三间分公司、180余名员工的精干、有效、能按国际水准提供服务的综合性建筑设计顾问公司。

15年来,华艺公司设计的项目共达230余项,总建筑面积超过1750多万m²,其中包括大型住宅区30余个,酒店10余座,银行4家,综合性大厦、办公楼90余栋;高层与超高层建筑160余幢。

15年来,华艺公司已在加拿大、日本、香港、澳门等地,以及北京、上海、天津、广州、南京、大连、哈尔滨、长春、深圳、武汉、南海、南宁等20多个大中城市树立起不少建筑作品。15年来,华艺公司在国内外开拓了设计市场,建立了一定的声誉,具有自身的品牌效应。

15年来,华艺公司的成就值得庆幸,15年前华艺公司诞生的点点滴滴耐人寻味。由于有创始人的远见与决策,才导致华艺公司的诞生。同样,华艺公司成立后,由于经营管理者有开拓进取的胆识,带领公司成长壮大。

一、关键性的决策

华艺公司开办于1986年6月,但它的形成应追溯到同年3月中国雕塑壁画艺术海外发展有限公司的成立。香港绿园园艺设计公司董事长、香港体育协会总干事曾汉文先生是我1980年在港参加组建香港华森设计与顾问有限公司时认识的老朋友,1985年初他曾向我谈起对中国艺术的热爱,希望能在港办公司,将中国艺术品引入香港市场。由于我是中国雕塑壁画公司的副董事长兼建筑顾问,经我安排中国房地产开发公司总经理、中国雕塑壁画公司董事长曹大澂先生同曾汉文先生在北京饭店见面认识,并直接进行了商谈。很快商定在港设立一间在海外发展

1986年3月中雕公司在香港成立

华艺公司首届董事会成员,左起陈世民、曹大澂、曾汉文

的中国雕塑壁画艺术公司,由我在港协助曾汉文先生申办在港注册及开办事宜,曹大澂先生负责在国内向外经部申报批准并先派人员。当时正值华森公司技术骨干换班,曹大澂先生一方面约请华森公司董事长袁镜身先生出任董事,一方面直接报请建设部萧桐副部长批准,将我从华森公司调至中国房地产开发公司任总建筑师兼海外总代表,同时留港出任这

陈世民,(见本书170页)。

间公司的经理。经过数月努力,公司终于获准在香港成立,定名为中国雕塑壁画艺术海外发展公司,并于1986年3月8日在港正式开业。

那时在港成立公司很不易,经历了很多曲折与困难,但也得到了各方的大力支持,不仅在国内报批过程中得到各方面的协助,在香港亦得到著名建筑师钟华楠先生、潘祖尧先生的关心,得到华森公司总经理程文生先生的帮助。

就在中雕公司开幕当天召开的董事会上,曹大澂、袁镜身、曾汉文、程文生和我畅谈起来,认为仅成立雕塑壁画艺术方面的公司,业务面太狭小,要在海外有大的发展很难,若成立设计公司,建筑先行,再有目的地放入雕塑壁画等艺术品势必对中雕公司的生存与经营有帮助,不如利用我在港多年、熟悉国外市场的优势,再成立一间设计公司,通过建筑设计带动雕塑公司的发展,拓宽雕塑公司的发展空间。经此一议,会议一致赞成再组建一间设计公司,并当场取名为华艺,即中华建筑艺术之意,与雕塑壁画艺术拥有相似的含义。华艺公司属中雕公司的子公司,就不必再办理一切申报手续。没有想到中雕公司首次董事会变成了华艺公司诞生的关键性决策会议。酝酿成立华艺的过程十分短促,好

华艺公司董事袁镜身与陈世民

似偶然,实则是长期构思的结果,可说是有它的必然性。

二、几位关键人物

促成华艺成立和我有关的关键人物有曾汉文、曹大澂和袁镜身先生以及钟华楠、程文生先生等。

袁镜身先生是一位忠诚的事业家和出色的建筑工作者,他1954年起便在建设部设计院担任院领导职务,直至80年代离休,历时30余年。尽管他并非科班建筑专业出身,但他热爱建筑设计事业,勤奋学习,认真钻研,早在60年代初就提出建筑师应注重自身的专业与道德修养,对年青干部善于引导,诲人不倦,平易近人,是一位建筑师们敬重的领导。我从1954年重庆建工学院毕业分配到设计院工作后受到袁先生的颇多教导,受益甚深,并成为我在建筑设计事业成长中的良师益友。改革开放后袁镜身先生十分重视国内外的技术交流,积极参与对海外的开拓,同建设部萧桐副部长、设计局阎子祥局长一起亲自策划并组建了中国与香港的首间设计公司——华森建筑设计与工程顾问公司,并担任董事长,率先组织中国建筑师走向海外,突破了中国设计领域多年来闭关自守、孤陋寡闻的局面,是中国建筑设计发展史上占据重要的一页。1980年袁镜身先生曾派我赴香港成为华森公司首批四位成员之一,也是改革开放后中国建筑师首次走向海外正式执业。因此袁镜身先生在应邀出任中雕公司董事后,根据派我在香港工作多年的情况,构思以我为核心,再次组建一间建筑设计公司,是他关注建筑设计事业走向海外的重要措施。

曹大澂先生是一位善于开拓进取的建筑工作者,曾在国家计委工作多年,后又担任建设部办公厅主任要职。认识曹大澂先生是1985年在广东蛇口的南海酒店工地。那时我是华森公司建筑师,正在主持设计由香港汇丰银行、招商局、美丽华集团与深圳

中国银行联合投资的中国首间五星级酒店，曹大澂先生随萧桐副部长考察工地，听取我们的设计汇报。当他看到我在设计中构想有大幅的壁画以及雕塑品，他十分热情地支持并立即组织专人来协助实施，加以实现。曹大澂先生艺术造诣很深，有很好的文学修养，思维敏捷，办事果断，给我留下了深刻的印象。因此，经我将曾汉文先生介绍给他，并提出我们有在香港推动中国的雕塑壁画艺术向海外发展的构想后，他立即认同并立即做出决策，克服甚多困难使中雕公司迅速在港问世。基于有南海酒店的经验，他一直希望寻求一种建筑师设计在先，雕塑壁画在后、配套的发展模式。因此在中雕公司基础上再成立华艺公司是完全符合曹大澂先生的发展模式的。没想到在南海酒店的偶然机会中结识曹大澂先生会导致后来成立华艺公司，更未想到1989年曹大澂先生不再担任中房公司总经理职务后，赴港专职担任华艺公司董事长。我们共事相处10余年，曹大澂先生对工作认真，讲求实效，为维护华艺公司发展，不拘传统，勇于开拓，尤其对我担任华艺公司总经理十分信任与支持，使我在经营和管理公司的过程中具有充分的主动性和发挥创造性的空间。我们相互搭配共事多年，实在难能可贵。

曾汉文先生是香港体育协会总干事，同时拥有绿园工艺设计公司，与香港著名建筑师钟华楠先生、潘祖尧先生是老朋友、老同学，因而对建筑设计事业并不陌生。当我们在80年底被派来香港组建华森公司时，即得到了他们的关心和照顾，互相成了好朋友。在当时香港大设计公司对我们不屑一顾的情况下，这几位的关照显得格外珍贵，这种关照表明了他们的爱国热忱，也传达了他们对中国建筑事业的深厚友情。曾汉文先生为人热情豪爽，勤于公事，有丰富的管理经验，在香港具有较广泛的社交面，自身酷爱园艺，曾在我主持设计的蛇口南海五星级酒店中，他通过投标承担了全部环境绿化工程的实施，具有良好信誉。他本人又爱好中国雕塑、绘画等形象艺术，因此在成立中雕公司的同时，利用我已有的建筑设计经验及建筑师身份，再成立华艺设计公司，他是十分赞成的，用他的话说就是"老早就想过这个问题"。华艺公司成立初期按照香港本地规划经营与管理，曾汉文先生对我担任公司总经理承担的经营管理业务给予了很多支持与帮助。

除上述三位当事人之外，积极支持成立华艺公司的尚有钟华楠先生。他是执业多年的资深建筑师，甚为关心中国建筑师走向海外的努力。我们每遇到设计难题都要向他请教。对于在港除华森公司之外，再组建一间设计公司他同样是十分支持的，后来在华艺业务发展过程中亦证实了这一点。此外，程文生先生由于担任华森公司总经理，负有海外开拓之责，加之又同属建设部领导之下，他对于组建这间公司也是十分赞同，并给予了很多帮助。他曾受袁镜身先生之托借支了近十万港币作为公司的开办费。

此外尚有侯文虎先生，他是中雕公司的副经理，创业过程中吃苦耐劳，对工作任劳任怨，精神感人。不仅协助华艺公司成立做了许多工作，而且在经营华艺公司初期协助我操办了许多人事、行政事务，是一位优秀的创业者。

三、组建华艺公司

决定成立华艺公司后，我便积极开展组建工作。首先是回到深圳找项目，以解决公司的生存问题。由于我曾在华森公司多年，当初在深圳承接蛇口南海酒店时，与深圳领导较熟悉。我找到副市长罗昌仁先生和规划局副局长郭丙豪先生。他们对筹组华艺公司很支持，并介绍了两个装修项目，即深圳金融中心里的工商银行和建设银行的大堂装修，郭先生帮我联系了两家银行的行长及具体业务负责人。这两个装修项目设计费共计人民币35万元，成了华艺公司的第一个创业工程。紧接着我在香港雇了两个装修设计人员，租了中雕公司楼下一间60来平方米的房间，以一个月3万多港币开销起家，开始了新的设计生涯。有了项目，有了设计费，公司就有了生机，有了生命力。根据我在华森公司的经验，香港是个高消费城市，不可能只把公司放在香港，必须在深圳建立相应的基地。于是，我又到深圳申请注册深圳的华艺公司。当时雕塑公司在深圳设立了一个办事处，由侯文虎先生主持，我就在雕塑公司旁边租了一间十五六平米的办公室，并从中房公司调来陆强和陈小寅两个年轻的建筑师，在深圳建立起一个班子，开展设计业务。深圳华艺公司的申请成立得到了李传芳副市长的支持，手续办得很快，同年8月份即注册完毕。为了节省开支，我们白天画图，晚上睡在桌子上。华艺公司就在这种艰苦的情况下，相继在香港、深圳开办起来并具备公司的雏形。

1986年6月26日，华艺设计顾问有限公司在香港召开首次董事会。出席董事有曹大澂、曾汉文和我三人。大家高兴地看到第一个装修设计工程35万元合约已签定，而银行行长及负责工程师均应邀到港进行了考察。与此同时，日本的服部明行先生与东海林洋子女士通过中国驻日大使馆介绍，正在邀请我们承担奈良文化村的设计业务，并且我作为中国房地产开发总公司海外总代表正在参与商谈将在西安投资兴建一间酒店的项目，其设计自然将由华艺公司来承担，看来前景比预计的要好，将有迅速扩大业务的可能性。因此在这次会议上，我们决定将华艺公司注册为有限公司。在首次董事会上提议曹大澂先生任董事长，曾汉文先生任副董事长，袁镜身先生和我为董事。袁镜身先生作为中国雕塑海外发展公司代表参与到华艺公司，由于袁先生主要在北京，长期不在香港，所以在香港注册时没有正式列上袁先生的名字，但袁镜身先生是华艺公司的首届董事。我同时任华艺公司总经理、总建筑师兼董事会秘书。

经过紧张的工作，1986年8月27日上午华艺公司召开第二次董事会议。会议上宣布华艺公司已于1986年8月5日正式注册，公司证书号为172844，商业登记证号为10A63191-000-08。会议决定推选曹大澂任董事长，曾汉文任副董事长，陈世民董事任总经理。会议授权曹大澂先生和曾汉文先生签署公司的股份证书，授权曾汉文先生和陈世民先生签署公司的合同文件和银行支票。华艺公司的注册地址为香港湾仔洛克道194～200号的东新商业中心五楼503室。公司通过金城银行香港分行开设往来帐户，并聘请郑阔成会计师事务所担任公司的会计师。根据当时的股份分配，曹大澂先生代表中房公司占45%，陈世民先生代表中房公司占35%，曾汉文先生占15%，袁镜身先生代表中雕公司占5%。公司正式在深圳设立了办事处。深圳办事处位于深圳罗湖区人民路国贸大厦对面的海丰苑2楼，与中雕公司深圳办事处一起办公、一起经营，由我与侯文虎先生负责。这是华艺在国内的第一代办公地点。华艺公司虽然在香港、深圳两边只有很小的一间办公室，两、三个人，规模甚小，但却是一间在海内外都有办事机构的真正境外设计公司，是完全新型的，没有国内大设计院的依托，也没有现成的章程、模式可以遵循。同时它也是一间在港深市场经济的大海中唯有完全依靠自身力量去开拓、去摸索前进的公司。

四、发展中的华艺

像任何新生事物一样，华艺公司在1986～1987年经历了它的艰苦创业时期，其间多亏承接了两个项目：其一是有500个房间的西安秦兴宾馆。由于我有设计南海酒店的经验，又代表中房公司与香港汉森投资公司合作发展此项目，出任董事副总经理，从而使秦兴宾馆设计较为主动，能够按照构想实施，方案及初步设计审批过程均较顺利。后来因资金原因未能实现。其二是日本奈良文化村。由于奈良日日新闻社服部明行先生和东海林洋子女士对中国甚为友好，将拟于奈良修建中国文化村，委托中房公司承建，并聘我任总设计师，后来并成为此项目的董事。文化村项目具有中、日两国文化交流重要意义，受到两国政府的重视，当时李鹏总理曾为之题词，同时它还是中国建筑师在日本首次开拓的大项目。设计中国文化村项目对于华艺公司的发展至关重要，它承托华艺公司度过了最艰难的生存期，扩大了队伍，站住了脚跟，也增强了我把建筑设计推向海外的勇气和信心。

1988~1989年为华艺公司稳定成长期。一方面倾注于海外的开拓，策划去日本、加拿大、美国、泰国建立分支机构，一方面面对国内压缩基建，深圳建设处于低潮的情况，我带领公司上下奋力拼搏，仍然通过投标，以及争取到业主对我设计经验的信任等原因，获得了十余个设计项目，其中有华都园大厦、深圳外贸中心、蛇口的高层住宅——三幢华采花园，以及32层9万多平米的天安国际大厦和位于加拿大蒙特利尔的枫华苑假日酒店。这段时期作为总经理及总建筑师，我还要经常去北京，定期参加中房公司的会议，参与公司的决策。我不得不成天穿梭于香港、深圳及加拿大、日本等地。这样就创造出一个三向的活动空间，并在飞行过程完成大量构思草图。这些项目使华艺公司获得稳定的成长期。

1991~1992年经济发展高潮时期，根据建设部领导的决定，1990年下半年，华艺公司改为属中国建筑工程总公司领导后，我们不失时机改革运行机制和经营管理，并将港深两地的办公地点迁移，扩充办公空间，按国际事务所模式健全规章制度，配备骨干，吸纳人才，并大力发展计算机辅助设计。为适应市场竞争需要，将工作重点转移到以国内市场为主，进一步通过竞争获得了60余万平方米的商业大厦、酒店以及住宅开发区等设计项目。同时注意与澳大利亚、加拿大等国外事务所合作，希望引进他们的设计与管理经验，并提高自身的设计能力。

1993~1995年随经济大环境变化，公司进入发展时期。由于有多年的信誉及实力，承接的项目超过30余项，并从深圳辐射到上海、南京、广州、大连、哈尔滨、长沙、天津、北海等地。项目规模之大、功能之齐全，要求之复杂，均超过前几年。同时，外国建筑设计事务所亦开始渗入中国市场，竞争之激烈程度亦甚过往年，如大连大世界商城、广州国际大酒店及天津鸿吉中心等都是在我提出构思及主持下，与外国事务所投标竞争中获得的。1995年深圳有4个大型投标项目，最终有3个由华艺公司中标。面临众多的发展性项目，促使我们的设计意识和管理意识都在向成熟阶段转化。公司效益也有了显著改善，人均年产值由初期的5万、10万，增加到40余万元，设计改革的经验也在国内设计行业中获得了重视，华艺公司开始有了自己的品牌效应。由于公司实施了健全的管理机制，完全按照股份制企业经营，因而公司在成立8周年之际完全上了一个新的台阶，建立起了一支有百余名员工的设计队伍，设计了110余项建筑，总建筑面积400余万平米，创收一个多亿，积累了产值4000余万元的固定资产，并自行投资发展了位于深圳市福田中心区的"华艺设计中心大厦"。

1996~2000年是公司的持续发展时期。国内房地产经历了浮躁膨胀期之后突然冷静下来，一方面大型公用项目、综合性大厦纷纷停建，另一方面投资重点转向以改善人居环境为主的住宅项目，使长期从事大型公用型项目为主的华艺公司突然措手不及。在这期间，国内一些主要的项目又在外国著名设计公司的追逐下，被外国建筑师抢占了市场。严

各界来宾祝贺华艺公司成立八周年

萧桐副部长、张恩树总经理前来祝贺华艺公司成立八周年

峻的设计环境曾使华艺公司走向困境。这期间公司又因董事长更换而引起不应有的动荡。外患与内忧使华艺公司面临了严峻的局面。为此，首先由中建总公司主管设计事务所的郭爱华副总经理出面向董事会及公司主要技术骨干正式讲明，并无改变公司领导层的意向，充分肯定我作为总经理在华艺的工作，华艺公司也需要在我主持下继续保持发展。第二、我们迅速作出决策，除继续完成好手上的赛格广场、发展银行等重点项目外，将公司目标转向以住宅设计为主，转向竞争不太激烈的内地市场。第三、调整管理机制，办几件实事：建立各级岗位责任制；挑选年轻、经过华艺多年锻炼的设计师到负责岗位上来，象早期参与创建华艺，至今仍在为华艺作出努力的盛烨、陆强、林毅等骨干亦相继走上了公司副总经理的管理岗位。实施按照岗位责任制提取奖金的分配机制；实施全体员工的1~3年聘用制。第四、随着香港企业大量向国内转移的大趋势，适时地将华艺香港公司向深圳转移，以节省开支、发挥效能。第五、随着对港深两地公司实施了统一管理并取得成效的基础上，从今年起过渡到将华艺公司组建为一个总部、三个分公司。一个总部即设于香港华艺设计顾问有限公司，三个分公司为华艺(香港)公司、华艺(深圳)公司及南京华艺公司。总部下设经营部、总设计师室及人事、财务和行政各部门。但总部各岗位的成员又都是香港、深圳、南京三个分公司的成员。因此总部是虚拟的机构，有管理三个分公司的职能及公司资产的决策与分配的权利，但又没有重复的管理人员和大量的开支。分公司按照总部的安排与分调，有一定的独立经营和管理的权限及核算范围。由于我们随着市场与项目转动，适时调整自身的经营与管理模式，并踏实地工作，使公司保持了持续发展，年实收产值由1996年的2500万元上升到1999年的3400万元，相继设计的大型住宅项目有：深圳南油海福苑、深圳百仕达花园、广州光大花园、南海市桂城A11住宅小区、深圳嘉汇新城、深圳蔡屋围商住大厦、深圳田园居、深圳美加广场、深圳和黄住宅区、天津万春花园、南海怡翠花园、深圳海怡苑、深圳万事达名苑二期、深圳京基广场、长春威尼斯花园、东莞浪琴花园、深圳海龙王广场、深圳植物公园小区、深圳银湖海王别墅、长春中山花园、深圳紫薇花园、广西和实家园、深圳中南花园、北京北广住宅小区、贵州雅典娜花园、青岛海滨住宅区等。投标中标率由1996年的30%提高到1999年的50%。有理由相信进入21世纪后，华艺公司仍能保持新的活力，坚持持续的发展。

华艺公司技术骨干合影

五、结论

1986年我提出成立华艺公司的申请报告中设想要在深港两地建立一间"精干、有效、能以国际水准提供服务的公司"。这个构想汇集了我在国内设计院工作30余年及在香港华森公司的体会和我在港工作的见闻，同时这个构想也成为我们经营、管理的原则。

一是公司必须精干。华艺公司自创建之日起，就选择了不办大设计院、不搞重叠管理机构的新路子。公司的领导既是管理者，亦是生产者、技术骨干，均身兼二职，始终把优良设计和善于经营业务放在首位；同时，仅聘用必不可少的一职多用的行政人员，确保公司没有闲人。

二是公司必须有效。一切工作要围绕设计项目转，项目是生命，一切讲求实效、成效、效率和效益。为确保有效，公司充分利用深圳这一改革开放土壤及香港先进技术与信息的两地优势沟通国内外。一司两地，适应不同的市场需求。同时内部确实按股份制企业自主经营，自负盈亏，遵守总经理负责制，保持公司有效运转。

三是能按国际水准提供服务。我们首先是服务，对业主、对市场、对社会、对国家服务，这种服务不是随意的。公司学习按照国外事务所的模式运作，设计成果深度乃至包装，均按国际通用做法结合国内规范和规定编制，尤其改变设计服务态度，尊重业主意愿，讲求经济效益。

15年来，华艺公司就是按照这种思路组建、发展，并在发展中不断完善。无论高潮、低潮、顺利、困难，公司始终保有一支精干、实效的队伍。在参照国外事务所经营模式的同时，结合国内的实际情况，不断改善、完善自身，按国际水准去提供服务，开拓自身的建筑思维、创造思维，改变我们工作的方式、方法及认识。多年来的事实证明，公司的架构是新型的，经营的见解和原则是清晰的。凡是坚持得较好的时期与项目，其设计过程都较为顺利，项目管理得有条理，作品也较有特色，公司发展亦比较健康；反之则困难重重，波折甚多。15年来的历程证实华艺公司成立是及时的，是抓住了机遇的；公司成立后精悍有效的经营方针、管理模式是正确的。今后在中国建筑总公司的关怀下，她将继续顺应市场，不断发展新思维，完善自身，以优良的设计、务实的作风，发挥深港两地优势，以保持持续的生存和发展，并在不断的前进、更新，在实践中成长壮大。

艰辛的跋涉者
——记先父刘致平

刘 进

先父刘致平教授生前的座右铭之一是:"实物第一,文献第二。必须由实物来肯定一切,来总结理论。"为此,他艰辛地跋涉了一生。

记得1940年,先父带着先母和我一起在四川广汉等地进行实地调查,搜集了大量第一手资料。

当时侵华日军经常对我国内地狂轰滥炸,有段时间几乎每个晴天都能听到警报声,其凄厉恐怖令我至今难忘。只要警报一响,就能听到孩子们的哭叫声,人们拿着家中细软扶老携幼,一起从城门中往外挤,奔向乡下疏散开躲避轰炸。记得一次正走在乡间小路上,见路旁有一弹坑,里面已躺着两三个人,其中一人冲我们喊道:"你们也快跳下来,世界上总不会有两颗炸弹落到同一个地方"。我们刚跳下去,就见敌机俯冲下来,炸弹就在离我们不远的地方爆炸,溅起的土落到我们一身。就是在这种情况下,先父带着对侵略者的满腔仇恨加紧工作。每次躲警报出城时,都必带上照相机、皮尺、笔记本等物。那时,老乡无论贫富都对城里来的逃难者热情接待,这时,先父往往递上名片请求主人让他看看整个住宅,甚至拍照测量。

那时我们搭乘的交通工具有纤夫拉的小木船、滑竿。主要是黄包车(骆驼祥子拉的那种)但都破旧不堪,甚至轮子上的车条有的还用两三根木棍代替。经常需要半途修理,有时甚至要修很长时间才成。这样,就得摸黑赶路。记得一次好象是在彭山附近,那路一面是悬崖,一面是峭壁。此时夜幕里隐约可见远近的奇峰异峦非但不美,反而象一个个狰狞的巨物,没完没了穿行其间实在可怕,我被吓哭了。车夫立即制止道:"莫哭!莫哭!当心引来'棒客'(土匪)"真是连哭都不能出声。

有时只能在山村小店就餐。记得一次,黄包车刚停下来,我见小馆中有一张张"黑色"的餐桌,立刻跑过去,只听"轰!"的一声,无数只苍蝇飞起,桌面变回木本色。餐具当然很脏(因当地挑水难),父亲拿出营造学社发给出差人员的酒精棉盒,用酒精棉擦餐具,棉花马上变黑。饭是所谓红苕饭,即把红薯切成丁和糙米一起煮的。菜只有肮脏酸臭的泡菜。实在令人难以举筷。

随先父调查四川不少地方后,总算到了营造学社所在地——南溪李庄。那是一个十分偏僻落后的小村镇,生活之艰苦已多次见诸笔端,不再赘述。只想介绍那里的小油灯。它是由一个饭碗粗的竹筒做的,筒上放有一个小铁碗内装油和几根灯芯草。每根灯芯草发出的小亮,光只比黄豆稍大一点点,真可谓是"一灯如豆"。糟糕的是它没有玻璃灯罩,离灯稍远一点就暗得看不清字。离近则一不小心就把头发烧着,"唰"一声,一股焦味冒出,我们当时戏称为"烫头发"。先父就是在这种情况下,给他当时兼课的同济大学编写讲义。有的已编印在他的专著《中国建筑类型及结构》中。

抗战胜利后,梁思成先生将营造学社并入清华大学,创办了营建系。先父趁编写讲义之机,将多年来的调查资料分析研究整理成书。同时仍不断争取调查古建筑,以便获得更多的第一手资料。

例如:先父在1951年《雁北文物勘查团报告》中曾写道:"晨五时许即起床,候大车,在八时始离代县,县政府派公安员两人护送到台怀渡滹沱河,遇微雨,午到聂营。由区政府代雇毛骡十口,候骡三小时,乘隙视察元代建筑报恩寺大殿(在聂营街上),三时许过峨口进山,原定当晚赶到岩头。半途遇暴雨,阻於南磨滩,宿小店……因山洪未退,到十时许出发,沿途涉水十余次,下午二时十分到岩头,遇雨,打尖,冒雨行十三里,渡河数次,六时抵朗家村,宿小店,衣履尽湿。"就在这穷山恶

刘致平,见本书第144页。
刘进(1935~),刘致平女儿。

水中跋涉，先父心情却很好，曾写道："见到我国许多古建筑之珍品，应视为国宝!"

再如：60年代初，先父去新疆调查伊斯兰教建筑。同行的高级建筑师韩嘉桐先生曾就此撰文道："当时新疆交通不便，各方面条件均较差。记得从兰州西行不远就由火车改乘长途布篷大货车……忽一日半路起了巨风，天一下子黑了下来，飞砂走石把汽车驾驶室的玻璃都打碎了，上不着村，下不着店，司机说，只能前进。天快黑了才遇到路边有几间土房的一个小站，大家挤进店家搭的简易帐篷内。在饥寒交迫时，先生却情绪饱满地给大家讲故事说：古代打仗偷袭敌营就是这样摸黑安营扎寨……

"为了寻古，有时还专找荒郊无人之地，为了搜集元代一座名为吐虎鲁克玛扎(维语古墓)先生带我们长途跋涉终于将残迹收集回来。……在喀什每日坚持亲自到郊外阿巴和加陵墓(即历史上有名的香妃墓)测绘，爬到寺顶去观察照像，在短短的几个月内几乎跑遍了新疆各个礼拜寺和教堂，收集了大量珍贵资料。"

先父为亲自获取第一手资料，甚至多次不顾自身安危。例如，山西应县佛官寺内释迦塔，系辽清宁二年(公元1056年)所建。由地面到塔尖总高约67.31米。那古建筑的栋梁上尘埃厚积，蛛网遍布。他亲自攀爬照像，没有任何保险装置，稍有不慎，直跌下来将不堪设想。当地文化部门见他年事较高，为他配备了摄影师，他却将人家置于一旁。事后我批评他不该如此，他立即反驳道："是我做学问还是他做学问?!做学问就必须亲自去掌握第一手资料。"

再如：在新疆为探明喀什附近的一座石窟——库木吐拉千佛洞。要踏过一条湍急的河流。当他到河边时已是下午，当地老乡告诉他这条河到不了傍晚就会猛涨到没顶深，太危险，劝他不要过河。但他搜寻资料心切，毅然过河。回来时水已涨到齐腰深，全身几乎尽湿。却风趣地说："险遭灭顶之

70年代刘致平摄于湖北随县

灾，我真命大!"

最难得的是先父在这漫长艰辛地跋涉中，不以为苦，只为能获得大量的第一手资料而兴奋不已，追求不息。

更有甚者，在"文革"中正要开他的批判会时，"主角"突然失踪——先父去西直门拆城门工地，看元代和义门城门。他认为，这机会难得!

先父搜集资料著书立说是有其特色的。关于这点，建筑界一些专家学者如吴良镛、傅熹年、王世仁等诸先生均著文予以详述，现摘录如下：

他"研究中国建筑多能独具慧眼，结合创作需要，发掘传统建筑中可资借鉴的部分。"

"他始终紧紧把握着以建筑师的眼光，从建筑

创作的角度去认识古建筑，研究历史的目的是为当前创作服务。这一点不仅在当时具有开创性，在今天仍有启示性。"

"刘先生的学术研究有其独自的开创性。"他也是"对中国建筑类型研究的拓荒者。"

"他在学术上独树一帜。"

这些特点贯穿着他所有著作。如：

《中国建筑设计参考图集》与梁思成先生合著。共10集。每人5集；

《中国建筑类型及结构》。

以上两部著作，英国李约瑟博士在其《中国科学技术史》中，皆予以高度评价。

《中国伊斯兰教建筑》先父对此情有独钟，他从30年代起即开始此项调查。书中共有200多座伊斯兰教建筑，几乎概括了该建筑类型的主要实例。

《中国居住建筑简史》（由其高足古建专家王明增补）。马丹、谢吾同称它"叙述了中国居住建筑的发展过程及各地区居住建筑的类型，为后来研究者奠定了坚实的基础。"

他多篇论文在此不一一例举。

先父生前在日记本扉页上写着古人的一句话——"文不贵多，当有益于天下！"也视其为座右铭。回顾他艰辛跋涉的一生，是否做到这点，相信业内人士自有公论。

50年代摄于清华大学，左二刘致平

童年琐忆

刘 进

我的童年是随先父刘致平教授在四川李庄中国营造学社度过的。李庄是长江上游的一个偏僻的山村。时值抗战，为躲避敌机轰炸，一些科研机关及学校，如当时的中央研究院历史语言研究所、中央博物院和同济大学等都内迁至此。大后方的主要珍贵文物皆存于此，并有大量藏书，学术气氛甚浓。住在李庄的著名学者有梁思成、傅斯年、梁思永、李济、曾昭燏、石璋如、高晓梅、龙庆忠、唐哲……真可谓是精英荟萃。

当时，物质生活条件苦到近乎原始，营造学社用房是租地主张乔英的。自己翻修改建成10余间平房，纸窗小油灯，十分简陋。

尽管四川盛产油漆，质优价廉，全社所有一切木器家俱都是找木匠打制的，不施油漆。当时，学社的经费是由国内外学术团体和个人赞助的，因此，大家都不肯浪费一分钱，办任何事情都尽量节省。

洗照片

最初几年，在李庄镇上没有照相馆。营造学社拍摄的古建筑照片都是自己冲洗。为此还专门建有一间1平米多的暗室。由于木板门漏光，只能夜间使用。因为没夜光表，冲洗时间的掌握，靠我在门口看表报时。让我蹲在地上面对小油灯，用背挡风以免它被吹灭。我再努力遮挡那点可怜的光亮也是摇摇晃晃的，我生怕它灭了，紧张地盯着手中的怀表报时。那情景至今难忘。

汇刊印制

《中国营造学社汇刊》有两期是在李庄出版的，是石印版本。镇上有家小石印社，有一块比两屉桌稍小的石头，表面光滑，上写一页要印的内容，因需印多册，每印完一页就有两大捆。有时由我和罗哲文各抱一捆从田间小路走回学社。印完后，社内所有的人都参加折页，上自林老太太（林徽因之母）下至念小学的我。然后也是由学社的人自己装订成册。汇刊印出后，伙房为大家包饺子，聚餐庆贺。

同济的新闻大字报

人们对战局十分关切，可报纸是隔几天才能从重庆运来一捆。幸好同济大学在镇上设有学生自治会办公室，在它旁边沿街墙上贴有大字报，内容全是记录下来的新华社广播的新闻。学社同仁们下班后常常步行数里去看同济的新闻大字报。

扑克牌

在李庄文娱活动实在少得可怜，不记得是谁想到自制扑克牌。由我把先父不用的名片从家中偷出来，交罗哲文制作，他还在牌上顺便做了只有我们两人知道的暗记，以便赢牌。当然这也只敢在节假日玩玩。过年时，大家正玩得开心，梁先生也来了，站在我们背后看了一会就说："小罗这牌有'鬼'。过年了，我送你们个礼物。"立即回家拿来一副他从重庆买回来的真扑克牌，大家如获至宝。

捉迷藏

一天，我们一帮孩子在院内玩捉迷藏，轮到我被蒙上眼睛捉人，半天也捉不到，我正着急，总算抓着一个，赶紧按规矩打他三下，没想到周围一阵哄笑。我马上扯下蒙眼布一看，糟了！是梁先生。我尴尬得不知所措。他却笑着说："好！我和你们玩一盘。"

水枪被禁用

刘进，见本书第180页。

罗哲文初到营造学社时，给梁从诫和我用竹筒各做了一支水枪，枪身还雕了精美的花纹。这在当时是难得的可心玩具。我们两人有空就打盆水在院中打水枪。有一天正玩得开心，忽从背后传来梁先生的怒斥声："你们这是干什么?!水是工友从外面辛辛苦苦挑来的，你们却给玩掉，再也不许玩水枪！"

深夜护理病人

有一年夏天，罗哲文突患中耳炎，高烧多日不退，当时没有消炎药。梁先生和周围的人都十分焦急。白天由先母带我去罗的房间照顾他。夜里怎么办?梁先生亲自半夜去为罗哲文测体温，喂退烧药。

赞助工友伍某入学

营造学社院内，每到夜晚总是静悄悄的，只有远处偶尔传来几声狗叫。但每扇纸窗上都透出微弱的灯光。由於院内这浓郁的学习气氛，使得工友们晚上也拿起了书本。(梁先生严禁他们晚上外出)。工友伍某是一位年轻农民，小学毕业，他用晚上时间自学升学指导，考上了南溪师范学校。但经济问题无法解决。梁先生带头解囊相助，并送他一条棉被和一些旧衣物，院内同仁也纷纷赠钱赠物。伍某走时，大家都到大门口相送。只见他背着一个大大的包袱向梁先生等人深深鞠躬致谢，眼里含着泪水离开了学社。今天，他在哪里？

另一工友张某也是自学成才。现在台北故宫博物馆工作。

走后门

一天我放学回来，只见院内有一衣衫褴褛的老妇人和一瘦弱的小伙子，他们正在同梁先生谈话，不停地千恩万谢，还要给梁先生下跪磕头，梁先生赶紧拦住。这两人我从没见过，不是住在附近的。我好奇，去伙房问工友。才知这老妇人守寡多年，只此一子，相依为命。但这儿子被抓了壮丁，她哭得死去活来，惊动四邻。有位聪明人建议她找梁先生帮忙。於是就出现我前面所见的一幕。这在今天就算是走后门吧！走梁先生这后门能得到什么呢？

新年设宴

那时，常有兵匪相通的事。为此，必须与当地驻军搞好关系，以保安全。那里又有"会年茶"的习俗，即过年要设宴请客。于是，过年时就由梁先生出面代表学社宴请当地驻军的大小军官和军官夫人。给我的任务是在大门口看住学社的爱犬"小黑"，别咬伤客人。我看着那些从滑竿上下来的"夫人"(实为下等妓女)，妖艳粗俗，令人作呕。那些所谓军官又是些什么人呢？其中一位指着学社办公室内摆放的《康熙字典》，竟然问道："请问编康熙字典的这位康熙先生还活着吗？"就是这样一帮人！身为梁任公之子、海内外的知名学者梁先生也不得不向其俯就……

漂亮的小床

在我的记忆中，建筑学家林徽因先生的形象是非常高贵完美的。她好象随时都可把美洒向世间。记得当时她家有一张木床不好用，又舍不得扔掉。于是她想到改小给我用。她亲自定出了长、宽、高的尺寸，让木匠改制。小床做成后放在院中，人人喜欢，好看舒适。工友张某来喊我："刘小姐，内老板(当时人们背后都这样称呼她)给你个好礼物，快去谢谢！"

准确的上班铃

在李庄每当早上八点上班时，学社大门口总会出现一位拿着手杖的年长学者。他也总是穿着一件蓝色中式长衫，洗得十分干净且已磨得有些发白。胸前佩带着一枚三角形蓝色的营造学社徽章——这就是刘敦桢先生，人称大刘公。由於他日复一日准确守时，故而工友只要见到他到来，不再看表就立刻打上班铃。有时工友手中有活顾不上就喊我："刘小姐，大刘公来了!快帮我打上班铃!"

人们将他视为时钟。

我家漂亮的纸窗

当时我家住在学社院内最西头一间，窗纸易破。先父就拿没用的彩色打字纸剪些大小不等的树叶。然后由先母视窗纸破洞的大小陆续贴补上。时间长了那一面墙的纸窗上(是陈明达设计的，不是一般农家小窗)有着大小不同、距离不等、色彩各异的树叶，很美！

夜猫子

刚刚去世的莫宗江先生的住房仅与我家隔一薄墙，墙角有一猫洞。他每晚都在小油灯旁读书到深夜。陪伴他的是浓茶和天府花生。有时我半夜被房东家洗麻将牌的声音吵醒，从猫洞中我还能见到莫公屋内的微弱灯光。常年如此，先母喊他"夜猫子"。他从初中一年级离开学校直到后来走上清华大学的讲台，成为建筑系的教授。这期间他付出了常人难及的艰辛。

能工巧匠

莫公还是一个很有生活情趣的人。曾独自制做了一把小提琴。从亲自选购木料直到一次次调弦。有时累得汗流夹背，有时久久地苦皱眉头。经过几个月的努力竟制成一把满好的小提琴。曾在中央研究院举办的新年联欢会上亮相。

他不仅能涉足高雅艺术，还能巧补袜子，即把同样颜色的袜子多买两双，先破的就拆成线，再在院中将两股线的一头固定在椅子上，自己蹲在远处将其拧成一股，很费劲。如我不慎将其碰断，他就冲我发火。最后一道工序是用圆形的海绵盒垫在袜子破处织补。确实织得不错。他曾对我说："这是梁先生教我的手艺。"

大树的奇异功能

营造学社院内大门旁有株老树，树干很粗。喜欢作诗的卢绳先生(绰号卢大老师，后为天大教授，已故)竟然想出将其诗作贴在树干上供人欣赏，很受欢迎。他古典文学造诣颇深，经常操着他那天生有些沙哑的声音满口之乎者也。常即兴赋诗，有天傍晚梁从诫和我在院中弹玻璃珠子玩，卢大老师在一旁微笑地看着我们，口中念念有词："早打珠，晚打珠，日日打珠不读书……"过了一会儿，他回房间拿出纸笔一挥而就地写了首很长的打油诗，又贴到树干上。把我们戏弄了一番。

一贯瘦弱的叶仲玑先生(后为重庆建工学院建筑系主任，已故)也在树干上贴了一张纸条，幽默地写道："出卖老不胖……"大树有如此功用，恐世间罕见。

以上这些营造学社前辈们立身行事的点点滴滴，不知何故总是让我难以忘怀。

2000年5月

心声

蔡镇钰

故乡、童年和对大自然的感受永远唤起我最美好的回忆和遐想……

夏 夜

月亮升起,倒影在小河里闪耀,
大地泻满了银色的柔光。
小河泛起粼粼波光,
夜风来了,风掠过树梢,
榆树叶籁籁地发响,
光影摇曳,空气里散发着夜的幽香。
老裁缝开始讲述着动听的故事,
当心啊!月光下照黑的皮肤是不会褪色的!
孩子们瑟缩地躲避着月光,却又贪恋着动人的传说。
夜深了,夜风四起,掠过树梢,
榆树叶籁籁发响,
光影摇曳,空气里散发着夏夜的幽香。
老裁缝依然讲着动人的故事,
孩子们在月光下带着夏夜的幻想,
悄然进入了银色的梦乡!

1997年6月

桂 花

我家小院内有两株高大的桂花树,
中秋时分,满院金黄色的桂花散发着浓郁的清香。
金色的花雨,悄悄地洒在假山上,盖在花坛上……
满院飘香的小院是我童年金色的梦!
如今,桂花树在悠悠岁月中已悄然枯落,
那满院桂花,却依然在我的记忆中和梦里!

那洒满桂花的假山,
那飘着浓郁桂花幽香的金色小院,
我童年时代金色的梦!

1997年8月

(作者注:我家住在江苏省常熟市大榆树头)

静

当下起漫天鹅毛大雪的时候,
大地彷佛披着银色的盛装。
风飘洒着雪花,
雪无声地冉冉落下,轻轻地抚摸着大地,
空气湿润而又清新。
我聆听和感受着这宁静的气息……
远处的田野、树木和山岗,
都沉浸在一片雪白晶莹的世界里。
俄罗斯的原野,广袤、深厚,洁白无瑕一望无垠地伸展着……
白桦树开满了银花,更动人地闪耀着它的光华……
风越来越大,雪漫天而下。
大地显得越来越静……
什么都在眼前消失,只乘下这白茫茫和静悄悄的银色世界。

1997年11月

(小诗写于1997年冬在白俄罗斯明斯克参加电视塔方案国际竞赛的日子里)

蔡镇钰(1936~),1956年毕业于南京工学院建筑系,1959年赴莫斯科建筑学院留学,1963年获建筑学博士学位,1994年被建设部授予勘察设计建筑大师称号,现任上海现代建筑设计(集团)公司资深总建筑师。

我的人生旅程

朱祖明

唐诗、山水、逃难、广西

每个人的家庭背景、生长时代、地方、民族的影响，多多少少都反映在他的思想行为上，父母亲在我幼小、青春时期都深深影响了我，小时候我在广东、广西渡过。父亲朱瑞元（静之）身为地方官，一贯清廉。而母亲李瑞珍在相夫教子、传家之外，又得外出工作，她在曲江时创办了秋瑾小学，在广州任32小学校长。在港澳时又创办了培德、培根小学，克勤克俭，终其一生。在抗战期间因父亲远赴重庆，母亲带着我们七兄弟姊妹逃到广西融县北边与苗族只有一山之隔的"遥埠"避难。当时生活艰苦境况堪虑，但母亲利用她在广州师范学院毕业的教育精神，在风光明媚山水秀丽的偏远乡下，每日要我们熟背唐诗三百首中一首，并从诗中灌输民族情感、历史故事、做人道理和诗人对人世间变迁的境遇及河山壮丽的感触。这些都深深影响了我幼小的心灵，也一直萦绕在我脑海深处直到今天。

中、小学时期：广东、广州培正

避难困苦的小学时期大部分在不同的学校度过，小学2年级(6岁)时就住宿在广西抗日名将张发奎办的第四军子弟学校、柳州的大桥志锐中小学。其后搬到曲江十里亭的学校，抗日胜利后就读广州的第18小学。这段时间因为国家不安所学不多。只记得当时看了不少连环图画及小说如三国演义、封神榜、水浒传、红楼梦等。当时也参加了童子军，并很崇拜孙中山先生的为人及其伟大计划，自己也很想做一个伟大人物。

到了抗日胜利回到广州后，父母亲才送我入了有名的私立培正中学就读，也开始了我对美好环境的体验与追求。因为这所学校是与美国美以美浸信会合作的学校，校舍也都由世界各地华侨捐赠，诸如美洲堂、澳洲堂、古巴堂等。而在教室教学安排上又有很多专业教育如物理、化学实验、地理、音乐、青年会等，当时的老师都是名噪一时学有专长者，同时更有宗教课程由美国人白占士牧师用中文讲授，因此在我经历了不少困难环境后，有机会进入一个有世界观而多采多姿的学习生活环境，加上住校，同学中也有不少华侨子弟，耳濡目染增加了不少见闻。每当到了晚上十时，万籁俱寂的校园内必定播放两首世界名曲小夜曲及Ava Maria后才熄灯就寝，听着那远远传来的此曲只应天上有，地上难有几回闻的天使之音，渐渐坠入梦乡。那种景象及生活方式，今天回忆起来真是何其美妙。

记得当时令我最着迷的一科是地理，因为有专属教室，墙上都挂满了很多地图及风土文物，而我每次都借着课业的研究与要求，有很多的地图着色及绘制，并想像正在神游世界各地，山川、河流、城市、乡村都在笔尖下自由遨翔，加上林天慰老师的教导，更增加了对世界事物的兴趣，影响至今，收集地图及研究各地风土人情及建筑物仍然是我的最爱。

香港之旅：文明初探

在初中二年级时，偶然与母亲及其好友雷丽琼姨两家人，由广州去香港旅行，住在九龙尖沙嘴二楼有大阳台的友人家。第一次从物质极端缺乏，建设混乱落后的地区，踏上样样都比我们先进的地方，看到了香港城市建设，看到了天星码头及小渡轮优雅诗意般的渡海方式，街道整洁、灯火通明、商业发达、交通完善及多样化、建筑物十分讲究。公园绿地广场城市规划都井井有条，配合那天然海水碧绿美丽的海港，对我是一次冲击很大的难以忘怀之旅，自此之后才开始觉得文明进步的可爱。

台湾时期：板中、成大

好不容易在广州渡过了四年平静安定的日子，

朱祖明(1936~)，台湾著名建筑师、中华全球建筑学人交流协会秘书长。

又读完了广州培正初三课程。之后随全家转入了香港培正高中，在短短住港的一年半后，离开不易适应的殖民地生活，到了台湾，又开始了生命中另外一段生活。

转入板桥中学高二下学期后，因为家住台北中和乡水源路的三家村，每日清晨及放学，风雨无阻的骑着脚踏车在田野中间铺满卵石的道路上来回，一年半后(1953年)考入台南工学院，现称为成功大学的土木系，但却误打正着，入了成大，才知道有一个全国唯一又可以学工程，又可以学美学的建筑工程系，几经努力读完土木系二年级后转入了建筑系。正式变为建筑系二年级学生后，一时心情大快，似乎找到了人生一个最渴求的方向。开始了我在建筑领域中的丰富之旅，也开始了探索人类居住环境之理想美境。心想原来自己所喜欢的艺术美境也可以融入在未来的行业中，这是多么快乐的事!

当时，系里图画及资料都很缺乏，我记得有很多图片资料都是用蓝印纸印的，资料不多，但我们都把它当成宝贝。系里教师及学生不多，但和谐相处像一个大家庭，上下年级同学都互相照顾。因为系馆不大，是一座二层围中庭的四合院建筑，所有教室图书馆都距离很近，见面很容易，走动也方便，因此更加强了系里同学师长们的向心力。当时的系主任是朱尊谊，设计教授如金长铭、王济昌、叶树源、贺陈词等，助教如李济煌、方汝镇等都非常投入，美术老师如郭柏川的炭笔素描，马电飞的水彩课程都是大家很喜爱的，在这种有利的条件下，师长同学间的互相鼓励及引导，我开始了解：

美：是有道可寻

哲学：是与建筑分不开

经验：是必须的也是成长的过程

真善美：是目的，而结合了工程、生活理想，是美的实现。

经过了三年的建筑系薰陶，在充满了希望及探索的心情下毕业了。建筑大师密斯(Mies Van der Rohe)把东方哲学里的"Less is More"观念，一变成为他的主要建筑理念进而发展成为一套伟大的建筑运动，影响了世界，也深深打动了我的心，开启了我对老子哲学及中国文化的重新探寻之旅。

留学美国

1958年冬天到了美国，先到Utah再转入了纽约州北部一所很老资格的任色列理工学院(Rensselaer Polytechnic Institute，简称R.P.I.)，就读建筑研究所课程，利用了两年的时间去反省及消化在大学时期的所学所知，发觉在设计理论及方法上，以前所了解的都停留在"知其然，而不知其所以然"，于是开始尝试探寻。在理论上，在"美的原则"里下了不少功夫，在"方法"里，希望利用各类建筑作为旁征博引来寻求方法。幸好碰上一位Mochon教授热心引导下，我深入了解建筑群体空间之组成及其产生的空间变化的原因，进而学到了空间组成的基本要件因素与方法。

这对我来说是找到了空间理论及方法上的一大突破，有如大梦初醒，开始悟解到历史上及现代大师们的手法及其所产生的效果。"知其所以然"原来是如此美妙，因此就开始深信各种动人的建筑或自然景物都必定是经过这种阶段，在必然或偶然的安排中就产生了可预期的效果。无论是王公贵族、文人雅士，或者是凡夫走卒，大自然背后的力量，只要有心、有方法，都可以产生有意义的空间(图5)，而这些空间的组成都是包容性强的一种功用，显示在较大的空间边缘实体如房屋、树木、山林间所围成的广场，四合院、中庭、内庭院等容易觉察到的空间。又如墙与墙间之隔间；山丘间之平原及高山间之峡谷；湖泊(图7)、陆地间的海洋，两岸间之河流、溪流。而较细致的空间则如伸出两手间之包容性，人与人间之拥抱，而面部肌肉间收缩的微笑，家具间之安排合适性，都是经过某种安排布局后所

产生的感觉,被围绕、包容;千变万化,因地、人、情况与意愿不同,而有差异,但只要知道它的形成因素及合成效果,就不难"知其所以然"了。至于美的原则,正如老子哲学中说的,有可变的、有不可变的,合乎常道的就是"道"。因此我引用了西方美学观,加上唐诗内词句的分析,合并了东西方对美学的一贯性及共通性,并融合了老子的阴阳论及自己所了解的空间感情论(图7)引申为一篇美学论文,其中申述了美学理论中的变化与和谐、统一、韵律、深度、对比而引起人类情感的变化的关系,最后以安排得当,空间之进展性作为手法来说明赖特(图1)(图2)(图3)、密斯(图4)、路易斯·康、阿尔托(Alvar Aalto)(图6)(图8)等大师的作品,获得了老师们非常大的共鸣,因此,在论文设计亦以"中国社区学院"计划作为尝试,并在1961年初就顺利毕业了。

忆杨、童二师

汪正章

50年代，我在南京工学院建筑系读书时，系主任是杨廷宝教授。那时，杨老除担负系主任重任外，还兼多项社会职务，公务繁忙，外事活动频繁，故而亲自给我们上课的机会不多。

我记得的有两次：一次是四年级的中心区建筑群规划设计，一次是1958年杭州歌剧院设计，有幸得杨老指导，聆听其教诲。

杨老给学生改图，完全是启发式的。课堂上，一次次地给你提出问题，引导你思考琢磨，促使你自己修改设计。有时满意地点点头，有时又直接指出设计中的不足，"可以这样，也可以那样"地引导你多方探索。就这样，快近方案定稿时，他认为已经水到渠成，便毫不犹豫地为你用软性铅笔蒙画一张定案性的徒手草图。那似直又曲、刚柔相济的流畅线条，那挥洒自如的运笔姿势，那胸有成竹的徒手效果，至今使我赞叹不已，真有"高山仰止，景行行止"之感。应当说，杨老亲自给我上课改图就这一次，而且在整个指导设计的几周时间里，也仅此一次动手帮你加工润色。这是多么难得、多么宝贵的一次"润色"啊！

如果说杨老的这次指导改图使我受益匪浅、记忆犹新，那么，在我做杭州歌剧院方案时他所提的宝贵意见，则无异于一次忠告了。

我们临近毕业设计之前那一学期，系里组织同学们分别参加了诸如北京火车站、杭州歌剧院和芜湖长江大桥桥头堡等重大工程项目的建筑设计。我很有兴致地为杭州歌剧院做了一个方案。一天，杨老走到我的绘图桌面前，看了又看，停顿了一会，指着我画的剧院透视图说："你这是受北京火车站方案设计的影响吧，要注意，不要把它搞成第二个北京站哟！"他指的是我设计图中，那两个左右对称的竖塔处理，在构图格局上和刚刚设计完成的北京火车站有些相似。杨老说话的态度虽然温和，但语气却相当肯定，和蔼中透出严厉。我只感到一种失策，脸上火辣辣的，可惜当时并未真正领会个中滋味。只是到后来，我毕业后走上工作岗位，从事设计创作和建筑教学多了，才逐渐加深了我对杨老这话的理解。

搞建筑设计和方案构思，当然离不开学习前人、别人和周围外界的一些好东西，对初学者来说甚至有点模仿也不可避免。问题在于必须从自己的创作对象出发，因时因地，学人之长，融于自己，而不能简单地因袭别人。根据一定的条件和环境进行建筑创作，这是杨老一贯的设计思想。所谓"学我者生，似我者死"。杨老和白石老人的艺术创作理念完全相通。然而在实际建筑创作中，那种"似我者死"的现象，不是相当普遍地存在吗？君不见，1959年当包括北京火车站在内的"十大建筑"建成以后，全国有不少地方不是东施效颦，邯郸学步，出现了一些类"似"人大会堂、北京火车站那样的建筑形象吗？在80年代，那种"似我者死"的僵化思想，更是变本加厉，滋生蔓延，终于一度导致了建筑上可怕的"千篇一律。"回头看，这一切又真是不幸被杨老所言中。今天，我们应当怎样看待他早在50年代所发出的"不要搞成第二个……"的告诫呢？

童寯老师和杨老两人先后求学于美国宾夕法尼亚大学建筑系，师从鲍尔·克瑞，回国后又长期交往共事，携手执教。但在学术思想上，建筑创作风格上，他们究竟有些什么不同，童杨二老各有什么特点呢？不知怎的，这在当年曾一度引起了同学们的兴趣。

大家知道，比较一下杨老和童老的设计作品，

杨廷宝，见本书第6页。
童寯，见本书第6页。
汪正章(1937~)，现任合肥工业大学教授。

可以看出：前者多洗炼凝重、雅致质朴，后者多刚健清新、构思独特。照今日的说法，前者似正统的理性主义、现实主义成分居多，后者则在理性中透出浪漫，现实中寄寓理想。甚至连他们各自为自家设计的小住宅，也都显出某种差异：一个讲求实用，显得简朴平和；一个信手作来，追求朴野，连那木架、椽条、砖块和毛石墙都被童老袒露在自己客厅那小小的三度空间里，别有一翻情趣。值得一提的是，童老在指导我们小住宅设计时，还与众不同地要求把主要入口设在靠近厨房一侧，说这样做"便于家庭主妇或保姆佣人对住宅内外的观察照应。"

应当说，我们当年对童老和杨老学术个性差异的认识还非常朦胧，只是多少有些感性认识。有一次趁童老在教室时，我们终于直截了当地问他："童先生，您能讲一讲您和杨先生在设计观点上有什么不同之处吗？"那知他竟毫不迟疑地答道："我和杨先生一个师傅下山，一脉相连，走的是一条路子！"他一口气说了三个"一"字，神情专注而严肃。我们也未再说什么。直到20年后，我因公重返母系，在系馆底层的图书期刊室里再次见到童老的时候，才又想起他多年前给我们说的他和杨老"一脉相连"的那段话。

那是1978年的深秋，我和合肥工大另外两位老师同去母系请教有关建筑学专业恢复招生的事。在那间书刊室里，我一眼便看见童老倚桌而坐，正在全神贯注地翻阅外文杂志。我向他请教问题，他言简意赅地作了回答。当听说我是合肥来的，他突然想起了什么，单刀直入地向我说道："听杨先生讲，你们那里有人要把中国科技大学校址迁到一个什么岛上，离城很远，另起炉灶，那不行呵，不能那么做！还是就地发展好！"他说的"就地"，是指利用合肥城区原有一所院校旧址去就地发展、就地规划，这样不但方便建设、方便使用，投资也省。这是杨老应邀来合肥所提出和坚持的正确主张，童老虽然没来合肥，但看得出他和杨老一拍即合，非常关心、赞同和支持杨老的意见。那连珠炮似的几个"不"字——"不行"、"不能"——不是把这位平时多沉默寡言的老人的心声和盘托出了吗？

我们从中看到了什么呢？看到了杨老、童老为国家建设和人民事业敢于坚持真理、坚持原则的高度责任感和使命感，看到了他们经纬分明、刚直不阿的职业道德和职业精神，也看到了他们在重大建筑问题上高屋见瓴、志同道合的"一脉相连"。值得他们兴慰的是，当地领导同志最终采纳了科大校园"就地发展"的正确意见，这早已被历史的事实所证明。

杨廷宝教授有一句平凡而又脍炙人口的名言："处处留心皆学问。"

如果说，在南工建筑系学习的五年中，课堂教学曾使我们受益匪浅，那么，现场参观作为一种教学实践，同样使我们大受裨益。可谓："看了一个好建筑，胜读一本好诗书。"1959年5月我们去北京毕业实习，当参观了杨老在京的大作和平宾馆之后，便使我产生了这种感觉。它特别使我领教了有关建筑空间处理的"学问"，体验到空间艺术的魅力，真好比读了一本三度乃至四度空间的"好诗书"。

首先使我难忘的是这一宾馆门厅空间的巧妙处理。门厅不高，却舒展流畅，亲切宜人；面积不大，却安排紧凑，各得其所。其尺度和形式，既表达了家庭般的亲切感，又表达了公共建筑应有的气派。门厅里，那接待处、服务台、衣帽间、小卖部、电梯间及休息厅等，都能结合平面布置和结构柱网，安排得明确合理，有序而又变化，开敞而不空荡。尤其令我难忘的，是迎面进厅深处那开敞式楼梯，它正面上升数步，光线通过一个精心安排的窗口倾洒投射到那罩着红地毯的导向性踏步上，显得鲜丽夺目，在整个室内淡雅柔和基调的衬托下，极富装饰意味。真是神来之笔呵！多少年后，每当想起那门厅、那空间、那楼梯，都能激起我一种特有的审美情趣。我无数次把它介绍给我的学生,提醒他们要重视门厅空间的功能使用和空间创造,要赋予门厅中的开敞式公共楼梯以巧妙的"装饰性"。

当参观到和平宾馆底层的那组公共厅堂时,又使我感受到杨老处理空间的另一种绝妙。那大、中、小三个餐厅的贯通一气、联系分隔、穿插有序和功能置换,简直就是现代建筑流动可变空间的精典之作。我80年代在《建筑师》杂志上发表的那篇《论现代建筑空间的灵活性和可变性(上,下)》文章,便得益于杨老这一空间艺术精品的启示,并将它作为重要例证收入文中。应当说,杨老是我学习研究现代建筑空间的真正的启蒙导师和引路人。

值得一提的还有和平宾馆顶层那个低矮而宽敞的观景餐厅。这个大餐厅空间的净高仅2.8米,但却一点不觉压抑,原因何在?原来主要是南向那一开到顶的通长的大片玻璃带形窗在起作用。由于窗带延伸舒展,室内光线充足,加上平整而光洁的天花处理,似乎在室内形成了巨大的空间张力,从而化解了低矮高度所带来的负面影响。这也是和平宾馆一个可圈可点的空间精品,它对我们至今仍有教范作用。联系到今天,大玻璃"带形窗"可谓已经被人们用惯用滥,不足为奇,但杨先生在和平宾馆那大片点窗为主的构图中,却结合空间功能处理极其节俭地把它用到是处,用活了,用绝了,这也是一般人所难以企及的。要知道,它是杨老50年前设计的作品啊!

1971年摄于扬州,左起:张镛森、杨廷宝、童寯

回忆梁思成与叶圣陶

萧 默

记不清是60年代末还是70年代初，我正在敦煌文物研究所"从事"牧业和农业，有时放羊，有时"修理地球"。在一次"天天读"的会上听到传达中央文件，说是要贯彻"给出路"的政策，提到梁思成先生。大意是，清华大学有个权威叫梁思成，喜欢封建建筑那一套，不妨也给他一条出路，就让他去搞好了，也可以给革命群众当一个反面教员。我方得知了梁先生的一点消息。时隔不久，忽然在人民日报上读到梁先生逝世的讣告，还发了先生的照片，得知先生已经去世。我从遥远的敦煌向林洙先生发了一封唁函，略表我沐受过先生恩泽并作为梁先生学生的哀思。

在我的人生道路上，梁先生对我有过关键性的帮助。正是通过先生的推荐和努力，1963年，我才能从新疆伊犁一个中学教师的岗位上回到我所热爱的建筑历史研究事业，调入敦煌文物研究所。

1961年从清华建筑系毕业后，分配到新疆伊犁建筑设计室，由于国家正处三年困难时期，设计室一年以后撤销了，只好改行到伊宁市第4中学教书，执教几何与图画。正当彷徨无计之时，一天，碰到一位从自治区设计院到伊宁出差的建筑师，向我打听一个也是清华建筑系毕业分到新疆名叫萧功汉的人，我说那就是我呀！是到了新疆以后才改名的。他才告诉我说他在"口内"一次会议上遇到梁先生，好象知道我已经改行了，提起不知道我愿不愿到敦煌去，还说那可是个艰苦的地方，要能下决心才行。那时，我刚读了徐迟写的报告文学《祁连山

下》，那位以常书鸿先生为原型的主人公尚达，引起我无上的崇敬。于是，马上给梁先生写了信，还引用了辛弃疾的句子："城中桃李愁风雨，春在溪头荠菜花"，以示一己之信念。不久就收到林洙先生回信和罗哲文先生信，说是正在想办法。事情办了半年，1963年隆冬，终于等到了常书鸿先生的电报，调到敦煌。

从柳园火车站到敦煌县城，有4个小时的汽车颠簸。所谓"柳园"，当时除了几蓬被称为红柳的小灌木以外，其实连一棵正经树都没有。路上经过一个叫"西湖"的地方，也是滴水全无，戈壁滩上，断断续续的只有一些夹杂些芦苇以沙土筑起来的汉代长城。当时的敦煌县城，按照内地的标准，也只不过是一座大村庄，黄土飞扬的街道，到处都是狗，却没有路灯。从县城到莫高窟，还得再坐汽车走一个小时，天色已晚，敞篷车上，寒风凛冽，只看到一片黑沉沉的荒原。但敦煌文物研究所的朋友们事先已在我的房间生起了一炉红火。常书鸿先生亲切接待了我，说起梁先生给他写了信，信里提到可以期望我对敦煌建筑的研究，能够做出"一番事业"来。我迫不及待地第一次巡礼石窟，手电光下，更衬出壁画的灿烂辉煌，不能不为她的神奇瑰丽而激动。

我永不会忘记那15年的生活。戈壁的落日，云边的掠雁，"大漠沙如雪，燕山月似钩"，寒夜椿铎丁冬，更显得异样的寂静。在斗室昏黑的煤油灯下，听着从冻结的山泉传来的冰块挤轧的声

梁思成，见本书第10页。

叶圣陶(1894~1988)，现代作家、儿童文学家、教育家。江苏苏州人，曾当过10年小学教师，又在上海、杭州、北京等地中学和大学任教。1923年起任商务印书馆、开明书店编辑，主编《文学周报》、《小说月报》、《中学生》等多种刊物，发现、举荐过巴金、丁玲、戴望舒等作家。抗日战争时辗转到四川，中华人民共和国成立后任人民教育出版社社长、教育部副部长、中央文史馆馆长和全国政协副主席。20年代陆续出版《隔膜》、《火灾》等多种短篇小说集和长篇小说《倪焕之》，30年代发表了《多收了三五斗》等短篇小说。40年代写作以散文和文艺评论为主，兼为诗人。还编辑过几十种中小学语文教科书。作为中国现代童话创作的拓荒者，有童话集《稻草人》和《古代英雄的石像》问世。

萧默(1938年~)，中国艺术研究院研究员，建筑艺术研究所所长。

音……，每每都会给这座庄严的艺术之宫，再添上几分静穆，几分深沉。她是那么恬淡，那么安详，仿佛处处都蒙上了一层宗教般的圣洁。每当这样的时候，我就会想起梁先生对我的期望。每年到了四月初八佛诞节前后几天，阳光明媚，四乡百姓赶着驴车，天天都可以达到万人，就云集在崖壁前一片绿荫丛中。那可是我们一年只有一回的热闹日子，可以一面巡视洞窟，一面和老乡们闲聊，一解平日说话太少的寂寞。但境况却并非总是这样的一片祥和，在"文革"中，我也和大多数献身戈壁的敦煌工作者一样，被卷进了风暴，甚至放羊也成了美差，至少可以暂时逃避那些无穷的批判会和斗争会。我也正是在放羊时，在四无人烟的荒山野岭中，才重读了梁先生的《中国建筑史》。

1986年初，我已调到北京中国艺术研究院继续建筑史研究好几年了，林洙先生来了一封信，说今年是梁先生诞辰85周年，要在清华大学举行纪念会，出版纪念文集，问我可有什么稿子。我寄去了《梁思成先生与敦煌》，收入了纪念文集。

在写这篇稿子以前，曾读过常书鸿的《铁马丁冬》。他回忆说："第一次向我提起敦煌之行的是已故著名建筑学家梁思成教授。1942年秋季的一天，梁思成找到我，问我愿不愿意担任拟议中的敦煌艺术研究所的工作。'到敦煌去'，正是我多年梦寐以求的愿望，于是我略加思索之后毅然承担了这一工作。他笑了笑对我说：'我知道你是不会放过这个机会的，如果我身体好，我也会去的'。"1943年3月，常书鸿在敦煌创建了国立敦煌艺术研究所，开始了他终生的敦煌事业。研究所隶属国民政府教育部，但是好几个月过去，经费却毫无音信。常先生只好给梁先生打了电报，请他代为交涉。第三天就接到了梁先生的回电，告知"接电后，即去教育部查询，他们把责任推给财政部，经财政部查明，并无'国立敦煌研究所'的预算，只有一个'国立东方研究所'，因查无地点，不知所在，无从汇款。"经过梁先生的奔走，经费终于汇出。梁先生在电报中还鼓励常先生继续奋斗，坚守敦煌。这对于敦煌机构的维持和工作人员的稳定，起了很大作用。梁先生做了这些事，却从不向人谈起，如果不是常先生的回忆，大家就都不知道了。

为写《梁思成与敦煌》那篇文章，我走访了当时已住到北京的常书鸿先生。他又提起为了调我去敦煌，梁先生给他写的那封好长的信，信中谈到敦煌壁画里的建筑资料和窟檐实物在建筑史上的重大价值，应该加强研究。常先生说他把这封信转给王冶秋了，王冶秋又还给了他，可惜在"文革"中失落了，如果能保存到现在，应该具有重要的文献意义。我还记得，"文革"以前常先生告诉过我，在国立敦煌艺术研究所成立之初，梁先生就想请刘敦桢先生也到敦煌去，说敦煌的工作只有把建筑史研究也包括进去，才是完整的研究。

但是，实际上我正式开始撰写《敦煌建筑研究》，却是1978年离开敦煌回到母校重读学位以后的事了，此前只是积累了一些资料。写这本书，除了完成梁先生生前的期望以外，也与叶圣陶老先生的鞭策有直接关系。

1976年夏天，正是周总理已经去世、四五运动刚刚被镇压、"四人帮"最为猖獗、政治形势最为黑暗的时候，我因为麦积山加固工程的事到北京出差，遇到了老同学陆费竞，他问我愿不愿见见叶老先生。他是叶老的亲戚，曾向叶老提起过我，叶老说如果我到北京来，他很想见见。我们一起到了东四八条叶老的家里，那是一所典型的北京四合院，叶老住在上房西边的套间里，已经快90岁了。耳朵听不太清，对他老谈话必须声音很大才行；眼睛也不太好，要靠放大镜才能读书写字。高大的身躯，虽清癯而仍然十分精神，嘴唇上一抹浓密的白髭，更显出一番不凡的气度。叶老详细问了我在敦煌的情况，得知境况并不太好，地位经常介于"革命群众"与"牛鬼蛇神"之间，虽收集了不少敦煌建筑资料，却不敢动笔大胆去写，生怕又作为封、资、修的典型拿出来批判，但又为不能完成梁先生交付的任务而深感愧疚。叶老沉吟了许久，好象还有许多话要说，却没有说得更多，只是说，学问总还是要做的。

离开叶老回到甘肃不久，陆费竞同学寄来叶老为我写的一幅宣纸册页，用遒劲的铁线小篆写着鲁迅的诗句："横眉冷对千夫指，俯首甘为孺子牛"，落款是规规矩矩的漂亮的楷书"萧默同志雅属，1976年夏，叶圣陶"，下方钤着一方白文篆印，刻着"圣陶"二字。听陆费竞说，这幅字是叶老一生写过的倒数第二幅，是用放大镜写的。写完这幅以后，又为他老的一位孙女写了一幅，以后就再也没有写过了。结合当时的政治形势，叶老的这幅字实在具有不同的意义。他没有对我作过什么"政审"，只与我见过一面，就如此信任我，毫不避嫌，称呼当时处于政治恐惧下的我为"同志"，还写下了他老的名字，激励我要"横眉冷对"眼前的现实，这对我来说实在是巨大的鼓舞，唤起我面对现实不断进取的勇气。

1978年我重回母校当了研究生，开始撰写《敦煌建筑研究》。1980年，接到敦煌文物研究所的来信，说是省上派来了落实政策工作组，已经把我的"五一六分子"帽子摘掉了，档案里整的几十页材料也都烧了。我大吃一惊，怎么我曾被打成什么分子了！我自己怎么一点也不知道？又回信去问是不是搞错了，我没有被揪上斗争台，也没有被勒令写过什么交待材料，怎么会是什么分子？回信说没有错，革委会确实曾把我定为"分子"，只不过是"内定"，没有公开罢了。我想，我大概是中国唯一的一个既没有斗争过、也没有批判过的最"幸福"的"分子"了。回想那些年月不阴不阳的处境和周围人投射过来的不阴不阳的眼神，真是如梦方醒。叶老对我的激励，这时就越发显得珍贵了。

1980年《敦煌建筑研究》初稿告成，仍然十分杂乱，书名也还未定。陆费竞得知此事，又给我寄来了叶老写的署着"叶圣陶题"的"敦煌建筑研究"几个字，是他替我定的书名，仍然是规规矩矩的漂亮的楷书。这件事，我在《敦煌建筑研究》的后记里已经提到了。后来在文物出版社出版，我与责编黄文昆先生商量，是不是把书名的"研究"二字去掉，谦虚一点，只不过是提出了一些史料而已。黄先生说，书名是叶老亲笔定的，不好随便改，再说也不都是史料，你还是进行了研究的，所以没有再改。

回想这一生，每当我最困难的时候，在最需要帮助的关键时刻，总是得到了前辈、老师和正派人的及时帮助和鼓励。还不止这两件事，比如说，吴良镛先生在我一生中对我的不断提携，还有在"文革"中，敦煌文物研究所的造反派和革委会曾两次要把我从县四清工作团和敦煌党河水库指挥部揪回去审查并"接受教育"，都被工作团一位解放军团长赖子隆同志和党河水库总指挥、县革委会副主任白雁翎同志找借口挡回去了，使我幸免于难（这些事当时我都不知道）。还有一次，也是事后才知道的，所革委会要把我打成"现行反革命"，说是偷听敌台，也是工宣队队长、曾当过周恩来红岩村警卫员后来任敦煌县副县长的尹绍荣同志以证据不足硬是给保下来了。

"人世几回伤往事，青山依旧枕寒流"。人生值得回忆的事情太多，我想，最不该忘记的应该就是人们在关键时刻伸出来的援手了。杨永生先生正在编《建筑百家回忆录》，嘱我也写一点什么，先就以与建筑事业有关的两位前辈的回忆为题吧。

师从徐中先生心得

布正伟

30多年来的建筑师职业生涯告诉我,要真正成长为一个无愧于社会、无愧于时代的建筑师,就一定要重视做学生时所接受的素质教育,而每当我思考这个问题时,就情不自禁地想起了我的导师徐中先生。

1962年秋,当我考上徐中先生的研究生时,他给我讲的第一课就是建筑创作与建筑理论之间的密切关系。他一针见血地指出,没有理论指导,建筑师就会变成画图匠;脱离实践去研究理论,也只能是空头理论家。后来,我不止一次地听徐先生说,他的理想是做一个能动脑的建筑师和能动手的理论家。这些话深深地刻在了我的心上,并影响了我这一生所选择的在理论与实践"双轨"上行驶的建筑师成长之路。

我从徐师言传身教中所得到的教益可以归结为两个方面:一是他在建筑理论研究中所一贯坚持的严肃性,二是他在建筑创作实践中所一贯显示的敏锐性。

我读研究生的时候,根本不知道,也没有听说过什么叫"建筑哲学",但却明白徐中先生要研究的建筑理论是"能管住一般理论的理论"——徐师称之为"理论的理论",也就是如何去认识建筑以及如何去运用建筑设计原理的理论。在那些极左的年月里,要想真心实意地道出这个"理论的理论"又谈何容易!50年代徐中先生发表的学术论文《建筑与美》,在接二连三的政治运动中总是遭到批判,总是被视为"唯美主义"的大毒草。但徐中先生始终坚持认为,建筑中确确实实存在着美学问题、艺术问题、形式和风格问题。不正视这些问题,不研究这些问题而去赶政治浪潮、看风使舵,那就会成为误国误民的罪人。1961年学校(天津大学)决定从比我高一班的毕业生中保送一名做徐中先生的研究生,而徐中导师为这位研究生确立的方向不仅是建筑理论,而且还是有关建筑形式美与建筑构图理论方面的课题。当时,这位同学面临的舆论压力也就是徐中先生面临的压力。第二年我做了研究生之后,就听到学校马列主义教研室的一位负责人讲,这个选题"很虚、很玄,弄不好还会犯错误、受批判。"徐中先生则说,只要用辩证唯物主义的观点和方法去研究,我们就没有什么好怕的,可怕的倒是不去认真研究,让谬误的东西放任自流。

还有一件事更让我看到了徐师为坚持真理、坚持实事求是而敢于直言的高尚品格。"文化大革命"前夕,建筑理论界以批判朗香教堂为契机,大力宣传西方现代建筑的发展已进入"腐朽、没落的时期"。对此,我有幸听到了徐中导师的大胆见解:"建筑毕竟不是纯粹的艺术,就是在西方,人们也要使用建筑,建造房子也要以技术经济为基础……所以,不能因为个别现象而下结论。从总体上看,还不能说西方现代建筑的发展就已经到了腐朽没落的地步……再说,教堂本来就是很特殊的建筑,把朗香教堂设计成什么样子才不是腐朽没落的呢?"这些话现在听起来都挺顺耳,可在60年代"文化大革命"风暴来临的前夕,徐先生能道出这些心底之言(现在叫"实话实说"),该具有何等的胆识啊!

徐中先生在建筑理论研究中既敢于坚持真理,又善于探索真理。他思考与研究的问题不仅是从实践中来,具有现实性,而且对建筑理论中的基本问题——建筑遗产的继承、建筑的审美意义、建筑的艺术性与艺术美、建筑形式美的规律、建筑功能与建筑艺术、建筑结构的运用、建筑风格的创造、建筑师在创作中的主观能动性等,都一一进行疏理,使其研究具有连续性和系统性。徐先生为建构"建筑美学"的理论系统,还曾打算深入研究建筑与音

徐中,见本书第20页。
布正伟(1939~),中房集团建筑设计事务所总建筑师、总经理。

乐之间的关系。尽管教学领导工作和社会活动很繁忙，他还是在百忙中有计划地发表阶段性研究成果（很遗憾，"文化大革命"结束后不久就卧病在床，再也没有机会总结了）。从已发表的各篇论文可以看出，人云亦云或折衷调和决不是徐中先生的风格。为了表达自己的创见，他喜欢在说理中层层剥皮，层层揭示，十分注意语言的逻辑性和可信度，遣词造句都悉心斟酌。徐中导师在我研究生毕业论文草稿中逐段逐句的修改（包括删减、归并以及字句的推敲），使我对什么叫"言之有物、言之有理、言之可信"有了更加细微的体会和认识。

在徐中先生的亲切指导下，我曾完成研究生的三个课程设计：带客房楼的天津海员俱乐部、带陈列厅的天津外贸大楼和天津市拖拉机厂居住小区（规划设计竞赛）。每一个课程设计都让我尽可能多地提出方案草图，并要讲出每个方案的主导思路，从综合分析比较中逐步找出较为完善的答案。每周要当面汇报两次，每次评图徐先生都讲在实处——从公共厅室柱距的大小到陈列展线的布置；从如何减少住宅间距而又能满足日照要求，到怎样改善居住环境、组织院落空间；从建筑形象的性格与个性特征，到建筑细部的比例、尺度、色彩、肌理等等，都结合各阶段设计中出现的或是要注意的问题——讲解。通过这样的"吃小灶"评图，使我不仅长了许多见识，而且还不断加深了对徐先生传授的"设计经"的认识："做设计要眼高手高，眼到手到，要处处留心，天天磨炼，脚踏实地最为重要。"

在读研究生前一两年的时候，我常有机会同教研室里的老师们到徐先生家里做客，时间多半是晚饭后。客厅不大，有一张餐桌和一套沙发。每次都是坐得满满的，徐师母还忙着准备茶水。大家围绕着建筑理论或建筑创作中有兴趣的问题各抒己见。有时候会挑选一些议题，或者请读了国外理论著作的老师先作专题发言，然后是轻松漫谈。每次聚会都十分温馨、平和，充满着民主而又相互尊重的学术气氛。徐先生在学术沙龙中的言谈举止更使我难忘，他总是发自内心地欢迎大家的到来，而且总是饶有兴趣地聆听大家的讨论。当他发言到极有兴致时，常常把手中正在吸的纸烟放在烟缸上，不一会儿竟又抽出另一支新烟点燃……交流中，徐先生很善于从细微末节切入，说明建筑创作水平的提高永无止境，即使是建筑外表的形式美，也总有需要精益求精、反复推敲的时候。至今，我还记得徐先生对50年代北京建成的两个优秀作品的建设性意见。一个例子是，他认为建工部办公大楼每个窗间墙上都做满了花饰，重复太多，显得累赘，不如重点处理为好。另一个例子是谈论民族文化宫，他问我们注意到主体(中央塔楼)与两侧附体连接处分别增加了一个向前突出的体量没有？徐先生说，他觉得取消这两侧的"突出部"反而会使文化宫的空间体量构图更加洗练、更加与清新的总体风格相协调。

后来，我通过看"文化大革命"初期贴的大字报还了解到，徐先生不仅留意建筑作品本身的美，而且还特别关心保护建筑环境的美。坐落在天津大学湖岸一侧的图书馆是徐先生60年代亲自指导设计的，横向展开、前低后高的"工"字形空间体量组合不仅与湖岸环境相融合，而且功能合理、形象朴实素雅。但在那个政治运动接连不断的年代，图书馆的正立面高处经常拉起一条红布白字的大标语，风吹日晒加雨淋，既不严肃也十分扎眼。为此，徐先生曾提出意见，希望取消这条红布标语而在合适的场地上建立固定而美观的标语牌。从营造环境美来讲，这也是两全齐美的事(写到这里，我联想到如今市场经济把城里许多重要建筑弄得披花挂彩，标语广告更是铺天盖地，哪里还能显示出建筑美和环境美来!)。但想不到，徐先生的这番良苦用心竟被批判为"不要政治挂帅""是资产阶级反动学术权威思想感情的露骨表现"。

研究生毕业后，我一直从事建筑设计与环境设计工作。时间越长，对徐中导师留下来的50~60年代的建筑作品就越感钦佩。尽管他也是从传统建筑中吸取了营养，但与同时代的许多"继承传统"的建筑相比，徐中先生的建筑语言则显得洗炼(不是那么繁琐)、开朗(不是那么沉重)、并独具韵味(不是那么司空见惯或意料之中)。尽管在前辈中他的作品不算太多(我常常想，徐中先生若是在设计院主持建筑创作，该多好!)，但不论是解放前设计的青岛英国半木结构式小住宅(这是在大学学习期间的作品)，还是解放初期设计的北京外贸部大楼(这里，要特别感谢熊明先生在主持外贸部办公大楼扩建工程时，力主将徐中先生原作中的两幢附楼作为50年代文物建筑保留了下来)，以及在天津大学相继建成的教学主楼及其建筑群、图书馆等，还有由他亲自主持的北京人民英雄纪念碑、人民大会堂、首都图书馆、古巴吉隆滩胜利纪念碑等方案，都无不显示出他在建筑创作方面的深厚修养和非凡潜质。通读徐中先生的作品，使我切身感受到，建筑虽是"艺术兮兮的"(徐师常用此语形容建筑中所具有的艺术性)，但在进行创作时决不能有"神经兮兮的"浮躁心态。一个作品不论创新的程度如何，总得要经得起琢磨，经得起时间的考验。现在，设计思想更加活跃了，设计手段也更加先进了，但包含着方方面面的设计基本功仍依然"万岁"！

从1962年秋算起，到1967年初由学校走向社会，除了在校参加"四清"和"文革"运动外，我在徐中导师身边受益了三年多。这期间，最为宝贵的——也是在我一生中都起鞭策与激励作用的，并非只是徐中导师哪一句具体的话，或哪一件具体的事，而是他整个授业过程的言传身教。在这几年与导师相处而自然形成的潜移默化中，使我开始懂得了，在建筑师的职业生涯中，如何去培养建筑理论研究中应有的严肃性与创造性，如何去磨炼建筑创作实践中应有的敏锐性与准确性。用今天的话来说，这些就是徐中导师给予我的素质教育。如今，时代向前发展了，建筑学的教学内容与方式更加丰富、更加进步了。正因为如此，我们对建筑学专业学生的素质教育要求也就更高了。作为建筑界的老前辈，徐中先生在理论与实践并重方面的传经之道，是我们永远不能忘怀的，是我们永远要倍加珍惜的。

写于徐中导师诞辰88周年之际

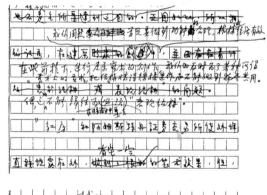

在研究生毕业论文《在建筑设计中正确对待与适用结构》的初稿上，徐中导师所做的文字批改摘录

圆建筑师的梦
——我的自述

何玉如

我参加工作30余年。前15年坎坎坷坷少有建树，后15年，奋力向前，开始进入境界；然而，后15年中的后一半时间从事技术管理工作，这好比我既在前人铺的路上走，自己又在继续铺下去，好让别人踩在上面走。自己真正从事建筑创作的时间并不多。在这里我想讲一讲我是怎样走上建筑师的道路的。

一 懵懵懂懂地学了建筑

我出生于一个贫苦的家庭，兄弟姐妹六人只靠父亲一人的微薄工资维持一家生计。所以兄弟姐妹中也只有我一人念完大学。我曾记得小学时，因夏天没有衬衫穿，被训导主任拉出队列，以衣冠不整来示众；也曾记得初中时冬天没有雨鞋光着脚上学的情景；更记得，小学刚毕业家中无力交学费而辍学了一年多，是同学之间的友爱，将我拉回了学校，学校减免了我的学费。初中毕业后，按父母的意愿是要我去读中等专业学校，好早日挑起生活的重担。但是我的姐姐为了支持我上大学，自己小学没有毕业就自愿参加工作来支撑我继续深造。于是我考入了省重点中学，继而进了清华大学。

我受的家教甚严。在为人处世上，父母教我做人要本分，在学业上教我要努力上进。我也能体谅到父母的艰辛，所以一心读书，从不在外惹事生非。初中时一度失学后，更懂得发奋努力，学习成绩直线上升，到了毕业时，已经是全班的前三名了。我的母亲不识字，父亲在学业上唯一能教我的是写毛笔字，小学毕业那年，全县小学生毛笔字比赛，我一举夺魁。也许是书画同源，所以初中时美术课作业也常列前茅。有时还喜看小说，我的周记和作文颇为语文老师赏识，以为将来在文学上能有所发展。可是高中时，语文老师对我的文章不屑一顾。我只好改换门庭，专攻数理化，我的数理成绩可以在期终成绩单上出现100分，然而语文总在80分上下浮动。至今每每动笔写文章，总成一桩艰难之事。

在这样的家庭背景中，对于未来应该学什么专业，并没有明确的目标。记得考大学报志愿时，偶而见到一份大学建筑系的介绍。自以为有数理化的基础，又有点画画的技能，在没有任何人的指导下，就懵懵懂懂地报了清华大学建筑系。

二 在培养建筑师的摇篮中

清华建筑系馆的走廊里经常挂着花花绿绿的画和建筑效果图，无疑对新生有着强烈的诱惑力——在大学中居然能造就出如此高明的建筑师。第一堂美术课是素描。我这来自穷乡僻壤、没有见过大世面的学生，哪里懂得什么明暗交界面，什么要把石膏体块画出铿锵有声的质感。显然，比那些大城市来的同学，落伍了一大块。怎么办？那时家里不可能供我任何费用，每月18元的助学金，除了交足伙食费外，只有四五元的零花钱，买点铅笔、纸张以及日用品外，根本买不起参考书，所以只有用更多的时间来练、来学。渐渐地到了期末的最后一个作业，开始进入了5分的行列。有了素描的基础，从此水彩画的成绩也就始终保持在前列。

建筑课程设计我似乎也没有太多天分，看到同学从西方杂志上抄来的建筑样式，总觉得与我想象中的建筑含义不一样。我很听老师的话，老师改我的图也特别认真，有时"送"一个方案给我，于是就能得到好分数，被老师视为"好学生"，也因为这样，增强了我学建筑的信心。

大学的前4年，政治运动比较多。1957年的反右派斗争，天天要看大字报，参加批判会。1958年的大跃进，和同学自建清华土电厂。大炼钢铁中，居然当上一炉之长，也炼出几块"钢"来。"除四

何玉如(1939~)，北京市建筑设计研究院总建筑师。

害",白天到西山去轰麻雀,夜里进颐和园掏鸟窝。1959年反右倾,有的同学从老家回来反映农民吃不饱,也召集我们开会批判"右倾"思想。1960年去徐水县搞人民公社规划,为农民设计楼房,让农民过"窝窝头的共产主义生活"。4年下来,回头一看,功课没有学多少,追悔莫及,赶紧奋起直追,"填平补齐"。

后两年,一方面有紧迫感,一方面也开了点窍,老师说我进步比较大,要我报考本校研究生。考研究生耽误了几个月的时间、毕业设计落后一大块,为此颇受老师照顾。辅导时给点"偏食",自己也格外努力,居然毕业设计成绩优秀,后来作为优秀的学生作业被刊载在《建筑学报》上。大学6年各门功课出现过一次3分,是大一时被大家称为"头疼几何"的"画法几何"的一门课,按学校规定这是评定优秀毕业生的最低条件,其他系有的优秀者竟有各门课程全5分的。建筑系似乎很难得全5分,我是全班80多个同学唯一获优秀毕业生奖章的,毕业时得到了蒋南翔校长的接见。

原本系里让我读研究生,是想要我研究建筑历史,我以为这门学问是"老夫子"才能做的,不如实实在在搞点设计研究。于是后来就成为民用建筑教研组的研究生,专题研究图书馆建筑。1964年正值国家图书馆要上马,系里带着我和一个毕业班做方案,曾设想用毕业设计来代替毕业论文。可惜好景不长,工程很快又下马了,只好重新写论文。

我的导师汪坦先生治学严谨。他曾在国际建筑大师赖特那里学习工作过一年多,深谙其工作方法,汪先生也因此想传授给弟子。当时对我的基础课要求特严,要求我熟背古今中外的名建筑,要求我每隔二三个星期去他府上背诵一篇外文文章,交出读书心得等等。记得汪先生年轻时写过一篇辽代的大木结构论文,文中将辽代木结构的单个构件拆卸下来与其他年代一一比较。汪先生从来是推崇西方现代建筑的,然而对中国传统建筑有如此深的造诣,实在让我们这些弟子佩服得五体投地。我自以为学习还算踏实,但考试时,传统木结构构造的这道题答得结结巴巴,不知所云。为此我看清了自己治学作风的差距。在以后的大观园酒店设计中,琉璃瓦的个个部件不管用上与否我都搞得一清二楚,只有全部搞懂了才能在设计中取舍自如。

我的研究生学习照例应该在1965年毕业,当时全国大学都要补课,补阶级斗争的课,否则不予毕业,据说这是"最高指示"。于是我的学业延长一年,到农村去参加四清工作队。临走前将毕业论文初稿写完,准备一年之后回校答辩。不料,一年后,1966年6月中国风云突变,开始了文化大革命,我们糊里湖涂的从农村撤退回来。学校里已经一片瘫痪,哪里还有可能管我的答辩、毕业之类的事。然而我是学习期满,论文初稿已成,总不能前功尽弃,连个名份都没有。于是我们也"造反",要求正式毕业。到了年底高教部颁下一文,准予毕业。这样我就以研究生毕业的名义步入社会,理直气壮地比本科生的工资每月多了六元钱。

三 想当一名建筑师

在报考大学建筑系时,不少人是冲着梁思成先生的名气而报考清华的,想亲聆梁先生的教诲。

进入清华后才知道梁先生是系主任,难得与同学见面。但是即使是很短的接触,给每一个建筑学子都留下了深刻的印象。记得迎新大会上,梁先生说了一句他的名言:"真理就是废话",这对初涉大学之门的年轻人,似乎难以理解这亦庄亦谐的深刻道理。但仔细回味,不无哲理。没有深厚的理论素养,不可能有此言简意赅的精辟警句。据学长们说"梁先生还有一件宝贝,一尊小陶猪,是汉代的出土文物,建筑系的学生若是感觉到它的美,那么说明已经进入了建筑的境界,才能有资格从清华毕业。然而大部分学生6

年之中也无缘见到它。有幸的是我正开始读研究生时，系里派我参加中国建筑师代表团去古巴出席国际建协大会，这个大会附加有一个世界建筑系的师生会见大会，我和同济、南工各一位学生代表被派遣前往。而我的名誉老师就是代表团团长梁思成先生。在去古巴以前照例要在国内先学习一番，熟悉该国的国情，以及一些政治上、礼仪上的事情，也要学几句西班牙语。这段时间我与梁先生朝夕相处，每天我从宿舍步行到梁先生家，再一同驱车前往建工部学习。梁先生诙谐地说我们俩是"罗密欧和朱丽叶"，天天不见不散。自然，我是明白自己的责任，是处处向梁先生学习，同时生活上要照顾好梁先生。这期间我在梁先生家中自然见到了传说中的"小陶猪"，仅15厘米长。我猛然一见，竟不敢开口，深怕别人说我修行未果，不能从建筑系毕业。梁先生教我：这不仅要"看"，还要"摸"，才能"悟"出它的妙处。从此更认识到，建筑不仅仅是技术，更重要的是文化修养。

1963年参加国际建协大会是我一生中的转折之一，政治上经历了国际斗争，业务上开始步入了建筑界。

这一次国际建协大会中，师生会见大会有三个议题。我是第一议题——高等教育的发展——的正式代表。会上我阐明了我国的观点：只有人民掌握了政权才能有享受高等教育的权利等等。大会的主席团成员有梁思成先生。经梁先生的一番努力最终将我们的观点列入了决议。首次登上国际讲台，由于心里怀着强大的祖国，所以发言时格外显得神采奕奕。最后中国大使馆为我们几位学生打了满分。

这次在古巴出席会议，途经前苏联和捷克，在英国和加拿大机场上也作了短暂的停留，在古巴除了首都哈瓦那，在其他地区也有所参观游览，从实际中认识了东欧的古建筑和西方的现代建筑，大大开阔了眼界，丰富了对建筑的感性认识。

会议期间在古巴展出了吉隆滩纪念碑国际竞赛的设计方案，当时，国内也通过竞赛选拔出三个方案送展，虽然其中一案得了表扬奖，但总体看我国的方案强调传统式的纪念碑，被认为是学院派的设计。而得一、二、三等奖的方案往往是一种抽象的概念，注重描绘这事件的过程，既有空间又有时间的概念。显然，我们和国外有很大差距，也引起我很大的震动。

这次会议我国派遣了由国内建筑界的精英组成的代表团，除了我们三个学生代表外，大都是各地的建筑前辈。这是我拜这些前辈为师的大好机会，也使我以后步入建筑界有了敲门砖。代表团里建筑前辈们对我们几个年轻人关怀备至，大至对中外古今建筑的分析，小到生活上的饮食起居。上海的前辈陈植老先生现已96岁高龄(属虎)整整大我三轮，自居大老虎，亲昵地称我为小老虎，我每到上海考察，总是特别关照。

四 梦想一度破灭

1967年结束了学校的生活，开始建筑设计生涯。应该说我进入建工部北京工业建筑设计院，是学生时代梦寐以求的地方，是一个理想的工作，原本想死心踏地在这里工作一辈子。偏偏是"文化大革命"对我们这批知识分子不依不饶，工作还不满半年，非下放改造不可。当时设计院里两派斗争正如火如荼，掌权的一派对我这个"异派分子"自然不能视为"己出"，趁下放之机，将我一脚踢出院门。

从1968年底开始到1972年止，这大概是我一生中的最低谷的四年。我随身带着一个印有"大海航行靠舵手"七个大字的红漆木箱，里面装着幸存下来的几本建筑书，开始从内蒙古到湖北山区的流浪生活。对于我来说生活上再艰苦，气候条件再恶劣，无非是皮肉之苦，而心灵上的悲哀莫过于想当一名建筑师梦想的破灭。

1968年底我到了内蒙古，户口从北京迁出。当时我新婚不久，此一去似"苏武牧羊"，真不知何日再回。

第二年我夫人吴亭莉的单位也开始下放，总算领导照顾可以下放到一处。于是我们开始在内蒙古建起一个家，我们唯一的家当依然是那个"大海航行靠舵手"的木箱，工人师傅看我们的家具太少，为我们做了一个同样大小的木箱。以后这一对箱子随着"航行"回到北京，前几年搬新居时，才完成历史使命。在工地上我当木工，吴亭莉当油漆工，"配合"得很好。既然是建筑工人，总算是与建筑沾点边，也是一丝安慰。

不久工地上缺技术员，开始让我接触图纸，有时画一点钢筋下料图，算算用料的多少等等。再以后工人师傅居然称我为工长，倒不是我去分配工人做什么，而是看了图纸告诉工人应该怎么做，名副其实的图纸翻译员。既然是技术员，就可以名正言顺地研究点"技术"。当时工地上要建造一个沉井，如何使沉井在下沉的过程中不偏不斜，我就和工人师傅商量如何在下边设计刃角；如何在挖刃角边支撑土的时候将力量分配均匀；出现偏差时又如何去纠正等等。由于接触了技术，就开始从积极的角度把我当时所处的逆境看成是有用的社会的课堂。例如工地上要拆除一座砖烟囱，这在学校里是没有教过的，我就去请教老师傅。工人告诉我，如何将砖烟囱根部的一侧凿空，边凿边用木枋子支撑，到了其一侧几乎全部用木枋子支撑着的时候，将木头点燃，烟囱就按照预定的方向轰然倒坍。当然，从现在高科技的角度来看似乎显得土了一点，但这在当时也算是学问了。

以前从书本上知道美国已建成的大楼，可以整体位移。我总想利用手中的"权"来尝试一下。有一次工地上一个厂房的杯形基础由于放线的误差错了位，要清除掉很困难，我和工人商量，硬是用千斤顶将几十吨重的基础挪到了正确位置。后来我的胃口越来越大，工地上五开间的一座工棚背靠着山坡，阴冷潮湿，不时有水渗入棚内，我就提出了一个整体移出一米的方案。

就这样，我在逆境中居然也找到了乐趣，还交了不少工人朋友。然而，当建筑师的愿望还时时在心中作痛，我还是努力想调出工地，我想即使让我设计一座公共厕所，盖起来，也算是没白上了建筑系。

1972年吴亭莉的原单位一机部八院，按1号通令迁往内地，将她召回。不久将我调到一机部八院的调令也随之到了"二汽"工地。

五 终于当上了建筑师

从湖北二汽的工地，调到湖南湘潭一机部第八设计院。从地域条件来说没有多大变化，只是从山区的三线调到平原的三线。但是工作的性质明显不同，开始进入了脑力劳动的行列，因而到了八院只要是设计工作，我就会无条件服从。八院的领导看准了这一点，就要我改行搞结构设计。当时我很自信。无非是学吧，况且在工地上蹲了四年，接触的结构问题也不少，搞结构也难不倒我。于是开始学会了单层工业厂房的排架计算等等。经过半年，终于有一次一位老工程师审核我的计算书，发现柱子的配筋整整少了二大根。回想刚参加工作的时候，老工程师曾经对我讲起过某个工业厂房的钢屋架，由于计算中漏了积灰荷载一项，而引起厂房倒坍的事故。我开始后怕了。要么认认真真从结构专业的基础知识开始补课，要么退回到自己的专业。

正好当时北京有一项工程的科研楼，建筑造型要求比较高，一时没有建筑专业的合适人选，情急之中，选中了我。从此我又回到了建筑设计的生涯，而且逐渐被领导所赏识。第八设计院是电机行业的专业设计院，大量的是设计工业厂房，偶尔有一点厂前区，或是少量的民用建筑。即便如此，凡有民用建筑设计总是照顾我的特点，让我去完成。

深圳特区开放的初期，八院组织一支小分队，去开创业务。开始时进入特区的设计队伍并不多，因而小打小闹的工程项目并不少。到了1981年设计队伍大量涌入，中央一级专业设计院组织了联合设计公司。在公司中我也负责一项规模较大的高层住宅的设计任务，因此自以为也设计过大型民用建筑。然而更大的工程，与民用建筑设计院相竞争时，明显地感到势单力薄。这刺激着我继续归队的强烈愿望。尽管我对八院的领导怀有感激之情，对同事有一种依依之情，八院的领导，甚至一机部的领导一再挽留我，但在八院长久下去始终会感到圆不了我的建筑师的梦。

1984年几经周折，在老同学的大力协助下，我来到了北京院，首先进入了首都宾馆的设计现场。对建筑设计的饥渴感，明显地表露在全身心地扑在工作上。当时全家寄居在大学老师借给我的15m²的小室中，除了要保证大女儿考大学所需的空间外，几乎没有我的生存空间，设计现场成了我的"家"。业务上我始终把自己放在掉了队的行列中，除了急起直追别无选择。

八年的努力，建筑设计队伍接纳了我，也得到了建筑师们的认同。

1992年在我大学毕业30周年之际，勉为其难地当上了北京院的总建筑师，开始了技术管理工作。我只有努力去熟悉这项工作来报答领导和大家对我的信任。自然当了总建筑师与自己亲自设计有一定距离，有时仍然想动动手，主持几项工程。归根结底，其本意还是想圆好普通建筑师的梦。

1998年11月于北京

（原载《传统与创新》一书）

忆钱学森与山水城市和建筑科学

顾孟潮

自1986年至2000年,15年来,钱老与我的通信,现在保存完整的共有56封。信的内容包括山水城市、建筑科学、建筑哲学与建筑文化等。这里仅就钱老关于山水城市和建筑科学的论述作些回忆与思考。

首先说说与钱老弥足珍贵的文字之交。1986年,我们建筑文化沙龙与《科技日报》组织以"建筑·社会·文化"为题的征文时,便曾当面约请钱老写点有关文章,钱老当时表示,以后写。1986年8月我收到了钱老的第一封回信。1987年4月30日我把"新时期中国建筑文化的特征"一文寄给钱老请教,又得到钱老5月4日的复信。象钱老这样的大科学家,对我能够有信必回,使我很受鼓舞。于是开始了与钱老长达15年的文字之交,让我多方面深受教益。

钱老的信既有科学技术、哲学、知识性内容,也包括钱老的科学思想、科学精神、方法以及学术民主意识等,都给了我终生难忘的教益和珍贵的启迪。所以,几乎每次当我收到钱老的复信时,我都反复地阅读、思考,领会钱老言简意赅的指教以及随信寄来的资料。

有时会因为我去信的内容得到钱老的首肯,而受到鼓励。如1994年3月1日,钱老给我的信中说:"您信中谈了信息体系,很好。我在这几年也一直宣传现代科学技术的体系,与您不谋而合!"并随信寄给我论述钱老有关科技革命与社会革命的论文,供我学习。

有时,有些我百思不得其解的问题,由于钱老的点拨而顿开茅塞,使我的思想得以升华。如,钱老看到我寄去的《奔向21世纪的中国城市——城市科学纵横谈》一书后,于1992年10月2日复信中提出"山水城市"这一"中外文化的有机结合,城市园林与城市森林结合"的"21世纪的社会主义中国城市构筑的模型",引导我们有关未来城市的思考走向更加高远深刻。又如,1994年,我把《关于城镇规划与建设优化的思考》一文寄钱老请教。钱老11月4日复信说"您的文章……实是讲建筑哲学。我们高等院校的建筑专业有这门建筑哲学课吗?"这里为我们的建筑教育和我们的学术研究指出新的更高的要求和方向。

回忆钱老在与我往来的通信中,曾经多次为我修改文章。而其中最为难忘、受益甚大的一次,是他对1996年6月4日接见我们的讲话录音整理稿的修改,即后来以《哲学·建筑·民主——钱学森会见鲍世行·顾孟潮·吴小亚时讲的一些意见》为题发表的那篇文章。全文统共不过3千字。尽管当时钱老已85岁高龄,身体也很弱,但钱老字斟句酌,从文章的标题、标点符号、错别字,以及几乎重新写的一小段文字,认真修改的地方多达245处,充分体现出钱老对我国建筑界无微不至的关怀,而且体现出钱老的科学精神和民主意识。当6月14日钱老将修改审定稿寄给我时,信中还特别郑重地嘱咐说:"至于这个不成熟的东西能否打印发给与会代表,请您和鲍世行同志商量。注意这是试探,不是结论"。

据我的回忆与思考,钱学森先生山水城市构想的提出与深化是一个漫长的过程。虽说"山水城市"这个概念最早见诸文章是在1990年7月31日给吴良镛教授的信中,可是钱老孕育这一构想的渊源可以追溯到1958年3月1日,钱学森回国后写的一篇文章"不到园林,怎知春色如许——谈园林学"到1990年经历了长达30余年的历程。我认为,从提出到深化的全过程可以分为3个阶段,即思想理论准备阶段(1958~1990);联系实际构想阶段(1990~1992);实

钱学森(1911~),1934年毕业于上海交通大学机械工程系。1935年赴美留学,先后在麻省理工学院和加利福尼亚理工学院航空工程系学习,1938年获航空与数学博士。1949年任加利福尼亚理工学院教授。1955年回国后历任七机部副部长、国防科工委副主任、中国科协主席,当选为中科院院士。

顾孟潮(1939~),中国建筑学会编辑工作委员会副主任。

施发动推进阶段(1992~2000)。

从现已收集到的钱老1958~1983年的书信中,我们可以看出钱老的思想脉络,是从对中国传统园林的热爱、感悟和研究开始的。这一期间他先后写了几篇对我国园林学、园林艺术颇具创见卓识的文章,还与我国著名园林学家陈从周、吴翼、陈明松等,以及中国园林学会、《中国园林》杂志、中国市长协会等交流、讲学,探讨有关中国园林的理论与实践问题。最终,他系统地论述了中国园林的不同的观赏尺度和层次,明确了中国园林是Landscape、Gardenins、Horticulture(即景观、园林、园艺)三个方面的综合,而且经过扬弃,达到更高一级的艺术产物——从理论上首次阐明了中国园林何以堪称"世界园林之母"。与此同时,他也在一直思考着如何把中国园林这一优秀的文化遗产与我国的城市建设实践结合起来的问题,从而为后来"山水城市"构想的提出作了充分的思想理论准备。

联系实际的构想阶段(1990~1992),从钱老先后给吴良镛(1990年7月31日)、吴翼(1992年3月14日)、王仲(1992年8月14日)、顾孟潮(1992年10月2日)的这四封信上表现得十分明显。钱老是从读到关于菊儿胡同危房改建实践的报导,引发出他近年来的想法,到第四封信时便直接提出21世纪中国城市向何处去的大方向问题,并且建议开个"山水城市讨论会",发起对未来城市模式的大讨论,成为推动这一历程的转折点。他在10月2日信中说:

现在我看到,北京兴起的一座座长方形高楼,外表如积木块,进去到房间则外望一片灰黄,见不到绿色,连一点点蓝天也淡淡无光。难道这是中国21世纪的城市吗?

所以我很赞成吴教授提出的建议:我国规划师、建筑师要学习哲学、唯物论、辩证法,要研究科学的方法论(《奔向21世纪的中国城市——城市科学纵横谈》一书第116页)。也就是说,要站得高看得远,总览历史文化。这样才能独立思考,不赶时髦。对中国城市,我曾向吴教授建议:"要发扬中国园林建筑,特别是皇帝的大规模园林,如颐和园、承德避暑山庄等,把整个城市建成一座超大型园林。我称之为'山水城市'。人造的山水!当时吴教授表示感兴趣。"

在"山水城市"的实施发动推进阶段(1992~1990),钱老在提出"山水城市"构想之后,为这一学说的建立和实施,在耄耋之年仍作出最大的努力。从我们收集到的156封(篇)书信中,完成于此时期的多达100多封(篇),占总量的70%左右。足见钱老对其山水城市等科学构想和学说的建构、完善、实施乃至发动推进的重视程度。尤其是1993年初钱老在病中不能出席"山水城市讨论会",专门写了书面发言"社会主义中国应该建山水城市"这篇全面阐述其观点的文章,起了极大的推动作用。

与山水城市构想的提出与深化的历程类似,钱老有关建立建筑科学大部门的思想的提出,也有其孕育的过程。决不是1996年6月4日那天接见我们时灵机一动提出来的。最近,我重新回忆我们编辑出版的《杰出科学家钱学森论:城市学与山水城市》(1994年版、1996年增补版)、《杰出科学家钱学森论:山水城市与建筑科学》(1999年版)这两本专著,并查阅了几本有关的钱老著作,我进一步体会到钱老有关建立建筑科学大部门思想形成的轨迹。

概略地讲,从钱学森教授1954年发表《工程控制论》创立系统科学开始,就奠定了用系统观念和方法把握建筑科学体系的科学基础。1955年他归国后第一篇文章"论技术科学",便是阐述科学技术的三个层次。1980年他关注工业艺术,1982年把建筑列入文学艺术大部门。1979年指明系统科学对中国现代化建设具有重大的现实意义和深远意义。到1985年钱老提出建立城市学的建议,1990年又提出来未来城市发展模式——山水城市,1994年提出建筑哲学问题,1996年提出建筑科学技术体系问题,建立建筑科学大部门问题，1998年又提出宏观建筑与微观建筑概念。我认为，这些都是钱老以系统科学观念与系统方法，总览建筑科技历史文化，进行研究与思考的结果。为了深入领会钱老关于建立建筑科学大部门的思想，很有必要从以下四个方面深入研究思考：

1. 钱学森同志是在已经构建了现代科学技术体系之后才提出建筑科学技术体系问题的。1994年3月1日给我的信中，正式提出要重视现代科学技术体系的问题，并且推荐了"科技革命与社会革命"一文，供我们学习参考。显然，钱老是从现代科学技术体系整体及科技革命和社会革命的发展规律出发，审视和界定建筑科学应当象自然科学、社会科学那样重要，列为第11个大科学部门。

2. 钱老提出建立建筑科学大部门是有着充分的理论根据的。钱学森先生在1996年6月4日那次谈话中基本回答了这个问题。他说是因为：①"建筑真正的科学基础要讲环境"；②"建筑与人的关系，实际上是讲建筑科学技术的基础理论，即真正的建筑学"；③"真正的建筑哲学应该研究建筑与人、建筑与社会的关系"；④"建筑是科学技术"；⑤"这一大部门学问是把艺术和科学揉在一起的，建筑是科学的艺术，也是艺术的科学"；⑥"我们中国人要把这个搞清楚了，也是对人类的贡献"。

3. 钱学森认为，马克思主义是人类科学知识的最高概括，每个科学大部门必须用马克思主义哲学作指导。他认为，从这些科学部门到马克思主义哲学之间都应有各自的桥梁。作为建筑科学大部门桥梁的就是建筑哲学。而且他认为"所有这些桥梁都是马克思主义哲学的基础构成部分。它们与马克思主义哲学的核心——辩证唯物主义一起，组成了马克思主义的哲学大厦"（胡士弘：《钱学森》，第248页）。这也就是钱老提出建立建筑科学大部门思路的同时，强调研究建筑哲学的原因。

4. 宏观建筑与微观建筑的理论与实践问题。1998年5月5日钱学森同志关于"宏观建筑"与"微观建筑"给顾孟潮、鲍世行的信中说："我近日想到的一个问题是，如何把建筑和城市科学统归于我们所说的'建筑科学'，同时又提高山水城市概念到不只是利用自然地形，依山伴水，而是人造山和水，这才是高级的山水城市。我建议将'城市科学'改称为'宏观建筑(Macroarchitecture)'，而现在通称的'建筑'为'微观建筑(Microarchitecture)'。这是提高一步，二位以为如何（人造山即大型建筑）？"显然，钱老这里是为建立建筑科学大部门，在具体界定建筑科学技术体系之中的关键术语概念的内涵和外延，给予科学的定义，乃属于建筑科学基础理论研究中第一位和第一步的工作。值得建筑界的朋友给予足够的重视与研究。我体会，钱老这一创议的理论和实践的意义和作用大概有四个方面的内涵：①它体现了"科学是内在整体"的普遍规律，正如德国著名物理学家普朗克认为："科学是内在的整体，它被分解为单独的整体不是取决于事物的本身，而是取决于人类认识能力的局限性"。我们过去对建筑与城市科学的划分何尝不是如此呢？②钱老的创议在建筑科学范畴内，把还原观和系统观结合起来，不仅重视还原分析也重视系统综合地处理科研对象；③确定了建筑哲学在建筑科学大部门中的领头学科地位。1997年3月16日钱老给顾孟潮的信中强调，"建筑哲学是建筑科学技术大部门的领头学科，大家要好好思考，包括您的听讲学生。"而且钱老此前已把建筑哲学看作建筑科学通向马克思哲学的"桥梁"和建筑艺术的"最高台阶"；④钱学森教授主张，研究建筑科学必须定量与定性相结合，正确处理开放的复杂巨系统与其众多子系统的关系，因为"现代城市是一个开放的复杂巨系统"，建筑科学大部门理所当然的更是开放的复杂的巨系统，决不能当简单系统对待之。

两岸三地之交

潘祖尧

我与大陆建筑学界的来往始于1974年。当年,我参加了由香港侨光置业有限公司董事长梁燊先生为团长的香港建筑师赴大陆参观团,走遍10多个城市并与当地建筑师交流。当时正是"文化大革命"的后期,我等能在这个时期到大陆各地参观,真是千载难逢,所见所闻是我难忘的经历。最难能可贵的是认识了梁燊先生,他为人敦厚,而且熟悉国内情况,使我茅塞顿开。我对国内的兴趣,从此开始萌芽。当年参加该团的团友,每年都聚餐一次,至今已有20多年了。我真正与中国建筑学会的接触是在1980年,当年我的表兄郭彦弘教授、钟华楠先生和我应中国建筑学会邀请,参加了中国建筑学会第六届会员大会暨学术研讨会,参与小组讨论并首次听到戴念慈先生在研讨会上对现代中国建筑设计的精彩理论。钟华楠先生博学多才,而且精通中国传统建筑及书法,我在这两方面的兴趣都是从认识了钟先生后才开始的。我与钟先生对国内学术交流可算同道,早期与国内建筑师的交流都是与他携手合作去筹办。通过他的介绍,我认识了1980年初夏访问香港的中国建筑工业出版社副总编杨永生先生,杨先生与我一见如故,至今交往已有20多年,有良师益友之感。1980年10月由杨先生带领到承德,成都,昆明,长江三峡及重庆参观访问,在昆明及成都作了我在国内第一次的学术报告,讲题是"世界第三代建筑师"。

1981年11月我以香港建筑师学会会长身份,首次拜访了中国建筑学会理事长杨廷宝先生,当时我与太太到南京,苏州及北京拜访大陆的同行。首先到南京拜访杨廷宝先生。杨老给我的印象十分深刻,他温文典雅的风度,学者的谦虚态度,使我五体投地。我当时带了一支普通的墨水笔送给他作为一般的见面礼,但他却拒收,并对我说:"我已经有一支了,用不着多要一支。"他的话使我惭愧万分,对他的崇高修养,更有望尘莫及的感觉。晚餐后他还题字送我作为纪念。离开南京后我与太太到过苏州,畅游各名园之余,还与当地建筑师们交流。给我印象最深的是毛心一先生。记得有一天到过留园之后,在晚上与毛先生交谈,在话别时对我说:"明天我带您去再参观留园"。我对他说,我今天已经到过留园,但他坚持由他导游,说会别有风味,所以我只好同意。结果,他一早7时左右便到我房间,当时我还在梦乡中,穿衣后便跟他到留园。在园中,他边谈边唱,有时还跳起舞来,如他所说,由他导游的留园,真的使我另眼相看,别有

左1—郭彦弘,左3—杨永生,右1—钟华楠,右2—王挺,中立者—潘祖尧

潘祖尧(1942~   ),香港著名建筑师,曾任香港建筑学会会长,亚洲建筑师学会首任会长。

坐者—杨廷宝，右3—潘祖尧，右4—潘祖尧夫人李丽华

后立者—潘祖尧，左1—金瓯卜，左2—汪季琦，右1—戴念慈

中立者—杨廷宝，左1—李锡铭，左2—潘祖尧，右2—戴念慈

左1—阎子祥，左2—潘祖尧，右1—李锡铭，右2—杨廷宝

左1—潘祖尧，左2—王华彬，右2—曾坚，右3—潘组尧夫人李丽华

左3—曾坚，左4—潘祖尧

左3—朱祖明，左5—吴良镛，左6—戴念慈，右1—潘祖尧

左—吴良镛，中—潘祖尧，右—陈其宽

风味，这次是很有意义的会面。最后一程到了北京，主要是拜访中国建筑学会的各位领导及商讨两会首次合作筹办建筑图片交流展览。是有史以来在国内第一个香港建筑师事务所的作品展，首次开通了中国建筑学会与香港建筑师学会之间的航道。一方面把香港建筑师的作品于1982年6月在北京展出，展览包括800张展品，代表了香港20多间杰出建筑师事务所的作品。北京的展览开幕仪式，中国建筑学会理事长杨廷宝大师及城乡建设环境保护部部长李锡铭也参加了。这个展览在北京结束后，便安排到南京、上海、郑州、西安、成都、昆明及广州等20多个城市巡回展出。另一方面，中国建筑学会筹办了一个以"中国古代建筑"为题的展览，于1982年8月在香港新世界中心展出，展出了400多张图片，包括从未公开展览过的原装战国建筑图案拓本、宋代城市图案拓本、北京宫殿内景、古代四合院建筑图案等，中国建筑学会副理事长王华彬、中国建筑学会副秘书长曾坚、香港房屋处处长廖本怀先生参加了开幕仪式。

1981年8月趁亚洲建筑师协会在香港举行第二次委员会会议之机，我邀请了中国建筑学会代表及台湾建筑师与会，这是1949年以后两岸建筑师首次促膝相谈。到会的有中国建筑学会秘书长曾坚，台湾的建筑师学会代表许仲川、许坤南及蔡博安。这次的安排是我对两岸交流兴趣的开端，当时我提议海峡两岸的建筑学术团体都加入亚洲建筑师协会。这样就开始了我就两会入会事项8年的斡旋。1986年10月戴念慈理事长、吴良镛副理事长及刘开济先生就此事亲自参加了亚建协在马来西亚吉隆坡市举行的第7届委员会会议，并与来自台湾的许坤南及朱祖明等商讨入会事项。 1984年初在港举办了一学术研讨会，清华的吴良镛教授也参加了，适逢台北的陈其宽先生正在港举办画展，我知道他们原来是老同学之后，便安排他们俩人会面，这是他们40年来第一次再会面。1989年5月两岸学会第一次在北京欧美同学会正式开会，商讨加入亚洲建筑师学会事项，我以中间人的身份，也应邀参加了。经过一天的会议，双方对台湾学会的名称有不同的看法，但这次会面，却有意义极大的效果。这是海峡两岸建筑学会第一次正式交流，我能见证这一时刻，十分荣幸。 此后我对两岸交流淡化了一段时间，直至1994年10月应邀到杭州参加第5次两岸建筑学术交流会，两岸交流至今已有一定的基础而且也每隔一年交流会便到台湾举办，使两岸的建筑师实行本来是一家的精神。我最近一次参加两岸交流活动是于1999年1月到台北并且做了一个"古为今用"为题的报告，这是我从19年前起投入两岸事务中第一次到台北参加两岸会，受到当地建筑师热情招待，并公认为两岸结合的媒人。

我与中国建筑学会关系从1980年至今已20年之久。回顾这漫长的岁月，我不能不提及1980年是通过杨俊、杨永生的介绍，得到倍受人们尊敬的阎子祥副理事长的重视，才得以"回归"的。我要特别感激阎老，他为大陆、香港、台湾重新合成一家人，做了奠基性的工作。我通过学会的活动，认识了过百的建筑师，走遍国内各地，吸收了不少宝贵的经验，实在三生有幸。

与贝聿铭先生的一次谈话

项秉仁

1992年是我在美国学习进修的第3年，我很荣幸地得到了贝聿铭先生签署的来信，通知我已被选为当年的旅美中国学者奖金获得者，并资助我在离开美国前作一次旅行，考察美国的建筑，特别是贝先生的设计作品。当年夏天，我驱车访问了美国东部的主要城市，考察了大量著名的建筑物、城市设计作品和建筑名校。最后，于1992年8月3日回到纽约，在位于麦迪逊大街600号9楼的贝聿铭先生的办公室与他见面。下面是这次见面时的谈话记录：

贝聿铭先生（以下简称贝）：您好！请问您的姓XIANG中文应该怎么写？

项秉仁（以下简称项）：是项羽的项，就是这样（写给贝先生看）。

贝：喔，您知道项文武这个人吗？

项：不清楚。

贝：项文武这个人很有名气，是台湾人。美国的许多中国文物就是他搞来的。……这次你跑了哪些地方？

项：东部的几个城市：芝加哥、纽约、波士顿、华盛顿特区、费城，还去看了落水别墅（FALLING WATER）。

贝：你还应该去达拉斯，那里有许多好的作品，有路易斯·康的，菲利普·约翰逊的，我也有几个东西在那里。你在回旧金山的中途可以去一下。改变机票并不难，我可以让秘书帮你与航空公司联系，你是哪个航空公司的？

项：美国航空公司。

贝：那好办。我们与那家航空公司有联系。我可以请秘书办。

项：谢谢贝先生！今晚我就要飞回旧金山了，我下次一定去。

（一年后，我去了达拉斯并参观了贝先生设计的达拉斯市政厅和麦耶生交响乐中心（THE MORTONH. MEYERSON SYMPHONY CENTER），方悟到贝先生要我去达拉斯的原委）

项：我这次来，一则是很想见见贝先生，二则也是来向贝先生表示感谢(指接受贝先生的友谊)。

贝：这件事是这样开始的：前些年我了解到一些从大陆来的访问学者，由于经费不够，来美国后就只是在一个学校里，半年一年后就回去了，没有能够到美国其他城市看看，这很可惜……

项：是的。建筑是一定要亲身体验。任何间接的东西都无法真正传递建筑的体验。

贝：是啊！所以我就想帮助他们。正好我当时得到了一笔奖金（普利茨奖），我就把这笔作为基金了。其实，所给的钱不多。你知道，建筑师不是富翁，钱是小意思。

项：这主要是一个鼓励。

贝：对，算是鼓励吧！所以，用了这笔钱，就是要回国去，不然这就没有意义了。现在许多中国学生来了美国就不回去了。从你的条件看是很不错的。你的夫人还在中国，所以我决定给你这个奖金。

项：我是准备回去的。象我这样的年龄和经历，在中国会发挥较大的作用。不过，贝先生，我想请教你一个问题，许多中国年轻的建筑学生，包括我的一些学生现在都来到了美国，我不知道他们在美国是否能得到发展？不知贝先生怎么看？

贝：我看是很难。美国社会是很难打入的。你想想，从中国来美国四、五年时间是不够打入美国社会的。美国的文化也不是一朝一夕可以融入的。想想现在有那么多美国建筑师，美国的业主为什么

贝聿铭(1917~   )，1940年获美国麻省理工学院建筑学学士学位，1946年获哈佛大学建筑系硕士学位。1954年加入美国国籍，1955年创办贝聿铭建筑师事务所。

项秉仁(1944~   )，同济大学教授。

一定要用你中国人呢？我来美国达５０年了，情况不同。留在美国发展，多数人只能做些小事，做不了大设计。所以，我总是劝他们回中国去。

项：是的。现在中国正在发展中，有许多事情可以做。记得多年前，我在北京参观了贝先生的香山饭店。这在当时确实让我领略了什么是现代建筑。贝先生是不是还有兴趣去中国做些设计？

贝：香山饭店不用提了，弄得不成样子。我都不想再去看了。你想，那些领导干部带着一家子人在那里住，旅馆哪能搞得好经营管理？

香山饭店只是想告诉大家，中国建筑的现代化要找中国自己的办法。中国的情况不同，建高层建筑不一定是唯一的办法。当然高层还是会建，但中国还是要寻找自己的办法。香港就不同，爱怎么盖就可以怎么盖。

我不是不想回中国去做设计，只是年纪大了，力不从心。如果有工程在中国，就得经常来来去去。一年跑一、两次我还受得了，多了就不行。我手下没有助手，美国人又不了解中国的情况，要有工程就得自己亲自跑，可是又跑不动，所以没法做。

项：贝先生，我这次来东部，看到大城市已经盖了这么多的建筑，是不是美国的建筑还会有高潮？美国建筑的前景如何？

贝：我想，过三五年后情况会有好转，因为旧的总归需要拆除，新的要替代旧的。

项：贝先生，我在波士顿参观了您设计的肯尼迪图书馆，觉得真好，建筑的确成了艺术品。

贝：还是没有做好，因为钱不够了。

项：贝先生，您对自己哪一个设计最满意？

贝：近几年做的东西比较满意。觉得真正是做到了自己想表达的东西。所以我现在还想多做些作品。

项：贝先生现在有哪些工程？

贝：对面的一个旅馆正在建。还有一个工程在日本，一个在西班牙。

项：贝先生有没有作品在旧金山？听说有几个作品。

贝：没有。我现在和公司脱离了，所以常常会搞混。我想在适当时候要讲讲清楚。

项：是的，有的作品看上去确实不象是您的手笔。贝先生，我还想听听您对上海浦东开发的看法。

贝：上次朱镕基来美国，我出席了。朱镕基先生是个有学问、思路很清楚的人。这样的干部多了，中国的事情会办得好一些。不过，中国的建筑要发展得好，至少还得有二三十年。目前象浦东还是首先得搞好规划，然后是基础设施建设，建筑还是其次。

项：谢谢贝先生的时间。希望贝先生今后还是能去中国看看。

贝：我会去的。另外，请你帮我办一件事。我的好友陈从周先生现在据说病得很重，请你回去时替我向他问好。

学海无涯之乐
——怀念童寯老师与读书生活

方 拥

童寯先生是我国建筑界一代宗师,执业半个世纪,桃李满天下。在他的学生中,经由正途而入室亲聆教诲的为数甚少。我是幸运者之一。

1977年恢复高考,累积10年的中学毕业生,面临命运的转折。多年的动乱生活告诫我在选择专业时万万不可任性,外婆的俗语"荒年饿不死手艺人",听来不啻至理名言。1978年2月,我走进南京工学院建筑系大门。

本科4年中,童寯先生没有像杨廷宝先生那样给我们作过学术讲座。他总是坐在期刊室靠窗的位上阅读,偶尔到各教室看一眼,很少说话。只在一种情况下他特地到来并发表意见。设计课的方案阶段,有些同学执着于自己的意念,年轻教师很难说服他们。师生相持一阵后,可能请来一位资历较深的教师,若意见仍未统一,则请资历更深的教师。大体上,王国梁、贺镇东等老师是基层,往后是孙仲阳、徐敦源等老师,再后是齐康、钟训正老师,最高层次是童寯、杨廷宝教授。设计方案的讨论过程有点像某种案件在各级法庭层层上诉,而终审法官的角色由童、杨扮演。戏剧性场面对同学们在方案设计中的探索精神,无疑是极大鼓励。我们不敢说童、杨的学术思想就是终极真理,但其作为那一时代最高水准的代表应是普遍看法。二老使那些个性过强的同学停止抗辩的主要原因是学术上还是人格上的,难以断言,似乎两方面都起作用。

本人愚钝,表现画尤其不灵。作业展示时,大家从5米外望去,优劣似乎一目了然。建筑设计作业的告示性很强,教室里有人欢喜有人愁。二年级以前,我愁多喜少。一番揣摩后暗自决定,设计课成绩70分足矣,课余时间多用来读书。毋庸讳言,这始为藏拙手段,但往后泛览建筑书籍感觉渐佳,似成扬长避短的良方。

童寯住宅南面

2000年5月摄

童寯,见本书第6页。

方拥(1953~),华侨大学教授、古建研究所所长。

方向的略微调整，使我适应了建筑学，一般课程成绩保持中等外，历史与理论方面有点优势。本科的最后一年，童寯教授开始招收建筑历史与理论方向的硕士研究生，我考试通过。这次成功一方面决定了我以后的工作性质，另一方面决定了我未来快乐的基本来源。也许算是歪打正着，这门专业不但让我掌握了一门足以谋生的"手艺"，又使我不断增加读书的兴趣。回想起来，童寯老师对我的影响，后者甚于前者。纵观他的一生，历经战争动乱和政治风雨，始终心境泰然。既便在十年浩劫中他还这样写到："最快乐最可纪念者，盖莫过于学建筑之生活。"

建筑界的很多同行，都有阅读面愈来愈宽的倾向。书斋和孔方兄的不堪重负，当然令人苦恼。但这种情形的终极结果快乐与否，答案应当肯定。对于走出贫穷的国人来说，安逸不变的生活中可能暗藏深刻的危机。我自视幸运的原因在于，似乎没有哪个学科能在实用以外，更与本质上的生存意义密切关联。它引人入胜，令人快乐，学海无涯。

1982年童寯与清华大学师生合影
坐者：童寯，前排站者：左1汪坦，右1吴良镛。

梅岭行

张伶伶

大约是在1997年5月间，应主人之邀赴武汉参加一个重要项目的评审会。由于主人的热情，加上评审工作的严肃性和公正性，刚下飞机就被接站的人接到武汉东湖。随着夜幕的降临，加之车速较快，仅仅是在朦胧中感到东湖的秀色和那绿树成荫的宜人环境。在东湖风景区，穿越了几层院落，最后才进入有警卫人员守卫的大门，而后来到了我下榻的宾馆。

住下时，已经很晚了。由于环境陌生，打量了一下住处，条件很好。但建筑也没能逃脱我们城市宾馆的模式，高大的空间，气派的尺度，心中不免产生些疑惑，看来从北到南，无论城市，还是风景区，大体如此。

建筑与湖面贴近，轻巧的挑檐很有现代感

清晨，早起。信步走到湖边，静静的湖色风光使人着迷，反观我们下榻的宾馆，体量不小，沿东湖岸边一侧差不多已被遮挡，尽管看得出设计者花费了心思，用了些水平线条的处理，但高起的体量和电梯井仍旧威武地占据着风景区的要塞。我漫不经心地沿湖向东走去，先是看到了与之毗邻的一个房子局部，与树木、地势结合的巧妙，不免让我产生了好感。往前行进中，发现这是一片很大的院落，历尽沧桑的墙上爬满了青藤，警卫员的岗亭已是锈迹斑斑，但仍旧可见当年的情景。不由自主的漫步中，我完全被这座旧房子所吸引，高低错落，依山就势，比例、尺度很明显是经过严密推敲而得来，利用自然山石处理的墙体完全融入树木湖色之中……看看这片区域可能很大，加上未带相机，我不情愿地返回了住地。

评审会的预备会期间我一直想着那栋房子。询问主人才知道，那是东湖的最重要区域，邻近的那片院落就是著名的"梅岭一号"。主人凭记忆说起了什么年代，中央的某几位领导人曾住在此处，又发生过什么样的重大事情等等。现在由于多种原因，没有了当年那种风光，但仍旧有不少要人来此

局部两层部分也经过了仔细研究，阳台似当今流行的作法

张伶伶(1959~)，哈尔滨工业大学建筑学院院长、教授。

建筑与挡土墙形成的堑道与"何陋轩"有异曲同工之妙

嵌入石墙的灯具已锈迹斑斑,却有设计者精心设计的影子

可能是后期加建的院落,似有一种"现代主义"的味道

改建的入口与雨篷较为细腻

短期度假。显然，我们住在了东湖的核心区域。

午餐后，我利用同行的老先生们的短暂休息时间，迫不及待地返回了那片房子，绕了大半圈，对这片房子大体有了了解。原来这片旧房子占地很大，分不同的区域，院中叠着院子，空间丰富，体量宜人，乃至山石、小径、细部等等都引起了我的注意。

晚饭后，我匆匆拿着相机，邀了同济大学的刘仲先生一同前往，并一再说那边有片旧房子处理得很好，尤其与自然环境处理得恰到好处，同眼下流行的做法大相径庭。刘仲先生我并不熟悉，过去也不了解，仅从我的学生那儿知道刘先生的功底很不错。可能是由于我的渲染，他也来了兴趣，趁光线尚好，我第三次返回了那片旧房子。

逐渐接近，刘仲先生也来了兴趣。我们品评着每个细部的处理，端详着依山就势的建筑。在大自然面前，建筑是那么谦和、得体，哪怕一棵树、一块石都经过设计者的精心处理。我忙着选择角度，拍摄照片。刘老师问我："这是什么地方？"我说："这是中央首长住过的地方，叫梅岭。"刘仲先生若有所思。再往前走，我们发现整个区域不是一次建成，不仅有扩建，也有改建，不过是衔接的都很贴切，或许得利于设计者最初的整体设计。我们终于在一处院门口发现了"梅岭一号"的牌子，岁月流逝，不大的木牌上的红色字迹已褪了色。刘仲先生的步伐越来越慢，而且总是在回忆什么……

我突然发现了一盏照明用的灯嵌在碎石墙上，便说："刘老师，看看这盏灯细部处理得多好！"尽管这盏灯锈迹使它变成了褐色，但它却给了我们答案。刘仲先生兴奋地说："我想起来了，这些区域的规划和设计是冯纪忠先生主持的，我那时还是学生，也辅助性地参与一些工作，记得这盏灯的设计就用了很长的时间，由于材料和技术上的原因，灯上的部件都是用手工刨制的，尽管费劲，但毕竟是'生产、劳动相结合'的产物"。我像发现新大陆一样，想询问更详细的东西。可惜，时间太久远了，刘仲老师也回忆不起他学生时代或者是做助教时期的更多细节。我甚至怀疑，由于那个时代的原因和保密纪律的要求，冯老是否也能回忆起每个细节，甚至不知他有否机会再来过这里。以至于今天人们不曾知道这里还有一片不错的房子，更没有人谈及。

虽然，我有了收获的喜悦，又有未完全了解的遗憾，但对我的教益是深刻的。在四五十年前，我们的师长已经很好地注意到了在风景区建设的问题，注意了建筑与自然环境的融合问题，这是难能可贵的。也许建筑本来就该如此，尽管我们今天可以将其冠之以时尚的名词，但我们的行动还有相当的距离。可能这涉及建筑师本身的观念、素质问题，但是在我看来，建筑创作本身也是个寻找位置的过程。反观我们当今的建设和创作，尽管可以找到许多客观的借口，诸如经济、业主、行政、材料、施工等等原因，但我一直在想，如果没有上述种种制约，我们真的就能做出好的建筑作品吗？我对此一直怀疑，如果说制约条件，恐怕"梅岭一号"可能受到的制约更多、更严格，但今天我们仍旧能去体验它、品味它……因此我们曾在不同场合呼吁"建筑创作主体论"的观点，其目的就是要不断地完善我们自己的思想观念、理论素质、艺术修养和创作个性，以此来提高我们的建筑创作水平。正因如此，我们才说，主体才是潜在的、难以驾驭的重要因素。

冯纪忠先生一直是我辈人中的楷模，无论他的学识，还是创作。曾想有机会去向冯先生讨教，但看了"梅岭一号"，再想想80年代初期冯先生主持的"方塔园"，两者之间有异曲同工之妙，想来它的意义已经存在了，足矣。

匆匆地离开了武汉，不知评审的最后结果怎样实施，但主人的"刻意安排"却使我受益匪浅。虽然对整个建筑是一种"走马观花"式的体验，由于时间的久远，加上不了解其中的诸多细节，甚至有些可能是记忆上的错误造成的,但我想去澄清这些已经不重要了。然而,一种悬着的心一直没有完全放下。近期一次偶然的机会与卢济威先生一同开会,随口向卢先生讨教,是否记得武汉东湖有个"梅岭一号"的事情。卢济威先生回答说:"记得是冯先生主持的这个项目,而且后期的加建、扩建是由吴庐生、戴复东主持的。"至此,对"梅岭一号"我又"清楚"了许多。

对我来说"回忆录"还是个遥远的东西,以至杨永生先生邀我时,我还说:"我写不了回忆录,回忆一栋房子还有可能"。他问我:"哪一栋?"我说:"梅岭一号。"他竟马上回答:行,就是它,我在1954年去过那里的一座毛石房子。

事情就这样巧。

2000年夏,于哈尔滨

刘敦桢(右)与陈从周(左)在南禅寺前合影

为了记忆的回忆

赖德霖

从我开始学习和研究中国建筑史到现在,时间虽然不算长,但一晃也已经过去10几年了。这期间,经历过不少事情,有些令我高兴,也有些令我遗憾。高兴的事大多都已经转化成了研究的成果,而遗憾的事还每每让我难以释怀。我曾经试图编纂一部《中国近代建筑人名录》,历经许多艰辛却至今未成其功。可以说,它就是这些令我遗憾的一些事中的一件。

事情还要从10年前说起,当时我正在汪坦先生的指导下进行中国近代建筑史的研究。从一开始就使我深感困惑的是,有关这段历史的记录不仅十分零散,而且十分欠缺。由于我们建筑界和整个社会长期忽视对这段历史的系统记录与整理,仅仅才过去几十年的人和事都已经变得恍如隔世般地难以查考。我意识到自己必须从最基本的史料编纂做起,其中一项工作就是搜集和整理有关中国近代建筑家的史实材料。

这件事做起来很难。我尝试过用通信和直接采访的方式向一些前辈建筑家了解过去的情况,虽然获得过热情的支持,但也遭遇过很多失望。例如,我去过上海庄俊前辈的家。他是中国最早留学美国学习建筑学的建筑师,他还是中国建筑师学会的创始人之一,并长期担任过这个学会的会长。但当我去采访他时,他已经不能说话,一个月后就带着全部的记忆仙逝了。我几次去采访另一位当时已近90高龄的著名前辈,但他出于不臧否故人的信念,始终不肯对我详谈早年建筑师业务的情形。我还了解到这样一位女建筑家,她毕业于格罗皮乌斯执教的哈佛大学设计学院,获得过这所大学和麻省理工学院两校的硕士学位。她的一位至今仍在耶鲁大学担任教授的同学甚至这样告诉我,她是当年大家公认的天才学生,成绩比一位后来蜚声寰宇的华裔大师还好。但当我几经周折找到她家的地址和电话号码时,她却因为"回国后没做什么"和"身体不好"而谢绝了我的采访请求。

我只好把调查的重点转向文献,为此曾经探访了国内大约30个图书馆和档案馆。其间最令我激动的收获莫过于看到了20年代末至50年代初上海数百家建筑师事务所和营造厂注册登记的历史档案。当时的兴奋和喜悦之情自然难以言表。可是,档案馆有规定,这些材料不能复印,也不许翻拍,只能看和抄。于是我不得不花费近两个星期时间把那些叠放在一起约有一尺来高的申请表挑着抄完。初春的江南是乍暖还寒的季节,加上当时上海室内没有供暖,一天抄写下来,手指因为长时间握笔和受冻,往往需要缓上好一阵才能恢复灵活。那种滋味至今仍不堪回首。但无论如何,只要能看到并如愿以偿地搜集到材料,我就该谢天谢地了,因为即使是查找资料这种学术研究最基础的工作,在中国做起来也并非易事。比如,我曾经利用出差转车的间隔时间去一家省级图书馆查书,却因为管理人员要睡午觉而被拒之门外;还有一次在外地见到一本我以为重要的书,却因为管理员坚持不许复印而我又没有时间摘抄,只好"按规定"缴了一笔相当于我三个多月博士生助学金的翻拍费;又有多少次我在国家图书馆查书,好不容易检索出所要材料的书号,等了很长时间得到的索书结果却是"原缺",⋯⋯

通信、采访和查找文献等等一切还只是工作的第一步。搜集到的材料还需要继续编排整理。当时个人电脑,尚不普及,学校虽有打字室经营打字业务,我却没有足够的经济实力去请人帮忙。整理工作只能凭借最原始的卡片。我必须把从不同的渠道收集到的原始材料重新分抄在一张张卡片上,然后根据人名进行编排,才能将关于一位位建筑师的点滴信息逐渐汇集起来。虽然这些材料还很不完整,大部分尚不足以勾勒出一个人的完整履历,而且也不十分准确,仅人物的年龄就会因为阴阳历的换算或虚实岁的不同而出现误差,但毕竟有胜于无,我无法苛求。

赖德霖(1962~),清华大学博士,旅美学者。

就这样经过四五年的努力，我终于收集到了近千位在1949年以前毕业或从业的中国近代建筑师的名字，并或多或少地了解到一些关于他们的生平及业绩的情况。这些情况大大丰富了我个人对于中国建筑现代化历程的认识，并成为我研究中国近代建筑史的第一手材料。我也非常希望这些材料能够早日成为我们这个专业的一项历史积累，以促进我们的建筑学会和更多的有识之士在这个基础上进一步完善中国建筑界自身的记录机制，所以我特地向一些出版界的人士询问有关出版一部《中国近代建筑人名录》的可能性。然而，令我失望的是，所有的答复都是否定的。理由很简单，现在是市场经济，出版社最关心的是自身的经济效益。我编的书既非知识性，更非趣味性，读者面肯定很小，出版社当然不会感兴趣。只有建筑工业出版社的老主编杨永生先生好心，为我开了一个小小的后门，让我在《1994~1995中国建筑业年鉴》的"史料"栏里选登了35位当年影响较大，但却很不为后人所知的中国近代建筑家的小传。

我不指望靠自己个人的力量去改变一个体制的现状，又由于这些年来连我自己的前途都难以把握，整理中国近代建筑师史事的工作也就搁置下来。一晃又过去了四、五年，这期间，我多次在国内报刊的讣告中看到我所熟悉的前辈建筑家的名字。他们每个人的离去，在我看来，都是一笔文化财富的丧失。我遗憾，我痛心，但是我无奈。

我写下这段遗憾的经历，并无意去说做这件事有什么大了不起。因为我清楚地知道，在当今的中国，值得建筑界的上上下下关心的事情还有很多，仅仅是在历史保护领域，就有多少名胜古迹因为缺少保护经费而失修将圮，又有多少重要建筑正在被弃若敝屣而未留下任何记录。即便对于我个人来说，这项工作也只不过是一项历史研究的基础准备，说不上有什么学术价值。但我常常想，诺大的中国应该有一部、几部、甚至十几部这样的名录，因为它们是一项历史记录，一项对于我们的建设者和他们的业绩的记录，一项我们这个专业乃至我们国家的文化史不应缺少的记录。只有把这项记录和其他许许多多包括人物和实物在内的记录结合起来，才能建构起关于中国文化的完整历史。

一个失去了记忆的人是不幸的，一个失去了历史或历史不健全的民族的文化也是不幸的。1896年，一位名叫费莱彻尔(Benister Fletcher,1866—1953)的英国人写了一部世界建筑史。在这部著作里，他把中国、日本、印度以及中美洲国家的建筑统统称作"无历史的建筑"(non-historical architecture)，以区别他所认为的"有历史的"欧洲建筑。或许有人会以为"有历史"与"无历史"仅仅是一种简单的学术分类，但实际上，这个分类本身已经包含了非常鲜明的价值判断，——因为，在那个黑格尔主义盛行的时代，有无历史并非是指有无历史的客观过程，而是指有无历史的主观自觉，历史的自觉就是理性的自觉，它是黑格尔衡量一个民族文明开化程度的尺度。在黑格尔看来，非理性要被理性所征服是社会进化的必然。

我们当然不敢认同黑格尔和弗莱彻尔的看法。但是，历史意识是一个智慧的民族所必须具备的品质这一点却是不容置疑的。因为历史就是对于时间性和空间性的理性确认，所以它首先就是存在的证明。失去了这个证明，无论是曾经有过的辉煌，还是应当拥有的权利都将无从谈起。历史还包含了对于以往的经验和教训的理性反思，所以它又是我们前进的起点。历史记忆越健全，可借鉴的经验教训越多，前进的起点才会越高。

半个多世纪之前，我们的前辈建筑家曾经苦心孤诣地上下求索，试图为那个被外人称为"无历史"的中国建筑建构起一部历史。但是他们大概未曾想到，他们自己时代的许多创业者和他们的创业史却还在从后人的记忆中消失。我甚至担心,许多今天触手可得的史实,哪怕再过几年或十几年或许就会成为纠缠不清的历史公案。因为,虽然我们正在不断地创造,但同时也正在不断地丢失。

现在,我来到了美国,为的是在将来能更好地研究中国建筑。当我看到每一座图书馆内那汗牛充栋的建筑、建筑史书籍时,当我接触到那些保存精细而且公众人人可以查阅的建筑与建筑师的历史档案时,当我知道还有无数的历史学家和研究生正在不懈地探寻着他们的建筑的过去时,当我无时无刻不在感受着这里的全社会对于建筑文化的热情关注时,我都不禁会想到黑格尔和弗莱彻尔。早在鸦片战争前15年,黑格尔就预言了英国对于中国的征服将是必然。今天,当中国的建筑史家们在义正辞严地驳斥着一百多年前的弗莱彻尔欧洲中心论的建筑史观时,是否愿意承认,没有那个"欧洲中心"的影响,我们这个中央之国恐怕至今还不会有建筑之学和建筑历史的研究;是否愿意承认,至今我们的社会和我们的建筑界对于历史的意识还很淡薄,即使现在我们的建筑家们,又有多少人能够维持得住一张平静的书桌呢?

想起那些不清不楚的新闻报导,想起那些不真不假的"戏说"和"纪实文学",想起那些莫名其妙、奇奇怪怪的假古董,想起那些许许多多的遗憾、失望,我真想大声说一句:

历史工作实在还关系到一个民族文化的信誉呀!

2000年5月于芝加哥

抗日战争期间,中国营造学社在四川李庄的办公室

忆祖父童寯先生

童 明

1983年初春的一天，祖父在南京军区总医院的一间普通病房里溘然逝世。他走的是那样平凡，当时刚上初中的我，并未意识到有太多的不同，甚至还在学校里与同学们玩耍。然而不久，从大人们凝重的脸色中，我不由地感受到，他的去世对于大家产生了多么大的影响。将近20年过去了，在我完成了该完成的学业后，从一个建筑学后生的角度来看，越来越深刻地体会到他的去世给我们所留下的空缺是多么难以弥补。

祖父对我来说，是一个比较遥远的回忆。最早的印象应当是牵着他的手，跟随他沿着南京绿树浓荫的太平路，两岸夹樱的青溪河畔，步行去南京工学院的幼儿园。自从祖父中止了建筑师事务所的所有业务，专心在大学任教以后，这条路已经走了几十年。即使在他生命的最后的一段日子里，只要还能走动，他就步行半小时，坚持到学校上班。

记得，一路上他总是带着他那不苟言笑的面容，心事重重地走着。为了打破这种沉默状态，我总是想法针对途中所见所闻提出各种好奇问题。祖父是一本万用字典，大到路边的树木，小到地上爬的昆虫，他都能一一回答出来。祖孙之间的这种问答交流经常一直持续到我走进幼儿园。

偶然几次，祖父将我带进了他在南工中大院的办公室，这也就成为我对他的工作场所为数不多的印象(因为其他时间都是处于家庭之中)。确切地讲，祖父在学校的工作实际上是围绕着中大院底层资料室的一张实心木桌展开的，两旁的书架上堆满了厚厚的期刊和资料。在这里，祖父是一位神情肃穆、不易接近的老者。后来，据其他南工老师回忆，也大体如此。

祖父的生活规律而又严谨，如同钟表一样毫不出错。他晚年的唯一嗜好是收集机械手表，并每日三次校时。他的十只瑞士表，在任何时辰都保持在五秒误差之内。每天他是全家最早起床的人，在晨曦中，独自默默地吃完早饭，便开始一天的日程。只要天气许可，上午总是在建筑系的资料室里度过的，中午稍事午休后，就在客厅的躺椅上看书、做笔记。傍晚时喜欢独自一人在小院中散步，不论寒暑，每日冷水浴。然后在收音机的广播声中入睡。祖父生活的中心似乎只有书籍，即使是休息，手里也拿着一本他所谓的"闲书"。祖父读书十分有系统和有计划，周日主要是外文建筑专业书，星期天读古书。文革后十几年，祖父每星期日下午都与天文学家张钰哲一起读线装书。

祖父酷爱养猫，经常以"虎崽"相称。在我们家中，猫咪是从来没有断过档的，一方面是为了防鼠，另一方面也是以猫为伴。祖父在看书的时候，最喜欢的是让猫咪坐在他的腿上。老沉的猫咪和专注的祖父是我们家当时最有趣的风景。

祖父的面容如同他的生活一般刻板，不苟言笑，无论是在工作还是在生活中，总是给人一种无比威严的感觉。当他在家中客厅看书的时候，其他人走路也都有点蹑手蹑脚，生怕打扰了他，整个房子安静得只剩下墙上挂钟的滴答声。至今回到南京的家中，站在祖父看书的客厅里，仍然可以感受到当时那种有点令人窒息的凝重气氛。

建筑系的老师和学生，"怕"他是出了名的。据说，他在给学生改图的时候，即使是已经上了正板的图，他也会用手指在上面抹画，责令改正。后来听项秉仁先生回忆起从学祖父的经历，他的感觉也是一个"怕"字。祖父对于研究生的要求是相当严格的，一周之内要求座谈一次，用英文翻译《古文观止》文章二篇。这种近似于刻薄的要求，使他的学生都觉得难以承受，很怕见他，但在他看起来这是一种很正常的训练。

祖父对于子女的教育也是非常严格的。在他的

童明(1968~)，现任同济大学建筑城规学院讲师。

童寯与建筑系学生在一起

童寯与他的两个孙子：童文(左)、童明(右)

五个孙辈中，我是最小的一个，因而几乎"逃脱"了他的视野范围，而被列入"没有开窍"的类型。但也常常被他要求站在坐椅旁边背诵当日所学的英文单词。而我的哥哥则较为系统地经历过祖父的熏陶，他的方式正统而严厉，因此我的哥哥经常是哭着鼻子站在他的旁边听训。祖父少言教重身教，很少评论他人，讨厌耍小聪明，常引画虎不成反类犬的古训。

然而，祖父对于子女的志趣却是极为宽容的，对他们的发展方向不加任何干涉。他的三个儿子都先后从事无线电、电子学方面的专业。即使是我的哥哥，虽然与晚年的他朝夕相处，在报考大学时，也未能如他所愿，选择建筑学专业，而加入了父辈的行列，祖父对此也一直未有异议。

祖父外表的严峻一方面来自于他坚毅的性格，另一方面也可能来自于祖母的过早去世。祖父的前半生漂泊不定，与祖母的感情笃深的他，经受不了伴侣过早去世的打击。在他们30多年的婚姻中，真正生活在一起的时间不足三分之一。也许正是这种歉疚的遗憾与深切的怀念，使祖父的脸上很难见到笑容，话语不多。

往往外表越是冷漠的人，内心却越是慈善。祖父就是这样的人。祖父不坐三轮车是出了名的，他对别人火一般的热忱更让人难以忘怀。自从20年代离家出道以后，他与同时在宾夕法尼亚大学求学的梁思成，与共同创业、风雨同舟的赵深、陈植，与同执教鞭30余载的刘敦桢、杨廷宝等感情笃深，至死不渝。这在一个功利主义泛滥的年代中尤为可贵。更不用说他在抗战期间对流亡学生的帮助，以及在建筑系的乐于助人的事例，即使在他的邻居中，至今还传颂着在困难的年代中他对别人的无私帮助。

祖父的性格内向、持重，但也不乏幽默感。在建筑系的会议上，他常常会冷不丁地说些笑话，调节大家的气氛。他也会在某一天的傍晚，趁家中无人的时候，拉着我到新街口的延安剧场看卓别林的电影，在一闪一烁的影光中，他也会象一个孩子一样跟着大家一起哈哈大笑。

最难忘的是祖父生命中最后的那段日子，在病魔的折磨下，为了忍痛，他的脸上常常被扭曲得变形，但仍然坚持在病床上阅读、写作。后来我才理解，那段时间是祖父的成果高峰时段，积蕴了一生的学识喷薄而出，极强的写作欲望在无多时日的煎熬之下，应当是一件多么痛苦的事情。因此，无论是刚动完手术，还是刚接受完化疗，只要他能撑着坐起来，他都要校稿、复信。但病魔并没有给他更多的时间，以至于他的去世使人感到意外和震痛。如果祖父的生命能够再延长几年，必然会给我们留下更为丰富的遗存。这对于整个建筑界来说，不能不说是一个莫大的损失。

祖父曾不止一次地说过，从事建筑事业是他一生中最大的幸事，来世如有可能，还要选择这一职业。但愿在异地他乡，他的这个愿望能够得以实现。